恒星与行星的诞生

The Birth of Stars and Planets

[美] 约翰·巴利　[美] 波·瑞普斯 著

萧耐园 译

湖南科学技术出版社

图书在版编目（CIP）数据

恒星与行星的诞生 /（美）约翰·巴利, (美) 波·瑞普斯著；萧耐园译. — 长沙：湖南科学技术出版社，2017.6
（第一推动丛书：插图本）
ISBN 978-7-5357-9260-0

Ⅰ. ①恒… Ⅱ. ①约… ②波… ③萧… Ⅲ. ①恒星演化－普及读物②行星－普及读物 Ⅳ. ①P152-49 ②P185-49

中国版本图书馆CIP数据核字(2017)第101515号

The Birth of Stars and Plants 2006 978-0-521-80105-8 by John Bally and Bo Reipurth,first published by Cambridge University Press 2006

著作权合同登记号：18-2008-029

HENGXING YU XINGXING DE DANSHENG

恒星与行星的诞生

著　　者：[美]约翰·巴利　[美]波·瑞普斯
译　　者：萧耐园
责任编辑：吴　炜　戴　涛　杨　波
责任美编：殷　健
出版发行：湖南科学技术出版社
社　　址：长沙市湘雅路276号
　　　　　http://www.hnstp.com
湖南科学技术出版社天猫旗舰店网址：
http://hnkjcbs.tmall.com
邮购联系：本社直销科 0731-84375808
印　　刷：长沙市雅高彩印有限公司
　　　　（印装质量问题请直接与本厂联系）
厂　　址：长沙市开福区德雅路1246号
邮　　编：410008
版　　次：2017年6月第2版第1次
开　　本：710mm × 970mm　1/16
印　　张：17.5
字　　数：168000
书　　号：ISBN 978-7-5357-9260-0
定　　价：68.00元

目　录

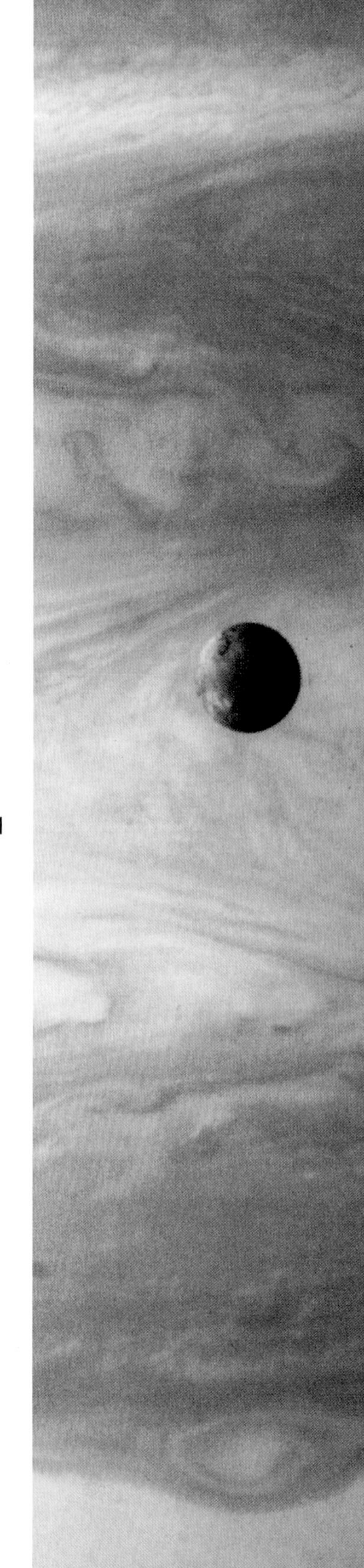

前 言

恒星和星系是可观测宇宙中的基本单元。在往昔和当今的天文学家们冥思苦想的最深刻的问题之中，恒星和星系的起源问题赫然在列。虽然关于星系的形成，我们只瞥见了解决问题的一线曙光，可是关于恒星和与之相伴的行星的诞生，则正在迅速地揭秘。最近 25 年来的技术发展拓宽了波段范围，人们从而能深入探测暗星云的内部，直接探明恒星的孕育和诞生。新的高分辨率的观测技术正在发展，足以探测在自己怀中孕育行星的星周盘。在最近 10 年之内，揭示恒星和行星形成全过程中的主要图景，将是可能的，甚至很有希望。

我们希望通过本书与广大读者分享人类在理解宇宙起源的历程中取得的辉煌进展和睿智成就。在本书的写作过程中，我们必须作一系列选择。首先，我们面对着的是不具备天文学和物理学专门知识，但是希望探其堂奥的广大读者，本书应能适合他们。因此，当物理的、技术的和天文的概念不可避免地出现时，我们就写下了内容丰富的注释来解决疑难。同时，我们把方程式只放在脚注内，而不置于正文中，正文只用来讨论物理原理。其次，尽管本书不是仅供悦目的精美画册，但我们还是想把恒星和行星形成的壮丽景象呈现于世，所以我们还是尽力而为，选择这一范畴内许多令人目眩神迷的图像。为了版式美观，本书只罗列了少量图表，而且大多数放入注释部分。最后，本书主题涉及相当广泛，各部分内容的深入描述不可能面面俱到，因此本书内容凸显了我们的观点和特定的研究兴趣。

本书刊载的大部分图像比人眼所见，甚至通过最大的望远镜观察，都远为详尽绚丽和纤毫毕现。某些图像展示的天体正在人眼完全不可见的波段发射“光线”。因此在展示天体图像时应用彩色，不同于普通照片的习惯。大多数电子图像传感器对颜色是不敏感的，实际上它们只是记录它们对之敏感的某个波长范围内光线的强度。为了获得彩色像，必须把使用不同颜色（如蓝色、绿色和红色）滤色镜曝光所得的像加以合成，结果是“天然色的”像。许多天文图像是用滤色镜和探测器记录下来的，它们允许通过和记录的波段根本上不同于人眼能见的波段。例如，第一张像能在射电波段记录，第二张像能在红外波段记录，而第三张像则能在紫外波段记录。这种像不能用记录它们的“颜色”表示。在这种情况下，最自然的方式是把长波段的像用红色表示，中波段的像用绿色表示，而短波段的像用蓝色表示。虽然最终的彩色像并非“真实颜色”，但是色彩至少是以波长的顺序展现。一些特殊的滤色镜只允许特定的原子、离子或分子相应的狭窄波段通过，为了展现通过这些特殊的滤色镜所获取的资料，也普遍地应用色彩。在展示喷流、气流和星云像的各章节，许多图像是用这类窄波段滤色镜记录的，它们只允许氢原子、硫离子或其他元素的谱线通过。在这种情况下，颜色只是用于鉴别不同物理条件下的区域。尽管有这类局限，我们仍相信所得的图像显示了天体的美丽。

我们感谢我们的同事阿兰·博斯、乔治·赫比格、戴维·杰维特、萨拉·奈茨、纳森·史密斯和亨利·斯鲁普，他们在各章写作的各阶段，评论了某些或全部章节。我们也向为我们提供了图像复本的多位同事致以谢忱。他们是：奥弗斯、阿米特奇、阿斯频、马修·贝特、比塞尔、波芬、阿兰·博斯、布卡-拉森、居央德尔、托尼和达芙妮·达拉斯、戴姆、丹·杜尔达、杰克·伊斯特曼、英格利什、汉森、哈梯根、哈维、乔治·赫比格、黑斯特、琼斯顿、克利、拉达、但丁·拉乌列塔（我们使用了他和基尔哥合著的《陨星薄切片彩色图片集》一书中的图像）、刘、麦克柯林、麦克尼尔、莫克尔、本·莫尔、斯图加德·尼尔森、奥德尔、帕杰特、托马斯·普列比什、列克托、罗德里格斯、约翰尼斯·舍德勒、斯蒂凡·塞普（www.astromeeting.de）、纳森·史密斯、萨色兰、泰勒、戴维·汤普逊、瓦拉文德、王伟浩（音）和维特沃思。我们也感谢欧洲南方天文台、双子座望远镜、美国宇航局、美国光学天文台、美国射电天文台和日本昴星团望远镜准许我们使用图像。

我们感谢杰奎琳·加杰特和剑桥大学出版社，他们以极大的耐心等待我们数次延期交稿。

再次衷心感谢我们两位的夫人基姆和梅尔西娅在许多漫漫长夜里陪伴我们写作。

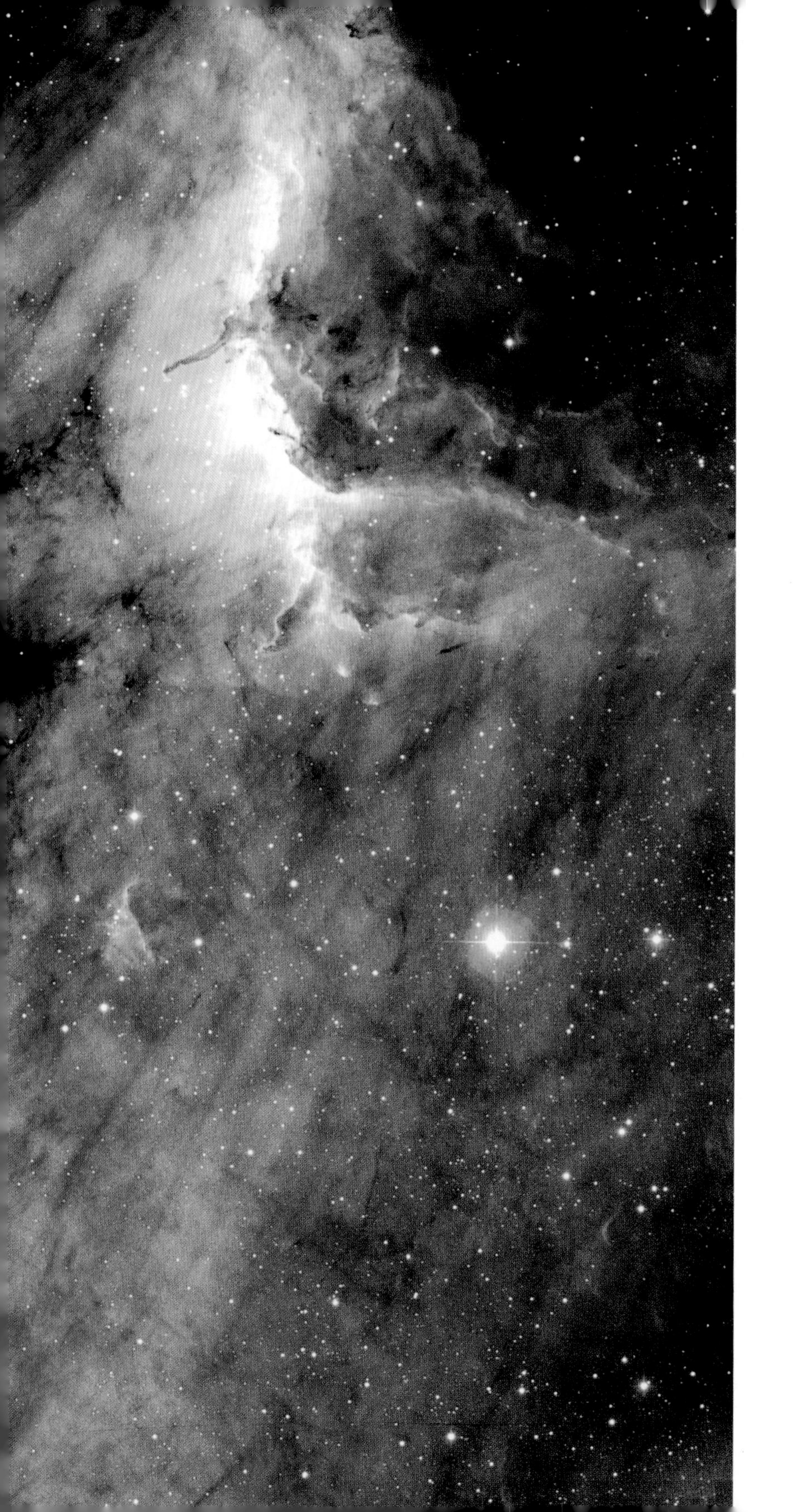

第1篇　恒星和星团

第 1 章 | 我们的宇宙后院

一些值得质疑的问题

恒星是什么？它们为什么闪闪发光？地球、太阳、太阳系和恒星是怎样形成的？有行星环绕的恒星多不多？地球上的生命是如何产生的？生命在宇宙中普遍吗？我们的行星及其上的生命经历了怎样的沧桑？以上这些和诸如此类的问题，在有文字记载的历史中，激起了人们的思索、讨论和热烈的争辩。当代的科学研究正着手提供答案，我们身处这个时代。

人类对其所处的环境满怀好奇，并力图理解宇宙。每种文化都构筑了“世界景象”——对现实世界的描绘。从古老的游牧部落，到埃及、希腊和罗马文化，到伟大的中国和印度文明，到新大陆的土著和太平洋最偏远的岛屿，好奇的人类努力了解大自然。事实上，所有这些“世界景象”无不植根于神话、宗教或哲学的思辨。

最近 500 年以来，普遍的经验、观测和实验结果日益提升着我们对周围宇宙的认知。随着黑暗的中世纪欧洲的终结，文艺复兴催生了现代科学的发展。早期的欧洲学者，继承了阿拉伯天文学的传统，为了观测太阳、月亮和行星，又为了了解地球上物体的性状，开创用数学手段描述运动机制。伊萨克 · 牛顿（Isaac Newton）通过他的引力理论，把月亮的运动与落体的运动联系起来。借助于牛顿理论，人们对太阳系天体的运动有了总的理解。

由伽利略（Galileo）、开普勒（Kepler）和牛顿开创的科学革命为工业革命奠定了深厚的理性基础，而后者终于导致我们实现了当代的生活方式。它也促使天文学获得一系列深刻的发现，导致我们对宇宙有了目前的了解。

17 世纪第一个 10 年，望远镜发明出来了，比起单用肉眼观察，这为人们看清更远的天体和更详尽的细节创造了条件。这类早期的望远镜用来细看太阳、月亮和行星，由此人们发现了金星和水星的位相、木星和土星的卫星，并研究了神秘的彗星。随着望远镜的光力增强，人们于1781年发现了一颗新行星——天王星。而且由于已能深入了解太阳系的运动，人们发现了这颗新行星运动的观测值与预报值有偏差，这导致人们预测存在另一个更大天体。1846年，在预报位置的近旁发现了海王星，这显示了牛顿引力理论及其在天体运动研究上的辉煌成功。

随着望远镜威力的增强，天文学家认识到天空中存在比肉眼所见多得多的恒星，而且这些恒星非常遥远。此外，天文学家发现，在恒星之间到处都有微微发亮的云雾状天体——"星云"，在20世纪之前，它们的本质一直没有明白。

工业革命为天文学的进一步发展提供了新的工具。在19世纪中叶之前，所有通过望远镜的天文观测都由人眼进行，我们对于宇宙的认知也仅限于目光的感觉。观测结果必须用手记录下来，包括被研究天体的草图，或者是与它们的亮度、位置、大小或其他可测性状有关的数据。此外，人眼不能像照相底片长时间曝光那样累积光线。当人眼充分适应黑暗之后，对落在视网膜上的光线的反应只及百分之几，而人眼的"曝光时间"只有约1/30秒。

人眼敏感的颜色范围只相当于非常狭窄的波段。在阳光明亮的白天，人眼中对颜色敏感的称为视锥的细胞很活跃。可是视锥细胞是很不敏感的。若要在夜晚感觉微光，只能仰仗人眼中的视杆细胞。然而，视杆细胞对颜色是根本不敏感的。天空最亮的恒星刚刚处于视锥细胞敏感的极限上。因此某些人，特别是年轻人，能够识别最亮的恒星的颜色。

化学为"看清"开辟了新的道路。在19世纪下半叶，照相术发明了。涂有含银化合物乳胶的玻璃底片把所研究的天体永久记录下来。此外，这类底片能够积累入射光线，即使借助望远镜也不能用肉眼看清的天体由此得显真容。通过许多小时的曝光，本来极其暗淡、人眼无法看清的恒星和星云能够记录下来（图1.1）。

天文学家也采用化学家的另一种手段去研究天文现象："分光术"①。让天体的光线通过棱镜或衍射光栅，星光被分解为各种颜色的组分。然后，把由分光术产生的图像用照相底片或其他类型的光记录设备记录下来，这样的"光谱"就能用于分析天体的温度、运动和化学成分。这种分析用于确定发射或吸收光线的物质的性状。照相术与分光术的结合开创了对天体的物理性质和化学性质的研究，这就是今天所称的"天体物理学"的主题。

天体物理测量揭示了恒星大多数是由轻化学元素氢和氦构成的。大多数恒星约70%的物质由氢组成，约28%的物质由氦组成。其余90种已知的稳定元

↗ 图 1.1 银河系中心的广角图像（Wei-Hao Wang）

素只占一个典型恒星质量的 1%~2%。这与地球形成了鲜明对比，地球大部分由铁、硅、铝和氧等较重的元素构成。

恒星：灯塔和建筑材料

恒星是宇宙的可见组元，它们在天文学中所起的作用类似于化学中的原子。恒星产生光和能，激发并加热空间的气体和尘埃，并使得在地球这类行星上可能产生生命。此外，恒星是元素制造工厂。今天存在于宇宙中的大多数比氦更重的化学元素是在恒星内部通过热核聚变反应熔炼出来的，原材料则是大爆炸之后产生的氢和氦。确实，生命和地球的大部分物质是从死亡恒星中心迸发出来的尘埃在反复循环中形成的。如果没有元素在恒星核心的热核反应，就不可能有我们所熟悉的地球和生命。

恒星的尺度、质量和温度各不相同。有些比太阳更热或更重，而大部分恒星则稍冷且较小。

一个天体要成为一颗恒星，至少必须具有 1/10 太阳质量。质量小于此值的任何星云，不可能在自引力的作用下形成恒星，因为永远不可能达到启动恒星发光的核反应所需的内部压力和温度。质量较小的天体确实存在。然而，它们不能持久地维持稳定的光芒。它们能在产生后的几百万年内像正常恒星一样发光，消耗着由自身形成和收缩所释放的引力能。但是，由于它们无从使用其内部的长效能源，它们就会收缩，在几十亿年内逐渐暗淡到几乎不复可见。这类消亡的恒星称为褐矮星。老的褐矮星已经冷却，它们与木星这类气态巨行星相似。

质量最大的恒星比太阳重约 100 倍，明亮 100 万倍。因此，它们仅在几百万年里就把可使用的燃料消耗殆尽，并在灾变性的爆炸中死亡。质量更大的恒星显然是不能存在的。超过 100 太阳质量的更大的恒星将在其核心产生极其巨大的能量，相应的辐射压力将把它的表面层吹向空间。迅猛的产能率将摧毁这样一个假想的特大质量恒星[②]。正如我们将在第 9 章所见，恒星的辐射压也影响确实存在的最大质量恒星的演化。大质量恒星在它们比较短暂而辉煌的一生中，向周围吹送了猛烈的星风。在恒星消耗其核燃料直至死亡的过程中，这种星风耗散了大质量恒星的大部分质量。

太阳在其形成之后将生存约 100 亿年，然而大质量恒星在几百万年内便会耗尽其所有氢燃料。因此，所有的大质量恒星一定是年轻的。就今天闪耀于天空的这类恒星而言，恒星诞生的过程看来就在眼前展现。

恒星的形成决定着宇宙中普通物质③的演化，因而是宇宙的基本过程。此外，行星的产生看来是恒星形成的直接副产品。因此为了明白我们的起源，我们必须考察恒星。我们必须理解恒星如何发光和产能，它们如何制造化学元素，它们如何死亡并进行自身“轮回”，最重要的是，恒星和行星形成是怎样进行的。最后一个问题正是本书的主题。

恒星是极其遥远的太阳。如果我们假设恒星的光度与太阳相当，通过将它们的视亮度与太阳比较，就能估计它们的距离[I]。这种粗略的估计表明，即使最近的恒星也要比太阳远数十万倍。天文学家把日地距离作为计量的单位，称为天文单位，简记为 AU④。

18 世纪中叶，人们对几颗最近恒星的视位置作了历经 1 年的仔细测量[II]，证实了这个推测。随着地球环绕太阳运动，天空中近距恒星的位置相对于远距恒星不断改变。这种“视差”的测量极其困难，但仍是测定恒星距离的最可靠方法。

恒星为什么发光？是什么产生了星光？恒星能生存多久？我们看到的星光是由恒星表面的炽热气体发射的。这些气体向空间发出辐射，本身随之冷却。为了能持续发光，恒星表面必须保持炽热，一定要有能量从恒星内部的深处上升到表面，来补充以星光的形式散逸到空间的能量。

在 20 世纪中叶之前，诸如太阳这类恒星能发光几十亿年所需的能量来源，尚不为人所知。19 世纪曾有人作了计算，如果太阳依靠消耗煤之类的化学燃料发光，那么它将在 10 万年之内熄灭。另一方面，不难设想太阳会从引力提取能量。正如一个水力发电站利用下落的水流发电，太阳也会从引力收缩取得能量。如果太阳能够收缩，将会释放引力能。为了补充由阳光辐射到空间的能量，太阳必须在 100 万年内收缩过半。但是，在 20 世纪初，地质学家发现证据，表明地球上许多岩石的年龄已达几亿年。他们的结论是太阳的寿命比化学能或引力能所能够提供的长得多。20 世纪 30 年代人类发现了核力和核能，在此之前，太阳能源一直是个谜。

恒星是宇宙中数得上的庞然大物，为了一探能源的究竟，我们不得不深入到微观世界的原子内部去，这不免令人莞尔。在 19 世纪与 20 世纪之交，人们已经了解原子由电子和原子核⑤构成。前者质量较低，带有电荷，急速地环绕后者飞行；后者密度甚高，质量是前者的数千倍。原子核与本已极其细微的原子⑥相比更要微小得多，它们包含带正电荷的质子和不带电的中子。但是，电子的电荷是负的，而相反的电荷相互吸引。于是电子便束缚于荷正电的质子的电力吸引之中。

氢是最简单的原子，它由一个质子和绕其旋转的单个电子组成。其他元素的原子核包含两个或更多的质子，周围环绕着一层由同样数量的电子形成的云。每当在原子核中加上一个质子（通常还会加上一个或多个中子），便生成了新元素的原子核。由此而得的原子核所增加的电荷会束缚住新的电子，从而形成电中性的原子，每一种原子的化学性质和物理性质都各不相同。这一切说明了宇宙中有92种不同的稳定元素。

为什么原子核包含着中子？并且不像电荷的吸引，而像电荷的排斥。必须有一种比电力强大得多的力去克服束缚于比氢更重的原子核内的质子之间的巨大的电斥力。中子负载着这种力，它的作用是把在比氢更重的核内相互排斥的质子胶结在一起。这种“粘胶”称为“强核力”⑦。在核“裂变”反应中，当像铀这样的重核破碎成为较轻的元素时，其中束缚着的能量会释放出来，这正是当前所有核电站的反应堆里进行的过程。但是，在核“聚变”反应⑧中，当像氢这样的轻核结合形成像氦这样更重的核时，会有更多的能量释放出来。

1948年实现了由氢聚变成氦的热核反应，这正是太阳和大多数其他恒星的能源。氢转化为氦的核聚变反应能在约100亿（10^{10}）年期间为太阳维持惊人的能量输出，这一时期比太阳系当前年龄45亿年的两倍还长。

恒星的颜色与它们的表面温度有关，而后者又与它们的质量和演化状态有关。太阳的表面温度约6000℃⑨，它是黄色的。比太阳更热的恒星偏蓝，而更冷的恒星则偏红。但是在20世纪的前几十年里，发现了一种意外的景象。大多数蓝星都比太阳更亮更重。另一方面，大多数红星则更暗更轻。这些“正常”星，构成了所有恒星的大多数（约90%），在热核聚变反应中，正在把氢燃烧成为氦。

排除在这些“正常”星之外的主要有红巨星和超巨星。由于它们耗尽了氢燃料，星核变得更加致密和炽热。同时这类恒星的外层膨胀并冷却。因此，当它们逐步迈向死亡的时候，便变得越发明亮和偏红。质量较大的恒星在超巨星阶段通过燃烧重元素的后续聚变反应，可以略为延长寿命，这将在下一章讨论。

在20世纪，天文学家理解了恒星的结构及其生命历程。在50年代，他们明白了恒星如何通过核反应产能；在60年代，他们阐明了恒星如何演化；在80年代，他们开始了解恒星的老年和死亡；在90年代，他们迈出了重大的步伐去洞悉恒星的产生。本书阐述恒星产生的短暂历程以及与恒星起源相关的惊人剧烈的过程。

140亿年的膨胀宇宙

当天文学家在20世纪的前数十年刚刚明了恒星的性质之时，他们也揭示了宇宙出乎意料的特性。当我们用巨型望远镜把目光投向银河系之外的太空深处之际，我们看到银河系只不过是无数星系中的一员，而每个星系都包含成百上千亿个恒星。有些星系形态偏平，呈明显的旋涡图像，它们是由恒星和气体构成的旋转系统。另一些星系是椭球形或球形的恒星集团，包含较少气体。还有一些星系属不规则形状。星系是一些庞然大物。若以光速（每秒30万千米）穿行一个具有典型尺度的星系，要花费10万年。因此可以说这类巨大系统的直径约10万光年。

星系有结团的倾向，各处的星系团的成员从数十个到数千个，形成巨型的纤维状壁毯，像庞大的蛛网张挂在太空。我们所见的来自这些结构的大部分光线，源自恒星。

在20世纪20年代晚期，天文学家爱德温·哈勃（Edwin Hubble）揭示了星系在相互远离，退行速度正比于它们的距离——一个离我们的距离两倍远的星系，以两倍的速度离去。

宇宙的"年龄"能从膨胀速率决定。但是，这个"年龄"是什么意思呢？星系正在彼此离开，似乎它们附着在一个正在充气的气球表面[10]。那么这个假想的气球膨胀了多长时间？答案正是宇宙的"年龄"。最近10年之内，宇宙的膨胀率已经以百分之几的精度测定，测量表明宇宙的年龄约137亿年（有几亿年的误差）。

随着宇宙的膨胀，宇宙中的物质变得越来越稀薄和越来越冷。因此，宇宙早先是更加稠密和炽热的。20世纪中叶发现了远古时期极其稠密和炽热条件的直接证据。宇宙内氦的丰度远高于恒星赖以发光而进行核聚变反应所能产生的量。1948年，拉尔夫·阿尔弗（Ralph Alpher）、汉斯·贝特（Hans Bethe）和乔治·伽莫夫（George Gamov）提出氦的超量丰度是宇宙创生之际，在波澜壮阔的爆发（后来这被称为大爆炸）之后数分钟内产生的，当时的平均温度比当前太阳中心的温度还高。这个关于氦产生的理论曾经预言，今天必定能观测到过去炽热状态的遗迹，即从天空的四面八方发射微波辐射的微光。

1965年，美国新泽西州贝尔实验室的阿尔诺·彭齐亚斯（Arno Penzias）和罗伯特·威尔逊（Robert Wilson）发现了这种射电波段的辉光。这种辐射不久之后就被称为"宇宙微波背景"，是膨胀宇宙在其年龄只有30万年时发射的光。为了理解这一举世瞩目的发现，我们必须记住光是以有限速度传播的。

我们眺望遥远的天体，眼前的它们并不是它们当前的状态，而是光线离开它们之际的模样。当我们用望远镜观看距离更远的星系，我们正在回溯更久远的过去。望远镜是时间机器。我们看到的月亮，是它大约 1 秒钟之前的模样。我们看到的太阳，是它大约 8 分钟之前的模样。我们肉眼能见的最近的恒星半人马座 α（图 1.2），看到的是它大约 4 年前的模样。我们去看 1500 光年之遥的猎户星云，看到的是它在罗马帝国灭亡之际的模样。我们用红外望远镜去探测银河系中心，看到的是它大约 3 万年之前的模样，那时地球正处于最后一个冰河期的中期。裸眼能辨认的最遥远的天体是仙女星系，它是大小与银河系相当的最近星系。当你望着它忽隐忽现的淡淡光辉时，射入眼帘的光线已经过约 200 万年的长途跋涉！哈勃空间望远镜为我们传来了宇宙深处的图像，当我们看着其中最遥远的天体时，已穿越了亿万世代的时间。

图 1.2　银河系南段，可以看到最近的恒星半人马座 α（图左最亮的黄色星）和南十字座（图中）（Wei-Hao Wang）

以当代最强有力的仪器获取的深空图像，描绘了离我们数十亿光年的天体，所以这些图像展示了数十亿年前的宇宙。通过长时间曝光揭示宇宙深处的照片，例如“哈勃深空场”（图 1.3），给我们提供了超过 100 亿年以前的星系的影像。我们能够回溯广阔的时间跨度，去看清年龄不超过宇宙当代年龄 10% 的星系！若我们把它们的形态与近距星系作比较，便能看清宇宙在其长达 140 亿年的历史中展现的演化过程。确实，在天文学上，我们处于一种独特的境地。由于光速有限，我们能够直接窥探宇宙的历史。我们所需做的一切，就是记录不同距离天体发来的光线；距离越远，我们看到的时代越早。

但是这些暗淡而遥远的星系并非我们能够看见的最远距的天体。宇宙微波背景所提供的宇宙物质的景象，更可追溯到当前宇宙年龄 0.003% 的早期（图 1.4）。宇宙微波背景的图像提供了宇宙早期条件的信息，那时宇宙年龄只不过 30 万年。

在那古老的时代，没有行星、恒星或星系，相反，太空充满了从炽热的氢、氦和少量轻元素的汪洋大海里辐射出来的强烈光芒。在今天的宇宙里，引力把这些物质结合成为星云、恒星和星系。但是在宇宙早期，太空中相当均匀地散布着炽热的气体；它们的密度到处几乎相同，差别约十万分之一。它们是炽热的，实在太热，以致氢原子核不能保留住它们的电子。氢原子是电离的[11]。质子、电子和氦原子的混合气体的温度约为 3000℃，这是当前太阳表面温度的一半。

当宇宙年龄不足 30 万年时，就是这幅图像浮现在太空。那时空中没有星星。当你向四周眺望，你将看到一片几乎均匀的红色和近红外的辉光，从四面八方向你袭来。大部分光线的波长比你眼睛所能感知的要长好几倍。在各个方向，太空辐射的能量达到太阳表面的辐射的约 1/16。在遥远的过去，宇宙是十分不同的。

我们还能看到来自古老宇宙的遥远边界的这种光线。在宇宙年龄达到 30 万年之后不久，膨胀的宇宙充分冷却下来，以致氢核（质子）能与电子结合形成前所未有的第一批稳定的氢原子。在此以前，氢的气体是不透明的。好比在有雾的夜晚，光线不能传得很远。但是当氢原子从质子和电子的大海中凝聚出来之际，“雾”变得透明了。这时早期宇宙中的强烈光芒能在太空毫无阻拦地穿行。在第一批原子凝聚之后不久，假想的宇宙旅行者看到一个正以接近光的速度向四面八方膨胀的清澈的球。

经历 140 亿年直到今天，我们还能“看到”这堵向外扩展的清澈墙壁。这个表面，还在闪耀着古代氢的光辉，在我们看来有将近 140 亿光年的距离。我们今

↗ 图 1.3 “哈勃深空场”，展示了一片极其遥远和暗淡的星系，它们位于猎户座下面的天炉座（NASA/STScI）

图 1.4 宇宙微波背景的图像，显示宇宙热等离子体大致均匀的辉光，这是大爆炸后仅约 30 万年时发射的。图像根据威尔金森微波各向异性绘图仪所得数据制作（WMAP/NASA）

天看到的光线波长，已经因宇宙膨胀而延伸了 1000 倍，达到了波谱的毫米波段。

凭借我们的火眼金睛，宇宙微波背景看来就像可观测宇宙的边缘，发着暗淡的光辉，以接近光的速度远离。事实上它形成了一个视界，我们无法超越它看到什么。不透明的氢和氦的离子形成明亮的雾，这道遥远的壁障阻挡了我们的视线。

氢气体和氦气体的几乎均匀分布，在宇宙微波背景产生之后不久就在宇宙中出现了，后来在恒星形成的过程中，逐渐转化为恒星、星团和星系。

在本书中我们将首先揭示在我们的后院，即我们所居住的银河系的角落处的恒星形成。随着我们展开恒星形成的现代画卷，我们将把目光转向更大规模的星系，在接近书的末尾，我们将应用已有的知识去了解最早期的宇宙。最后，我们将讨论太初宇宙中第一批恒星形成的条件，以及恒星的形成如何使大爆炸以后出现的均匀的原子海洋转化成为我们周围恒星和星系密布的天空。在这一过程中，我们也将关注我们自身的起源。

天文学是我们了解自然的丰碑。这种了解以智慧的力量推动经济和技术进步，而天文学的发展又有赖于此。但归根结底是人类的好奇心这把钥匙，正在开启世界秘密的宝库。我们是好奇的，我们要了解我们在宇宙中的地位。

天文学已经成为一种巨大的推动力。

在下一章，我们将更详细地讨论科学家用以研究天体性质的工具。

译 注

Ⅰ 恒星的光度指恒星整个表面单位时间内向外辐射的能量，视亮度指地球上的观测者感觉到的恒星的明暗程度。恒星视亮度与它的光度成正比，而与它的距离平方成反比。恒星的视亮度容易直接测定，而大多数恒星的光度只能用间接方法测得或根据某些条件从理论上推定。如果这两者都已知，则能据以求出恒星的距离。

Ⅱ 1836 年，俄国天文学家 B.Я. 斯特鲁维（Струве，1793～1864）用 24 厘米消色差望远镜对织女星（αLyr）和近旁的一颗 10.5 等星作相对观测，测得视差为 0.125″（今值 0.121″）。随后，德国天文学家贝塞尔（F. N. Bessel，1784～1846）选天鹅座 61（61 Syg）为观测目标，以两颗距离 8′和 12′的暗星为参照星。1838 年发表视差值 0.314″（今值 0.294″）。英国天文学家亨德森（T. Henderson，1798～1844）在 1831～1833 年测量半人马座 α（αCen），1839 年归算处理，宣布视差 1.16″（今值 0.76″）。

他们采用的方法称为三角视差测距法。对于不能直接到达的目标，可以用如下的方法测量到它的距离，如图 1.5 所示。想要从 AB 这边测量到河对岸 C 的距离，可取 AB 为基线，丈量它的长度，再量出∠ A 和∠ B，则可通过解△ ABC 算出 AC 和 BC，∠ C 也易算出。通常把∠ C 称为“视差角”（定义视差角的一半为恒星“视差”）。测量恒星的距离也可以用这种方法。地球环绕太阳公转，这时取基线为地球公转轨道的直径（约 3 亿千米）。在半年前后，当地球位于直径两端时可测得同一目标的视差角。由于恒星极其遥远，它们的视差很小，实际上都小于 1 角秒，只能测定一些相对较近恒星的视差。更遥远恒星的视差小到可视为零。因此在测量近距恒星的视差时，实际上测量的是它们相对于远距恒星背景的相对“位移”（称为“视差位移”），如图 1.6 所示。图中 S 表示太阳，E1 和 E2 表示地球在公转轨道直径两端的两个位置，A 为被测恒星，A_1 和 A_2 为地球在相应位置上观测目标所见的两个方向差，即视差位移，能相对于远距恒星（认为它们实际上视差位移为零）测得，π 角就是恒星视差。

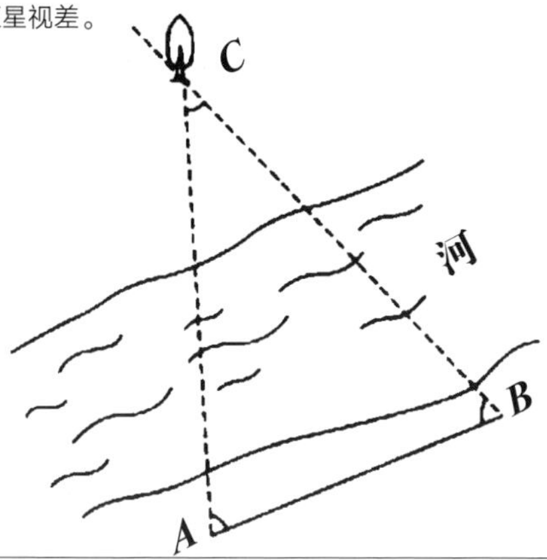

图 1.5 三角视差测距原理

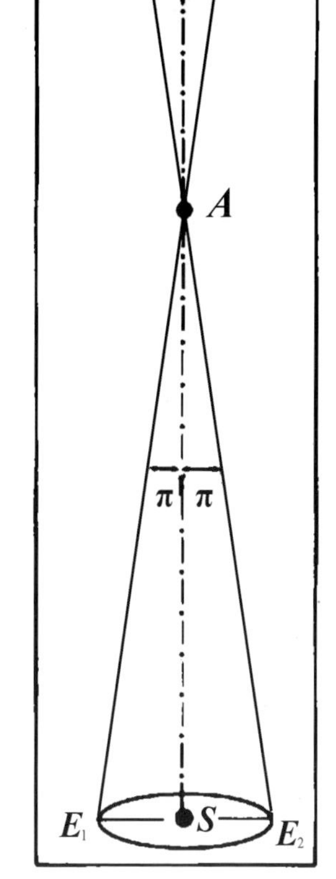

图 1.6 一颗近星的视差位移

第2章 | 仰望星空

天文学的黄金时代

我们生活在一个神奇的时代。在20世纪，我们发明了多种望远镜，它们能够“看清”电磁波包含的全部波段。我们是有能力瞻仰宇宙全貌的第一代人。

两项关键技术为我们提供了探测宇宙的能力。首先是火箭，把我们带入太空。地球大气是一道遮蔽太空的幕障，望远镜飞行在大气之上，我们就能够看清“光线”的整个波谱，从无线电的长波到极短的γ射线①。(按波长由长到短的顺序，波谱的主要部分包括射电、红外、可见光、紫外、X射线和γ射线各波段)。其次，由于各种物质，包括硅和其他稀缺的物质在电子工业中的商业性开发，我们已经研制足以检测波谱各波段的传感器。把这类电子传感器与地基或空基的大型望远镜相结合，天文学家迎来了一场了解宇宙的革命。

技术革命对于天文学和我们了解宇宙具有很大的推动潜力，正如文艺复兴后期的环球航行对于地理学和认识地球所起的作用。哥伦布(Columbus)和麦哲伦(Magellan)这些伟大的开拓者的航行推进人类探明并测绘整个地球。在这些航行之前，我们对于地球和地理学的知识只局限于地球的小块区域。在开始于500年前的地理大发现的晚期，我们已经发现了主要的大陆、岛屿、大洋和大海。在20世纪末期，我们已经探明了地球的各个角落。地理学从测绘地图演进成查阅地图。

由于我们获得新的能力看清波谱的所有波段，天文学的革命推动我们在了解宇宙方面有类似的深刻转变。今天的巨型望远镜有能力观测宇宙的大部分疆域。应用大型硅照相机，我们能够探明宇宙中大部分普通物质的分布和性质。

第一张宇宙微波背景的略图已经问世，而更好的详图正在由WMAP(威尔金逊微波各向异性探测器)等卫星测绘。随着美国宇航局(NASA)、欧洲空间局

（ESA）和其他国家的空间机构发射新的空间望远镜以及越来越强有力的地基设备投入使用，我们将获得关于宇宙从遥远的过去到当前演化的详细信息。关于地球历史的地质记录难以获得并正确解释，与此不同，望远镜能够直接观测大爆炸之后 30 万年直到当前的物质演化。第三个千年之始将是天文学的黄金时代。

从中世纪末期开始的科学发现的过程仍在继续。地球上物体和太阳系天体的运动促使伽利略和牛顿发展力学和微积分。随着我们对大自然了解的深入，技术也同步发展。在工业革命中，发明了蒸汽机，开发了气体动力，发展了热力学理论。19 世纪，詹姆斯 · 克勒克 · 麦克斯韦（James Clerk Maxwell）把对电子和磁的初步认识结合成电磁理论，形成了利用电磁力的理论基础，用以提升生活质量。电灯、电话、无线电、电视以及通信和广播工业是终极的商业结果。历史从 19 世纪跨入 20 世纪，爱因斯坦（Einstein）、玻尔（Bohr）和其他科学家奠定了描述原子的“量子力学”的基础。原子科学是化学的革命性发展，导致晶体管之类的发明和如今电子学方面的惊人成就。电子工业是多波段传感器的源泉，对天文学无比重要。饮水思源，我们借助技术开发出足以探测遥远宇宙的工具。

望远镜

天文学的当代革命是由技术驱动的。主要的方面有：新型光敏探测器的开发、廉价的高速计算机的应用、新型望远镜集光面积的扩大、宇宙航行和波谱全波段探测能力的增强。新技术为现代天文学的进展创造了前所未有的机会。当代的天文学成就，达到了 4 个世纪技术和科学发展以来的顶峰。

16 世纪初望远镜的发明是第一个伟大的技术跃进。伽利略的小望远镜，按现代的标准来看虽然十分简陋，但是相当有效，发现了人眼前所未见的一系列新现象。第一批望远镜应用磨制和抛光的透镜，扩展了人类有限的视力。这样，望远镜开辟了一个时代，这种实用设备的改进促使强有力的新型科学工具得以发明。伽利略所用的这种类型的望远镜称为“折射式”，因为它的原理是依靠光线通过玻璃制作的曲面透镜而弯曲（折射）。折射望远镜（图 2.1）利用仪器前端的一块大的透镜，即物镜，把入射光线集中并聚焦。为了让人眼看到星像，必须应用第二块透镜（或一组透镜），即目镜，把光线转换为大致平行的一束光，以供人眼聚焦。

牛顿首先提出了设计仪器的不同理念，最现代的望远镜正是以此为基础。牛顿的设计应用凹面镜，取代透镜作为物镜来聚集入射的光线。然而，这种镜面的焦点位于入射光的路程中，所以必须在光束中插入一块小的平面镜，以便把光线

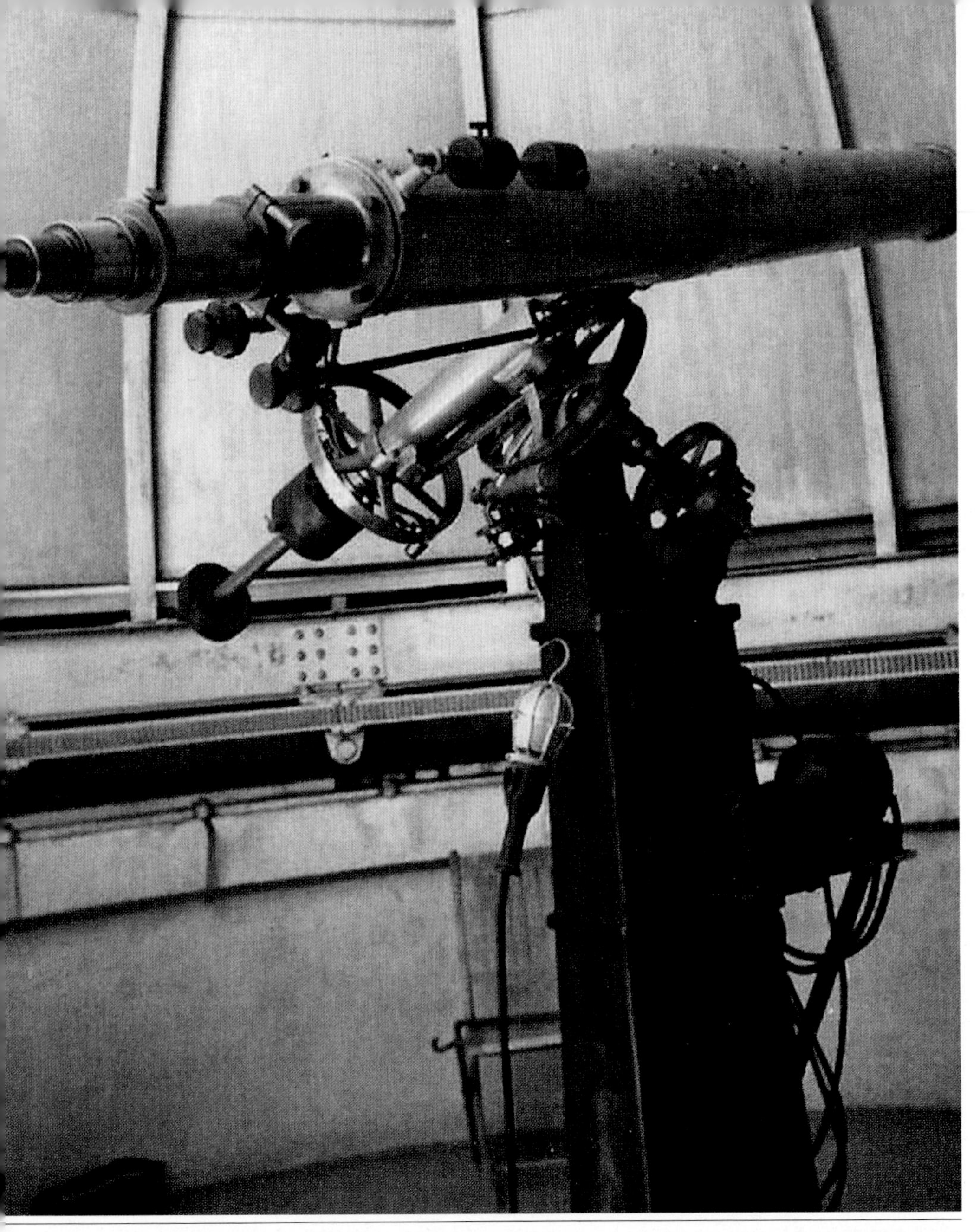

↗ 图 2.1 旧式 6 英寸折射望远镜（1 英寸约为 2.54 厘米，下同），位于加利福尼亚州威尔逊山天文台（Jack Eastman）

引向望远镜安装目镜的一侧。今天我们称这类反射式望远镜为*牛顿式*望远镜。有一种稍作改变的类型，在凹面镜的中央开一个小孔，用一块小的凸面镜反射光线经此洞射出。这类所谓的*卡塞格林式*结构（以其发明者命名）是现代望远镜最普遍采用的设计（图 2.2）。[1]

↗ 图 2.2　位于加利福尼亚州的威尔逊山天文台的历史性 100 英寸反射望远镜（Jack Eastman）

望远镜有 3 个重要指标，在天文学上最重要的是收集和集中光线的能力。望远镜的*聚光本领*正比于镜面的集光面积，因此镜面越大越好。今天运行中的最大望远镜的镜面直径略大于 10 米，它们收集的光线大约是人眼适应黑暗时的 400 万倍。望远镜第二个重要指标是分辨细节的能力。在太空，*分辨率*与镜面直径成正比地无限增大[②]。然而，地基望远镜的分辨率则受空气温度的细微波动的限制。

即使在最优良的天文台台址，小于1角秒的角度[3]，也就是正常人眼能分辨的最小角度的约1%，就难以分辨。因此，在可见光波段，若地面望远镜的集光透镜即物镜超过了约半英尺（15厘米），它的分辨率不会随着直径的增大而提高。那么为什么要建造更大的望远镜呢？因为它们收集更多的光线，有助于使用者看清更暗弱的天体。最后，当我们用望远镜观看时像被放大，我们可能对放大倍率感兴趣，这更多地取决于目镜的性质。由于大气扰动，在一般的天文观测中，几乎不用200倍以上的放大率。最现代的望远镜安装在山顶，因为高耸而且远离尘嚣的山巅周围空气的扰动很小。图2.3展示位于亚利桑那州基特峰的大圆顶，内置4米反射望远镜。望远镜本身示于图2.4。图2.5展示夏威夷州高达13700英尺（1英尺约为30厘米，下同）的莫纳·凯亚山峰，这是世界上最优良的天文观测地点之一。

最现代的望远镜并不用目镜观察天空。1个世纪以前，照相术引起了天文学的革命，把天体的像永久记录下来。此外，通过许多小时的曝光，天文学家应用照相术能够检测到极其暗弱的天体。到了20世纪中叶，玻璃底片上的乳胶涂层的大小已达14英寸见方，能用于拍摄很大天区的像。然而，尽管照相底片能够把许多小时内收集的光记录下来，最敏感的照相乳胶还是只能对入射光的百分之几产生响应。因此，研究人员寻求新的方法去记录微弱的光线。20世纪80年代，人们开发了好几种电子传感器，它们能够记录星像，灵敏度比照相底片高得多。起初，这类探测器很小。现在，这类传感器的拼接件在天空的覆盖度上足以与照相底片匹敌[4]。

今天，天文成像的主力是所谓的电荷耦合器件，即CCD。这类传感器类似于视频器和数码相机的装置，灵敏度高过照相底片50倍，它提供的资料能直接输入计算机进行处理，因此能用来精确地测量天体的亮度和位置。本书展示的大多数可见光波段的像是由CCD记录的。

除了几乎完美无缺的灵敏度（CCD能够记录接近100%的入射光）之外，与人眼或照相底片相比，CCD还能响应宽得多的波段（或颜色）范围。因此这类像传感器在0.3~1微米的波段范围内，对于记录暗弱的天体，几乎是理想的。[5]

打开光谱

1929年以前，整个天文学使用的光线波长都靠近人眼敏感的部分。就在那一

↗ 图 2.3　亚利桑那州图森附近基特峰天文台 4 米反射望远镜的圆顶（NOAO/AURA/NSF）

年，人们接收到来自太阳系外天然发射源的第一批射电信号，由此产生了一种观察天空的新方法：射电天文学。在第二次世界大战以后，这个新学科迅速发展。射电望远镜应用巨大的碟形天线，犹如普通反射望远镜的镜面一样起作用（图

↗ 图 2.4　基特峰天文台的 4 米梅奥尔反射望远镜，可以看到位于主镜后面的卡塞格林式观测笼。本书中许多图像由这架望远镜上称为 MOSAIC 的主焦点 CCD 照相机拍摄（NOAO/AURA/NSF）

2.6）。然而，射电波的波长以厘米或米，而不是以微米度量。这样，射电望远镜的反射面与目视望远镜的表面相比，可以相当粗糙。因此，射电望远镜能够做得很大，直径达 100 米左右。即使这样，对于波长较长的射电波，这么巨大的天线

图 2.5　夜晚的莫纳·凯亚山峰，可以看到天文台圆顶（Wei-Hao Wang）

图 2.6　直径 100 米的绿岸射电望远镜，位于西弗吉尼亚州绿岸（NRAO/AUI）

所提供的分辨率还是比人眼差得多。[6] 确实，早期用射电波观察到的天空形象远比目视波段的光学像模糊。

在第二次世界大战之后不久，射电天文学家开发了一种技术，把相隔许多千米的多面射电望远镜以电子设备连接起来。这样构成的仪器，称为射电干涉仪，几乎能以任意精度测定射电源的位置，精度从20世纪50年代的几角秒提高到今天的接近微角秒[7]。于是，射电源与目视波段像被首次鉴定为同一天体。这些观测早就表明大部分射电源不是普通的恒星。相反，它们是一些奇特的天体，例如蟹状星云，它是1054年在金牛座爆发的大质量恒星的遗迹，或者是遥远的碰撞中的星系，或者是其中心包含着特大质量黑洞[8]的星系。

射电天文学家把多台射电望远镜结合成一台干涉仪，基本上能够达到一架大天线的性能，它的大小相当于各台射电望远镜分布的范围，有时可达几十千米（图2.7）。[9] 天文学家能用这种仪器获得天体的射电图像，其清晰度不亚于以最大和最好的地基望远镜所得到的图像。甚长基线阵把10台射电望远镜连接起来，综合成尺度接近地球的大口径。其中一面天线在夏威夷，另一面在加勒比海的圣克鲁瓦，其余8面分散在美国大陆。这台仪器产生的图像，其细节的清晰度比由哈勃空间望远镜所得的最清晰图像强过百倍。

我们新近获得的检测电磁波谱全波段的实际能力，是正在进行的天文学革命的一个支柱。另一个支柱是计算机的发展和应用，它能进行复杂的计算和资料处理。计算机也改变了我们关于望远镜、仪器和宇宙飞船的观念。现代望远镜舍弃了为保持结实而采用的笨重结构和厚实镜面，往往采用轻巧的框架和薄薄的镜面，用计算机作连续控制以主动补偿重力造成的形变。

19世纪末，折射望远镜达到了最大口径。大于1米的透镜实在过于笨重，由于它们自身的质量过大而不能产生令人满意的星像。另一方面，由于可以从背面来支撑镜面，在20世纪中期反射望远镜的直径达到了5米。然而，反射望远镜的一根轴指向天极（*称为赤道式装置*）[10]，这种装置非常麻烦，加上其光学系统质量巨大，想要做得更大看来已很不切实际。

射电天文学家在更长的波段开展工作，可以容忍由望远镜的安装和光学系统引起的更大偏差。20世纪60年代，除了建造巨大的天线之外，他们也开始使用地平式（alt-az）装置。虽然这类望远镜在跟踪天空中运行的恒星时要求绕两根轴运转（而不像赤道式装置只绕一根轴），但是它们远为经济而且易于制造，甚至能由此制造直径达300米的射电望远镜。[11] 射电天文学家的一个关键革新是应用单面较小的弯曲面板拼装成射电望远镜的反射面。这样，可以将较小的预制件在台址上组装起巨大的反射望远镜。

↗ 图 2.7　甚大阵射电望远镜，位于新墨西哥州索科罗附近（NRAO/AUI）

20 世纪 80 年代末，一些可见光波段的望远镜也采用了地平式装置和小块镜面的拼装技术。世界上一些最大的望远镜（譬如两台直径 10 米的凯克望远镜），使用几十块六角形的小镜面，通过计算机控制把它们精密地连接起来。分离的光学系统、轻巧的支撑框架以及计算机控制的连接和轻便操纵，凡此种开创了史无前例的机遇来建造直径大于 8 ~ 10 米的可见光波段的大型望远镜，这在 20 世纪的最后 10 年已付诸行动。

一些可见光和近红外波段的全自动仪器正在研制中，它们由小镜面拼装，有效直径可达 30 ~ 100 米（100 ~ 300 英尺）。这类望远镜的主镜的大小相当于一个足球场，再则它们的整个表面的误差将控制在规定形状的百万分之一英寸之内。其中最大的一项设计是欧洲南方天文台的特大望远镜（OWL）。

为了充分利用这么巨大的镜面，人们研发了一项技术以补偿和消除地球大气湍流引起的扰动效应。用这种“自适应光学”[12]改正的一些地基像，其极高的清晰度已足以与由飞行在湍动大气之上的哈勃空间望远镜拍摄的图像相媲美。

空间

20 世纪 60 年代显露了空间时代的曙光。随着火箭和卫星发射升空，天文学家完全进入了原来被地球大气阻挡的电磁波段。第一批 X 射线、γ 射线和红外的传感器飞向太空，天文学家第一次能够研究从宇宙到达地球的整个电磁波谱。空间天文学的诞生宣告探测宇宙的新时代来临，许多新的天文现象被发现。在随后的几十年里，持续不断的天文探测工作将继续探究这些新的波段，并将源源不断地获得新发现。

1970 年发射的*乌呼鲁* X 射线卫星，探测了太空 X 射线源，发现了几百个曾经爆发的大质量恒星的遗迹、第一批黑洞的候选者和包含黑洞的远距离星系。在随后的探测中，美国宇航局的爱因斯坦 X 射线天文台发现了年轻的低质量恒星产生的强 X 射线耀斑。如今，X 射线天文学家正在使用钱德拉 X 射线天文台，以获得太空中极其遥远且分辨率前所未有地高的 X 射线像。欧洲空间局的 X 射线多镜面计划（称为 XMM–牛顿）正在提供 X 射线源的最大灵敏度光谱。

太空中更短波长的辐射使我们能够研究宇宙中能量最强的光子：γ 射线。由美国国防部发射的维拉卫星（原本用于监测对于禁止核试验条约的违禁事件）发现了强烈的 γ 射线辐射的闪耀，后来被称为 γ 射线暴。随后人们用更先进的卫星进行研究，例如美国宇航局的*康普顿 γ 射线天文台*，结果对这种奇特的现象有了新的认识。最近几年以来，我们已能更深入地了解 γ 射线暴。有日益增长的证据表明，这些强烈的闪光是由极其遥远的星系内最大质量（因而也是最年轻）的恒星殊死的、灾变性活动产生的。在几秒钟之内，γ 射线暴所释放的能量比全宇宙内所有恒星产生的光能还要强烈。

空间探测也推动红外天文学取得显著进展。20 世纪 80 年代，*红外天文卫星*（IRAS）在比可见光更长的波段（在波长为可见光的 25 倍、50 倍、120 倍和 200 倍的红外波段）上开展了首次全天的巡天观测。银河系内星际尘埃的强烈辉光被首次揭示，分辨率足以与人的肉眼相比。红外天文卫星检测到几千个天体，现在我们知道它们是处于诞生过程中的恒星和行星系统，正从巨大的星云中凝聚出来，最早是由对简单分子的毫米波辐射敏感的射电望远镜探测到。继红外天文卫星之后，又有几个一个比一个更复杂的红外空间望远镜升空。这些第一代和第二代的红外空间望远镜的镜面直径都小于 1 米。

当前，美国宇航局空间科学计划的巅峰是哈勃空间望远镜（HST，图 2.8）。

图 2.8　哈勃空间望远镜，本书所载许多图像由它摄取（NASA/STScI）

哈勃空间望远镜计划早在空间时代开始后不久的 20 世纪 60 年代已经酝酿，终于在 1990 年由航天飞机携带升空。哈勃空间望远镜在大气之上飞行，尽管哈勃空间望远镜的镜面直径只有 2.4 米，但它摄取的天体像甚至比最大的地基望远镜的更为清晰，因为后者受到地球大气湍动的影响。

各空间机构当前正在研发新的光学技术，以便制造更大得多的镜面并将其发射到空间。正在筹划中的方案有詹姆斯·韦伯空间望远镜（JWST），计划先把较小的光学组件发射到太空，然后组装拼接成整块镜面。这一红外的优化设备将至迟在下一个 10 年内（指 21 世纪最初 10 年——译注）发射，它的镜面直径略大于 6 米，将环绕太阳运行，与我们的距离约 100 万千米（约 3 倍于地月距离），这样来自地球和月亮的热辐射将不至于对它有显著影响。比这更大的空间望远镜用头发丝般细小的“蛛丝”镜面组装，正在筹划之中。

看来在 21 世纪我们正面临天文仪器的惊人发展。通过把大型空间望远镜结合成巨大的干涉仪，我们可以最终“综合”多个镜面达到许多千米甚至数千千米的直径。

今天我们用角秒计量分辨率。哈勃空间望远镜和采用自适应光学的地基设备，能以约 0.1 角秒的分辨率产生图像。射电干涉仪当前正向微角秒的分辨率发展，一些恒星形成区的图像和由位于某些星系中心的黑洞产生的喷流（参看第 15 章）的图像，它们的分辨率比哈勃望远镜产生的图像的分辨率高约万倍。在下一个10年，在X射线、可见光和近红外波段工作的巨大的空间干涉仪，将把分辨率提高到十亿分之一角秒！我们将能拍摄到能分辨出其他恒星表面精微细节的图像，获得远距行星环绕其他恒星旋转的图像，其清晰度犹如气象卫星拍摄的地球图像，还能观测到环绕黑洞的内吸积盘。我们将用这些望远镜注视过去，把宇宙从产生第一批恒星之初直到现在的各阶段详细历史整合起来。

仪器和计算机

新的探测器也正在研发中。CCD的神奇固然令人赞赏，而更强大的探测器技术已显露端倪。物理学家已发明了一些器件，它们不仅能利用所有的入射光线以记录星像，而且既能测定每个光子到达的确切时间，又能测定它的能量（或波长）。当这类传感器制造成功之后，我们就能获得一张图像里每个天体的光谱。这类传感器产生的不再是一张图，而是*三维数据*，我们将需要虚拟现实技术去展示它们。

在下一代10～30米级的望远镜上应用这类探测器，能使天文学家以我们现在还难以理解的方式去测绘宇宙。我们能获得宇宙中每一个实际上比银河系亮1%～10%的星系的图像。它们的位置和退行速度、它们的组成和各种特性将被测知。由此得到的“宇宙地图”产生的冲击，类似于500年以前地理大发现时期得到的全球地图。那时的环球航行让我们测绘了地球，与此类似，下一代天文学家有机会去测绘宇宙[13]。

为了理解宇宙现象，有4种不同的天文研究方式。*观测天文学家*使用望远镜收集资料，*仪器学家*建造望远镜、照相机和光谱仪供观测者使用，*理论天文学家*解释或预测由观测者看到的现象，*数据处理专家*用计算机构建这些现象的模型。

正如电子技术已经给予仪器和观测以革命性的变化，计算机也为解释观测成果带来了新的革命。天文学家借助计算机，能够详细地预测太阳系内的行星、卫星、人造卫星、小行星和彗星的运动。他们能够为在正常恒星内部发生的热核聚变反应建立模型，并追踪这些天体随着核燃料的消耗而演化的过程。他们能够通过计算机模拟来探索恒星死亡、再现新星和超新星爆发的过程，由此显示的细节远超过我们观测所能达到的程度。早期宇宙的模型模拟星系形成。这类模型能与观测作比较，以验证正确的星系形成和演化理论。数据处理专家甚至能模拟宇宙微波背景辐射的迷雾背后隐藏的过程。他们现在正在应用他们熟练的工具去模拟恒星和行星的诞生。

由于计算机、比较便宜的 CCD 照相机和现代照相材料的应用，人们能够以比较轻便的装备和较小的望远镜获取天体的光谱像。确实，本书展示的许多图像是用小型望远镜（即小透镜）获取的。这类装备不仅能够获得令人咋舌的图像，也能产生第一流的研究成果。用大型望远镜观测花费不菲，并不特别适合长时间的光度测量项目。另一方面，装备着现代 CCD 照相机的小型望远镜也能提供恒星光输出和光变的精确测量。就测量变星的光变曲线或检测新星云、新星或超新星的突然显现来说，它们是理想的设备。天文学家以超常耐心、全神贯注地等待太阳系外行星通过遥远恒星的表面，以检测到它们（参看第 13 章）。虽然小型望远镜的尺度不大，但是当我们怀着深入的洞察力和坚忍的意志力去使用它们时，它们就再次成为强有力的科学工具。

21 世纪的天文学必将展示比以往任何时候更激动人心的前景。

译注

I 牛顿式望远镜和卡塞格林式望远镜都是反射望远镜，即它们的物镜以大的凹面（通常为抛物面）反射镜为主镜。除主镜外，还常用较小的副镜来改变光路和焦距，并修正像差。这类望远镜的口径可以很大。牛顿式望远镜的副镜是平面反射镜［图 2.9（a）］，反射光线由镜筒侧向射出。卡塞格林式望远镜的副镜是凸双曲面镜，反射光线经主镜中央的小孔射出［图 2.9（b）］。

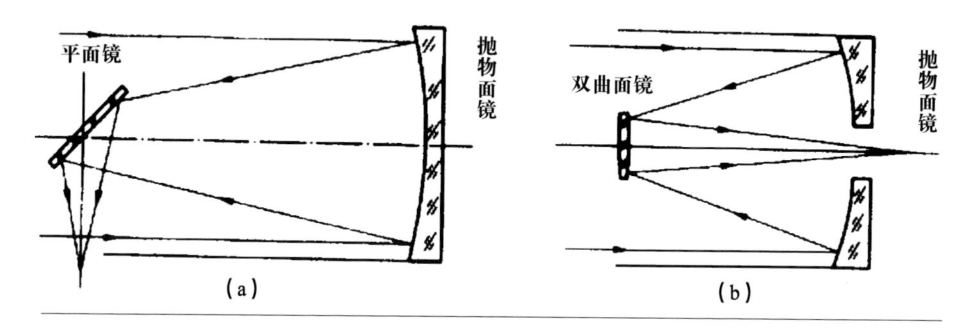

图 2.9　牛顿式望远镜和卡塞格林式望远镜

第 3 章 | 银河系的暗星云

在晴朗无月的夜晚，远离城市灯光的黑暗处所，我们能够看到银河，我们的祖先也一定曾经看见过它（图 3.1）。银河看上去犹如一袭斜贯天空光影朦胧的亮带。我们看到的其实是位于我们星系之内无数颗恒星聚集的光芒。如果我们凝神注视，就会看到银河的发光带上缀补着黑暗的条带和斑块。20 世纪初，人们曾经热烈争辩，恒星之间的这些空白处是否真的是由于那里没有恒星，还是因为有物质介入从而遮挡了明亮的背景恒星。现在我们知道这些黑暗区域包含巨大的气体和尘埃云，弥漫于恒星之间，正是在这些黑暗的星云里产生了恒星。

暗星云和银河系的结构

暗星云是宇宙中一种最冷的天体。它们的典型温度只及 10 开左右，原子在这一温度下基本处于静止状态。暗星云内最普遍的成分是氢，它也是宇宙中最丰富的元素。在暗星云内极低的温度下，大多数氢原子束缚在原子对之内，形成了氢分子。暗星云大多数由氢分子组成，并有许多其他稀少得多的元素分子散布其间。因此，暗星云大多数是*分子云*。

在极低的温度下，分子氢并不辐射或吸收可见光波段的光线。事实上，冷的分子氢在任何波段都难以检测。幸运的是，大自然以两个途径帮助天文学家研究分子云。首先，暗星云被氢原子的壳层包围着，它们没有束缚在分子里，而单个氢原子发射大量厘米波段的辐射。其次，暗星云混合着小量的一氧化碳（CO），使得天文学家得以窥探它们的内部，因为这些分子发射毫米波段的明亮辐射。一氧化碳已经成为揭示分子云结构和动力学的最重要的示踪者。此外，在暗星云内已发现 100 余种少量其他分子。

射电天文学在第二次世界大战后迅速发展，已如第 2 章所述。第二次世界

↗ 图 3.1 壮丽的夏夜银河，它在红色亮星心宿二附近穿越蛇夫座和天蝎座（NOAO/AURA/NSF）

大战结束不久，在银河内发现了原子氢的 21 厘米波段辐射。随着射电望远镜灵敏度提高并能在更短的波段进行探测，在 20 世纪 60 年代，天文学家发现了来自星际分子的射电辐射。1970 年，他们发现暗星云产生来自一氧化碳的大量明亮的 2.6 毫米谱线的辐射①，不久他们发现了分子云能够达到巨大的比例。于是人们就明白了，银河系包含着数十亿太阳质量的冷分子氢，它们能通过对一氧化碳的观测探知。

现在的射电技术已十分精良，天文学家通过常规射电观测来测量分子云和它们的原子壳层。他们能够测定它们内部结构并估计其质量有多大。但是，也许最重要的是他们也能够测量这类发出辐射的气体相对于我们的速度。其原理正如一个人听着呼啸的汽笛从身边经过时声调的改变。当一辆救护车向我们驶来时，它的汽笛的声调变得越来越高亢；相反，当汽笛远去时，声调变得越来越低沉。类似地，如果暗星云朝向或远离我们运动，从星云发出的射电波的波长就会稍微变短或变长。我们能借助这种多普勒效应[②]来测量星云沿我们视线的运动。

通过对银河内暗星云发出的射电信号的仔细测量，天文学家已拼接起一张它们分布和运动的全图。星云环绕银河系中心运动，并集中在旋臂上。我们已经知道银河系是旋涡星系。图 3.2 展示了一个与我们星系相似的邻近旋涡星系，沿旋臂分布着暗星云的条带和明亮的大质量恒星。我们的太阳处于从银河系中心到边缘大约一半的位置上，每 2.5 亿年环绕银河系中心一周。银河系的直径至少为 10 万光年，它是庞然大物，但是很薄，分子云局限在厚度只有约 300 光年的一个薄层上。

分子云

分子云在银河中恒星聚集的背景下显得暗黑，因为它们包含的全部气体中混合着少量尘埃。这些固体颗粒原来在冷巨星的大气中凝聚形成，并被星风吹到星际。[③] 大部分颗粒是由石墨和硅酸盐构成的，而且比我们日常家中的灰尘小得多；星际颗粒的尺度小于万分之一毫米。虽然星云只有约1%的质量是由尘埃构成的，但是这一微量尘埃足以吸收大量星光。图 3.3 是银河所在天区的一张照片，可见一个暗星云遮挡了大量远距恒星的光线。在星云很厚实、沿我们的视线有许多尘埃的地方，我们看不到背景恒星。在只有薄薄一层尘埃起作用、星云是半透明的地方，我们就能看到一些背景恒星。

分子云里尘埃的致暗效应为研究它们的结构提供了另一种途径。人们只要计数通过星云所见的恒星，与附近非致暗区域内的恒星数作比较，即可作出详尽的星云分布图。然而，在星云完全暗黑的场合，就无法获取关于其结构的信息。最后，恒星计数法假定在星云方向所见的全部恒星是在星云的背后，而这只对于最近的星云才是真实的。图 3.4 显示了一对附近的星云，它们的外层相当薄，能让大量背景恒星的光线穿越。显然，来自这些背景恒星的光微微发红。这是由于随着光线波长的增长，尘埃变得越来越透明。换句话说，星光透过星云之后，红光与蓝光相比显得更加明亮，这就使得星云背后的恒星显得更红。

不通过致暗效应也能直接观测尘埃。由于暗星云很冷，因此尘埃粒子也很冷。所有天体都发射热辐射，但是天体越冷，辐射光的波长越长。[④] 这样，通过测量暗星云的深入到红外和亚毫米波段的辐射，我们能够直接探测到存在于暗星云的冷尘埃。

红外和射电波的研究，为了解星际空间气体和尘埃云的性质提供了最佳的途

↗ 图 3.2　旋涡星系 M83。请注意旋臂中的暗星云和亮星以及由老年黄星构成的中央核球（ESO）

径。图 3.5 展示全天红外像，它投影在纸面上，上下对称轴就是银道面确定的水平线。在这张投影图上，银河系中心位于图的中央，银河系北极位于上方，南极位于下方。颜色相应于波长；蓝色大致是 10 微米，而红色近似于 100 微米。中间的黄色条带表示银河的冷尘埃云。图中，行星际尘埃辐射已经消除，以便突出显示星系尘埃辐射。

图 3.6 展示的是 21 厘米波段的天空，原子氢在这个波段上产生强烈的辐射。图 3.6 描绘了银河系内质量达几十亿太阳质量的原子氢的分布。正如尘埃辐射一

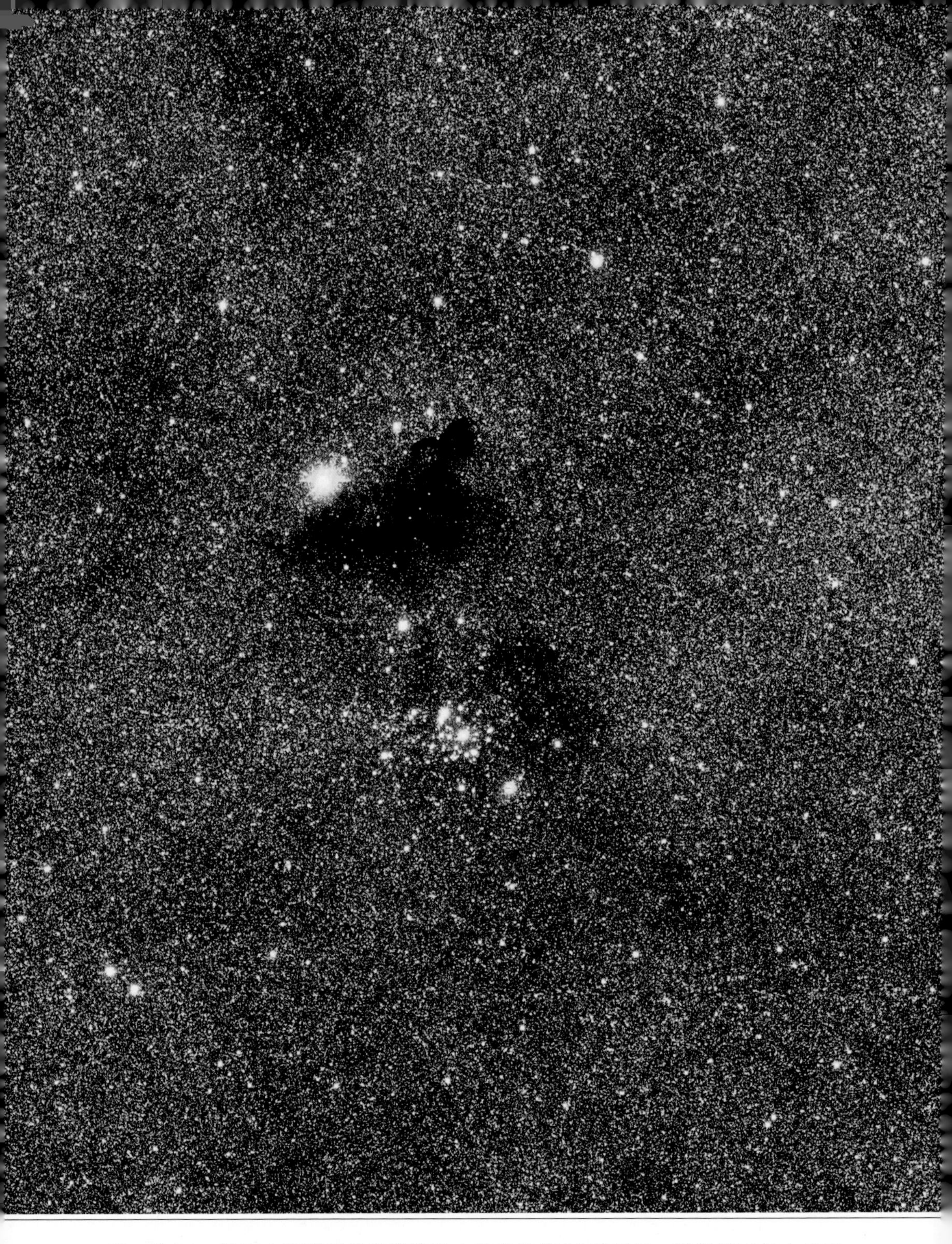

↗ 图 3.3 银河内远距恒星密集背景上的巴纳德 86 暗星云，其附近可见小星团 NGC6520（J.-C. Cuillandre/CFHT）

↗ 图 3.4 巴纳德 72 暗星云，在银河的背景上可见其黑色轮廓（J.-C. Cuillandre/CFHT）

样，这类辐射也集中于银道面上。类似地，图 3.7 展示了一氧化碳分子的分布。

把图 3.5、图 3.6 与图 3.7 作比较，可见由一氧化碳辐射示踪的分子气体与原子氢、尘埃或恒星所在的范围相比，更局限于银道面的一个薄层内。氢可以看作朝向各个方向。正如我们将在第 14 章所讨论的，原子和分子在星际介质的这些不同物态之间反复变换。起初，分子云从原子态的氢气凝聚出来。但是当恒星形成后，分子云消散，其中的原子终于又返回成原子态的氢。

天文学家用射电望远镜观测暗星云，并结合由恒星计数得到的分布图作研究，深入认识了它们的结构和性质。星云具有各种各样的形状和大小。最大的称为*巨分子云*，是银河系内最大的天体。巨分子云的尺度达 300 光年，且质量超过 100 万倍太阳质量。这些星云的形状不易描绘，因为它们没有确定的边缘。它们的结构很复杂，中间稠密，掺杂着羽片状和纤维状的气体和尘埃。这类无定形的结构以各种大小呈现。在越来越小的尺度上无限重复自身图形的分形图具有错综复杂的结构，有些天文学家把分子云的复杂形态与分形图作了比较。图 3.8 是猎户座内一对巨分子云的毫米波像。

在分子云大小的另一极端，人们发现了很小的博克球状体，这以研究它们的

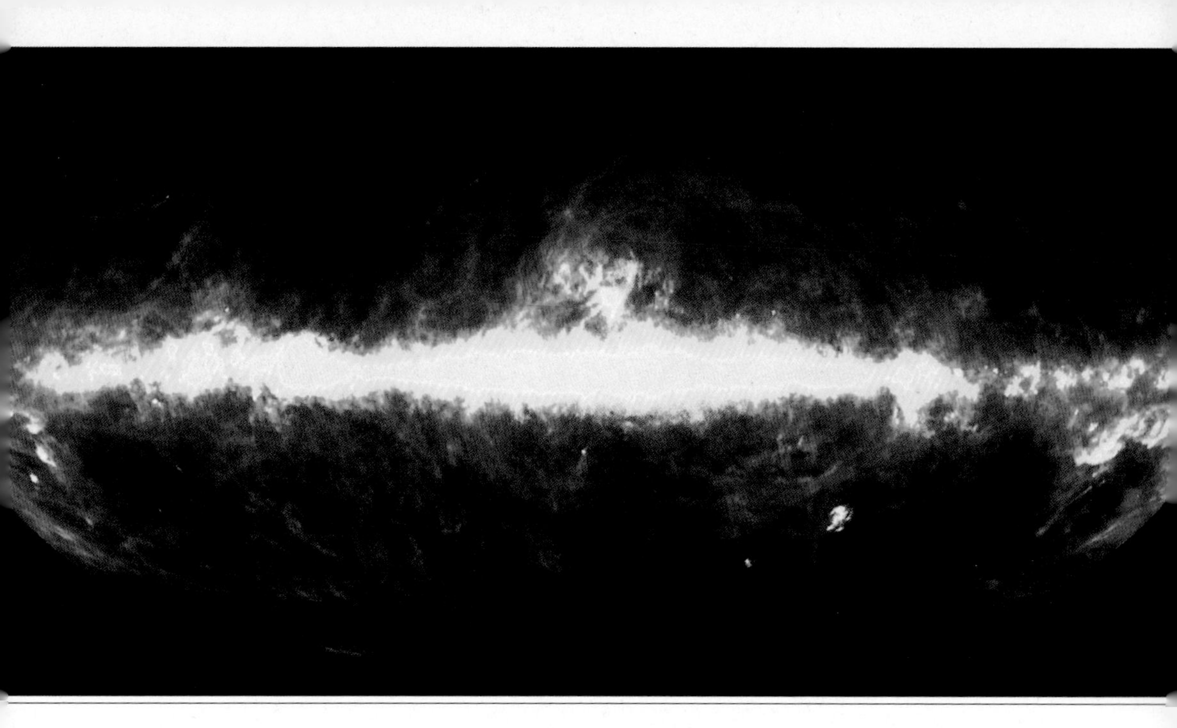

↗ 图 3.5 星际尘埃红外辐射的全天像，由宇宙背景辐射探测卫星拍摄。银道面位于投影图的上下对称轴，银心位于图中央，猎户星云位于图右边缘的正下方（NASA/COBE）

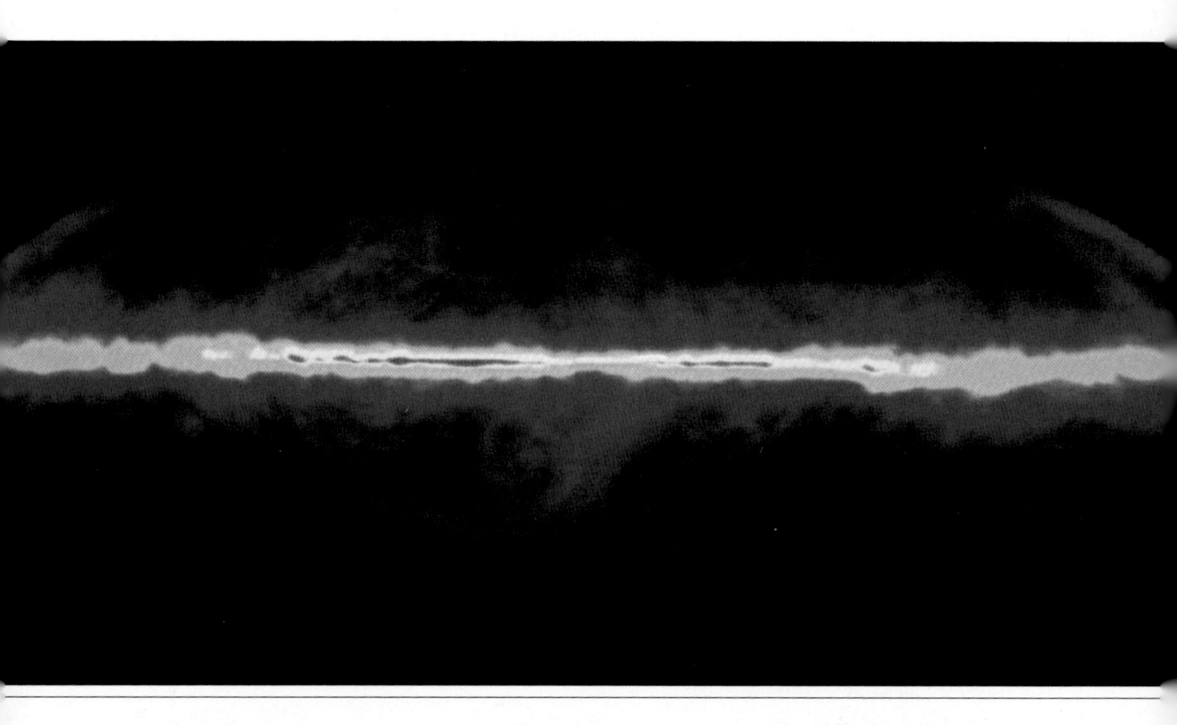

↗ 图 3.6 原子氢的全天分布，用射电望远镜在 21 厘米波长上测量（NRAO/NSF）

↗ 图 3.7 分子云的全天分布，用一氧化碳分子 2.6 毫米波示踪，这是探测分子氢的有效方法（T. Dame）

荷兰天文学家巴尔特 · 博克（Bart Bok）命名。这些微小星云的尺度不超过 1 光年（尺度当然是一种相对的概念，说球状体小是与巨分子云相比，可是它们的大小仍数千倍于太阳系）。球状体可能是致密的，因而密度极高。当 18 世纪英国天文学家威廉 · 赫歇尔（William Herschel）首次在望远镜里邂逅一个球状体时，不禁惊呼："真的，天上有一个洞！"（图 3.9）。博克球状体的典型质量只相当于几个太阳。

在巨分子云与小博克球状体之间，分子云的质量分布范围很广。质量为 10 ~ 100 太阳质量的单个暗分子云很普遍，可是暗星云集合体的质量在几百至数千太阳质量之间。虽然小星云比巨分子云普遍得多，但是后者的结构极其巨大，以致在巨分子云里才能见到银河系内分子气体的团块。

分子云像地球、太阳和所有其他天体一样，具有引力场。分子云的质量成千上万倍地大于太阳，它的引力决定其如何演化。为什么星云不会在其自身引力之下收缩？暗星云的温度很低，由分子的随机运动[⑤]产生的压力也很低，不足以支撑星云。因此我们也许会以为星云本该在其自身引力下迅速且有效地收缩，并转化为成千上万颗恒星。但是原来还有其他几个因素使分子云避免引力收缩，保持稳定。一个是分子云里的湍流，这是一种气体和尘埃的持续的剧烈扰动，推动星云内物质形成一片混沌。湍流还多少有些神秘。虽然它容易测量，但是我们还不完全了解它的起源和它如何维持。它的形成原因有多种可能，包括来自年轻恒星的外向物质流（参看第 6 章）、辐射场、爆发、星风和引力收缩。维持湍流的能量可能从星云内部或外部，以或大或小的规模注入。虽然能源尚不清楚，但有一点是明白的，即湍流压力有助于支撑星云抗衡自身的引力。

磁场提供了星云内另一种对抗自身引力的重要支撑力量。星际云被磁力线穿透。虽然这些磁场是微弱的，但是它们的效应却很显著。分子云里的一小部分气

↗ 图 3.8 由一氧化碳发射的 2.6 毫米波像，显示猎户座的大部分（J. Bally）

体是电离的，那是失去一个或多个电子的原子。这些离子和电子与磁场耦合，被迫沿着磁力线运动。磁力线抗拒相互接近，这样就产生了一种阻止气体收缩的磁性力。测量暗星云内的磁场很不容易，只是最近几年才实现了良好的测量。虽然

↗ 图 3.9 巴纳德 68 暗星云，由欧洲南方天文台甚大望远镜观测所得（J. Alves/ESO/VLT）

磁场是不可见的，但是暗星云里的有些纤维结构可能由磁场造成（图 3.10），这种推测是引人入胜的。

核、尘埃和化学

暗星云的观测揭示它们是高度复杂的结构。那些最大的分子云呈现出许多大小不一的团块，往往由纤维结构连接并由更稀薄的物质包围。这些结构一方面与星云如何形成有关（第 14 章），但也反映了它们今后的演化和恒星形成效应。这些团块往往非常巨大和稠密，以至于来自背景恒星的光线不能穿透它们，所以在

↗ 图 3.10　天鹅座里的北美洲 / 鹈鹕星云的一部分，可见其氢的红色辐射。请注意尘埃的纤维状线条。磁场可能导致前景尘埃云的形成（J. Ballg & B. Reipurth，NOAO/AURA/NSF）

可见光波段，它们显得一片黑暗。但是在毫米波段对分子的深入观测表明团块内部可能有复杂的结构，常常包含一个或多个密度很大的核。恒星正是产生于这些核。

分子云显示为具有多层次级结构的碎裂。测定星云的碎裂结构如何形成，为揭示恒星形成揭开了冰山一角。有两个基本机制能使星云碎裂。首先是引力的驱动。一个分子云从星际介质中凝聚出来以后，如果在密度上有小的涨落，那么进一步的引力收缩将放大这些变化，导致碎裂结构日益增长。使星云形成碎裂结构的第二个机制可能是湍流运动的驱动，这曾在前一节提到。如果分子云中的气体受超音速速度的剧烈扰动[⑥]，那么就会形成强烈的激波[⑦]。这类激波将压缩气体，并使受压缩区域形成层次，即次结构。几乎可以肯定，这两类机制在分子云结构的形成中起作用，最终导致恒星的产生。

暗星云的外层暴露在破坏性的环境中。强烈的紫外辐射、X 射线和强力的高能粒子[⑧]能够打破或者离解分子，因而分子云被巨大而稀薄的原子氢的壳层所包围，其密度只是每立方厘米几个原子甚至更少。但是气体密度在团块之内急剧增加，在小小的核内甚至更高，在那里能超过每立方厘米 10 万个分子。如此不同的物理环境也导致气体的化学过程不同。随着气体密度的增加，分子与尘埃颗粒的碰撞越发频繁，并开始黏附在颗粒上。这有两种效应。首先，附着于颗粒上的分子脱离了气体。其次，附着于颗粒上的分子能够相互作用，形成新种类的分子。当颗粒被入射的辐射和高能粒子加热时，这些分子偶尔会从颗粒表面脱落下来。随着星云结构的演化和核的形成，复杂的化学过程也在进行，星云中的气体成分也在改变。诸如 CO 之类的简单分子耗尽了，更加复杂的类型（如甲醛、甲氰和甲醇）出现了。在年轻恒星诞生并以其辐射开始加热周围的尘埃之后，化学成分的改变变得更加显著。结果，颗粒释放大量奇异的分子，它们在年轻恒星及其今后行星系的演化中起着重要作用。

暗星云：恒星的摇篮

年轻恒星通常存在于分子云内或其附近。这样，恒星的形成就与发生在这些天体内的过程有关。虽然存在许多比较小的星云，但是银河系的大部分分子存在于巨分子云内。极大量的年轻恒星在巨分子云里诞生，因此它们才是恒星的主要摇篮。猎户座内的恒星形成区，距离太阳约 1500 光年，是最近的巨分子云复合体。正如我们将在随后的章节所见，这个复合体在最近 1000 万年里产生了成千

↗ 图 3.11 蛇夫座分子云复合体很小，但是附近的暗星云形成了一个约有 100 万颗恒星的小星团（Wei-Hao Wang）

上万颗恒星。但是由于小星云更加丰富，最近距的年轻恒星常见于较小的星云复合体，诸如金牛座和蛇夫座里的这类恒星，距离只有 300 ~ 400 光年。图 3.11 是邻近的蛇夫星云复合体，它正在活跃地孕育着小质量恒星。虽然这些邻近的星云几乎不像猎户座里的巨星云产生那么多的恒星（每一个星云只产生 100 来颗恒星），但是由于它们靠近地球，就成了研究的最佳目标。我们所了解的关于小质量恒星产生的许多知识，来自于这些研究。此外，我们在距离只有 150 光年处发现了一些由年龄只有几千万年的恒星构成的小集群，但是孕育这些距离很近的年轻恒星的暗星云现在已经完全消散了。

我们只知道很少一些巨分子云不形成恒星。原来星云中的恒星形成几乎是在星云形成以后不久就开始了。随后星云将在几百万年之内产生恒星，但是它们通常在不到 1000 万年的时间内就消散了，因此年轻恒星的星群或星团的年龄跨度从来没有超过 1000 万年。正如我们将在以下的章节中所见，年轻恒星摧毁孕育它们的摇篮，特别是当有大质量恒星形成之后。它们释放紫外辐射的洪流，把周围的星云雕琢成多姿多彩、花团锦簇的结构（图 3.12），使它们很快就消散了。在这个过程中，能够大规模地触发新一代恒星的产生，这将在第 14 章深入讨论。接近于新诞生的大质量恒星的星云核，会被汹涌澎湃的辐射场的猛烈冲击而撕扯得四分五裂（图 3.13）。因此，星云只是一种过渡性的结构。它们从周围的星际介质中产生，其短暂生命中的大部分时间用来孕育恒星，最后消散，返回到星际介质。

巨分子云是怎样转化为恒星的？恒星形成以怎样的速率进行？在星云消散之前有多少质量转化为恒星？是什么决定了恒星的质量？这些问题是当前天文研究活动的热门课题。虽然关于恒星形成的过程我们已经有了根深蒂固的看法，但是一些重要的细节知之甚少。在下一章我们将会看到，恒星趋向于成群地形成。但是为了避免恒星成群形成所带来的大量棘手难题，大多数观测研究和理论模型将重点放在暗星云中单个孤立恒星的形成。即使这种图景是不完整的，但这种研究可以逐步推演，为恒星演化过程提供清晰的认识。在下一章，我们将讨论单个孤立恒星的诞生。

↗ 图 3.12　IC1396 HII 区中巨大的彗星状球状体在其近旁大质量恒星（图中未显示）的强烈紫外辐射下形成了现在的形状（J.-C. Cuillandre/CFHT）

↗ 图 3.13 NGC7000 HII 区中的暗星云，正在受其破坏性环境的摧毁（J.-C. Cuillandre/CFHT）

第 4 章 | 幼年恒星

恒星在尘埃分子云的核心里形成。因此，刚诞生的恒星深深地着床于它们的母星云中，包裹着胎盘物质的厚茧。气体和尘埃稠密地包围在新生的恒星四周，以致任何可见光完全被吸收。然而，红外光和射电波由于波长较长，能够比较容易地穿透星际尘埃和气体。因而观测者转而力图在这些较长的波段，发现仍然埋置于分子云黑沉沉内部的最年轻的恒星。红外和射电技术的新进展为我们了解恒星的诞生作出了革命性的贡献。

冰冷的世界：远红外和亚毫米波的观测

在可见光和红外波段观测天空，看到的是不同的天空景象。我们的眼睛在可见光波段最为灵敏，因为太阳在这个波段上辐射的光能最大。因此，我们的视觉适应于观看恒星。恒星的温度从几千开到几万开。较冷天体光谱的近红外和远红外部分发射波长较长的辐射。某些生物，例如蛇类的眼睛对温血动物产生的热辐射敏感，如果它们仰望天空，将看到一副与我们所见相当不同的景象。天空的景象在可见光波段主要显示恒星，可是在波长超过 10 微米的红外波段，则显示布满了由星际尘埃的巨分子云和少量很冷恒星发出的辐射。

在光谱的红外波段探测天空，开始于 20 世纪 60 年代。在 20 世纪 80 年代早期之前，所有的红外观测都是用单一像素的探测器进行的。但是最近 20 余年以来，人们正在应用像素越来越高的红外光传感器。现在，我们已经能在 1 ~ 5 微米的波段，即紧挨可见光波段，通过常规观测获得天体的近红外数字图像。

天文学家为了探测更冷的天体，曾经寻求能在更长的波长上进行探测的传感器。虽然大部分红外传感器起初是为军用研制的，但是它们终于能为天文学家所用，能使他们在中红外波段（5 ~ 30 微米）和远红外（30 ~ 300 微米）波段开展观测。但是这里人们遇到了一个根本问题：地球大气阻挡了几乎全部中红外辐射和远红外辐射。

由于水蒸气吸收红外辐射，在最好的情况下，地基的红外观测在几微米以上就已很困难。把红外观测放在既很高又干燥的地方是有利的。夏威夷岛上的莫纳·凯亚火山海拔 4200 米（13700 英尺），是地基红外观测的最佳场所之一，可以在长达 24 微米的波长上开展观测。图 4.1 是双子座望远镜的北镜，这是专为红外观测精密研制的望远镜，置于莫纳·凯亚火山顶峰。像南极这种更加干燥的地方正在进行这一波段的某些测量。美国宇航局建造了机载天文台——平流层红外天文台（SOFIA），用一台安装于改装的波音 747 飞机尾部的 2.5 米望远镜，在更高的高度上开展观测。气球也曾携带红外望远镜上升到平流层，到达 10 万英尺以上的高度。

但是即使在这类极端的环境中，红外观测的条件也欠理想。在近红外波段，上层大气辉光的辐射很亮，它们来自于羟基分子，使红外观测就像在黎明或黄昏进行目视观测一样不利。在长于 3 微米的波段，大气和望远镜因热红外辐射产生辉光，于是，由于望远镜的自身辐射，使得地面或机载观测类似于在大白天进行

↘ 图 4.1 双子座望远镜北镜，为红外观测而精密研制，位于夏威夷很高、很干燥的莫纳·凯亚火山上（Gemini/AURA）

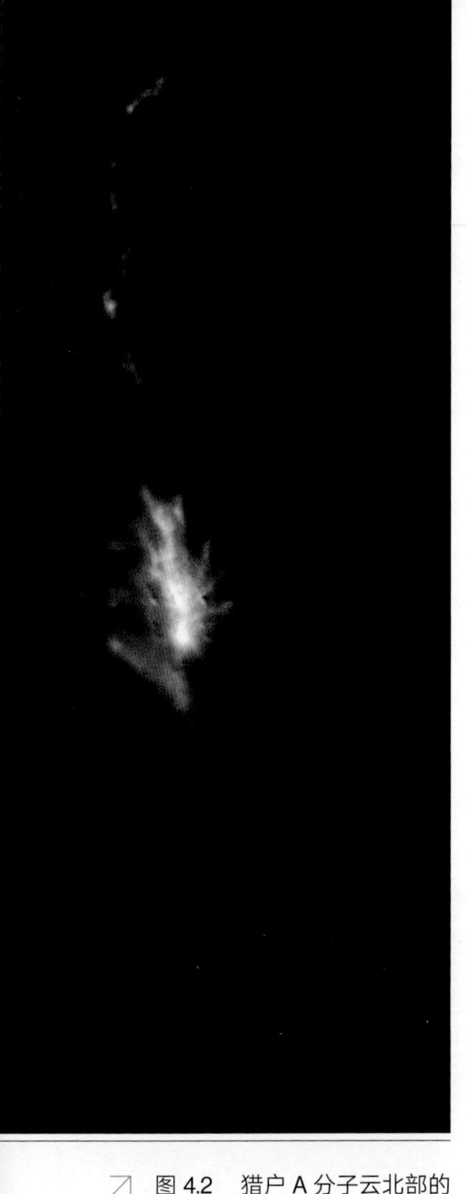

↗ 图 4.2　猎户 A 分子云北部的 850 微米波图。图中央有最明亮的尘埃辐射，猎户星云位于它的前方（D. Johnstone and J. Bally）

目视观测！天文学家只有开发特殊的观测技术，才能克服这些障碍，从事红外天文学的探测。

归根结底，对于红外望远镜来说理想的环境是太空，那里摆脱了地球大气的吸收效应和明亮辐射。大量红外望远镜安置在环绕地球的轨道上，用于研究温度为 20～1000 开的冷天体。它们包括红外天文卫星（IRAS）、红外空间天文台（ISO）和空间红外望远镜（SIRTF），我们都已在第 2 章提及。由于它们打开了通往宇宙的红外窗口，天文学家对其已耳熟能详。美国宇航局的下一个大型红外望远镜计划是詹姆斯 · 韦伯（James Webb）空间望远镜，这是一个 6 米的红外望远镜，在红外天文学的探测中将发挥惊人的潜力，在 1～15 微米波段上具有史无前例的灵敏度和分辨率。

天文学家已经开始理解各种天体在红外天文学上的性状，但是他们也已经认识到为了研究极冷的天体，必须把电磁波谱的红外与射电两个波段联结起来，这是亚毫米波段，即波长从 300 微米～1 毫米的范围。图 4.2 是猎户 A 分子云北部的亚毫米波像（图 3.8），表明了冷尘埃与小亮点一起所在的位置，那里新诞生的恒星正开始把周围加热。

亚毫米波观测所要求的技术只是在前 10 年间才成熟。如同在红外波段，亚毫米波观测也受到大气中水蒸气的不利影响，所以在这一波段上工作的望远镜也必须安装在高而干燥的地点。下一个 10 年内最大的地基天文学计划是阿塔卡马大型毫米波阵（ALMA），这是一个由 64 面 12 米天线组成的干涉仪阵列（图 4.3）。阿塔卡马大型毫米波阵在智利安第斯山脉的高原上延伸几千米，是专门为亚毫米波的观测设计的。阿塔卡马大型毫米波阵的巨大尺度能使它以比哈勃空间望远镜更高的分辨率，在低至 350 微米的波段上研究宇宙。

↗ 图 4.3 阿塔卡马大型毫米波阵的毫米波干涉仪的假想图，巨大的射电望远镜阵正在智利北部安第斯山脉中建造（ESO）

天文学家以近红外、中红外、远红外和亚毫米波技术为武装，足以探索天空中最年轻的恒星以及孕育着恒星的星云和星云核。

新产生恒星的探索

我们所知道的很年轻的恒星深深地藏身在星云内部，是由红外天文卫星发现的。正如我们已在第 2 章所述，红外天文卫星发射于 1983 年，对几乎整个天空在中红外和远红外的 4 个波段作了巡天观测，编制了包含 25 万个以上红外源的星表。在红外天文卫星之前，天文学家对红外波段的天空只有模糊的认识，而且只知道最明亮的红外源的所在。通过红外天文卫星的巡天观测，天文学家获得了天空中较亮红外源的清单。

图 4.4 是蛇夫座稠密暗星云的光学照片。在目视波段几乎没有迹象表明星云正在进行活跃的恒星形成过程。但是红外天文卫星在这个星云里确定了几个带有年轻恒星征兆的红外源。在英仙座 NGC1333 所在的天区，最近经历了恒星形成的剧烈过程。图 4.5 是 NGC1333 中央部分的光学像，那里年轻恒星照亮了周围

图 4.4　在光学波段所见的 L1165 星云复合体的一部分。红点表示藏身于星云内的 IRAS 源（B. Reipurth & J. Bally）

的暗星云。但是在近红外波段，已经能够看到大量仍深藏在星云内部的新产生的恒星（图 4.6）。

20 世纪 90 年代初期，欧洲空间局发射了红外空间天文台（ISO），以完成 IRAS 源的后续研究并获得深层次的图像和光谱。它的探测提供了关于星际颗粒

↗ 图 4.5 NGC1333 恒星形成区的光学像（J. Bally）

↗ 图 4.6 NGC1333 恒星形成区的红外像，显示的是图 4.5 的中央区域（NASA/Spitzer）

和冰块成分的详细而确凿的材料，鉴别了冷星际云中许多原子、离子和分子的种类，并以比红外天文卫星远高得多的精度探明了这些种类的分布。

红外天文卫星的另一个后继者是在 1996 年发射的。这是一个称为中程空间实验（MSX）的军事计划，目的是在洲际导弹在太空短暂的飞行过程中识别并跟踪它们。在识别从地面升空的敌方弹头时，一些天文目标可能混杂其中，为了避免与背景的宇宙源相混淆，中程空间实验对银河作了巡天观测，确定了这些天文目标的特征。由于大多数年轻恒星沿银河分布，这些资料为对恒星形成感兴趣的天文学家提供了另一种丰富的资源。

迄今为止最雄心勃勃的红外探测任务是美国宇航局在 2003 年 8 月发射的斯匹策（Spitzer）空间望远镜。它正在源源不断地获得银河系大部分近距分子和几百颗最近距的年轻恒星的光谱和图像（图 4.7）。人们期望斯匹策空间望远镜能发现几千万个红外源，包括星系、年轻恒星、年老恒星和星云。它将探测各种年龄恒星周围的星际尘埃和气体的性质和演化。

一些正在形成中的恒星实在太年轻又冰冷，即使这些红外空间望远镜也探测

图 4.7 由斯匹策空间望远镜拍摄的恒星形成区 RCW 49 的红外像（NASA/Spitzer）

不到它们。这就需要亚毫米波望远镜去探寻最年轻的恒星和星前核。只是坐落在足够高和干燥地方的望远镜才能在这些波段上取得令人满意的结果。其中之一是位于莫纳 · 凯亚火山的詹姆斯 · 克拉克 · 麦克斯韦（James Clark Maxwell）望远镜（JCMT），那里的条件真好，足以开展亚毫米波的常规观测。图 4.8 和图 4.9 是猎户座内马头星云附近同一天区的两张像，分别在光学和亚毫米波段拍摄。图中光学像显示了星云的外部和星云表面附近的少数年轻恒星，亚毫米波图像探测到星云复合体的内部深处，揭示了大量寒冷的隐藏的源。

原恒星和自转盘

星云凝聚成为恒星导致大小和密度的巨大改变。银河系内星际气体内氢的平均密度约为每立方厘米 1 个原子。反之，恒星内气体的平均密度约高达 10^{23} 倍。这样，为了形成恒星，星际分子云的体积必须以超过 20 个量级的倍数收缩！

导致尺度和密度如此巨大改变的原因是引力。恒星产生的第一阶段是形成受其自己引力束缚的分子云核。巨分子云被微弱的磁场穿透，具有混沌的结构和湍流般的内部运动，这已在第 3 章讨论。在湍动的分子云内部，气体分子团之间的相对运动速度一般比其成员分子的随机速度大 1 个量级。星云内部混沌态的剧烈扰动意味着这类气体分子团迟早都会碰撞，这种碰撞产生的强烈激波就会压缩气体。但是气体通常不会保持持久的致密，因为内部压力和冻结于内的磁场起了弹簧的作用。在这些激波通过之后，内部压力的作用使压缩的气体层重新膨胀，恢复到原先的密度。湍动分子云的计算机模拟模型显示，受激波压缩的气体层常常形成由瞬息变化着的羽片状或纤维状稠密气体组成的混沌网格。但是，有时有相当多的物质积累起来，以至引力阻止了重新膨胀，催生了星云中受引力束缚的前恒星核。随着这类核的收缩和密度增长，它们会碎裂成更小和更致密的子核，这些子核相互绕转并相互作用。

在湍动的巨分子云内，核的引力凝聚和碎裂是高度动态和混沌的过程。当物质在某些地方积累之际，在引力的作用下，将会有更多的物质向那里掉落。模型显示，在几十万年的过程里，致密云核的坍缩导致羽片状物质、纤维状物质和团块状物质的形成，它们在复杂的相互影响中彼此碰撞、并合和作用，导致到处生成从几十个到千百个具有各种质量的恒星个体。然而，在深入讨论多个恒星和星团的生成之前，我们将聚焦于单个、孤立恒星从单个星云核里生成的基本过程。

我们对恒星生成的最早阶段的研究大部分根据理论工作。这么做部分是由于

图 4.8　NGC2023 和马头星云的光学像（J.-C. Cuillandre/CFHT）

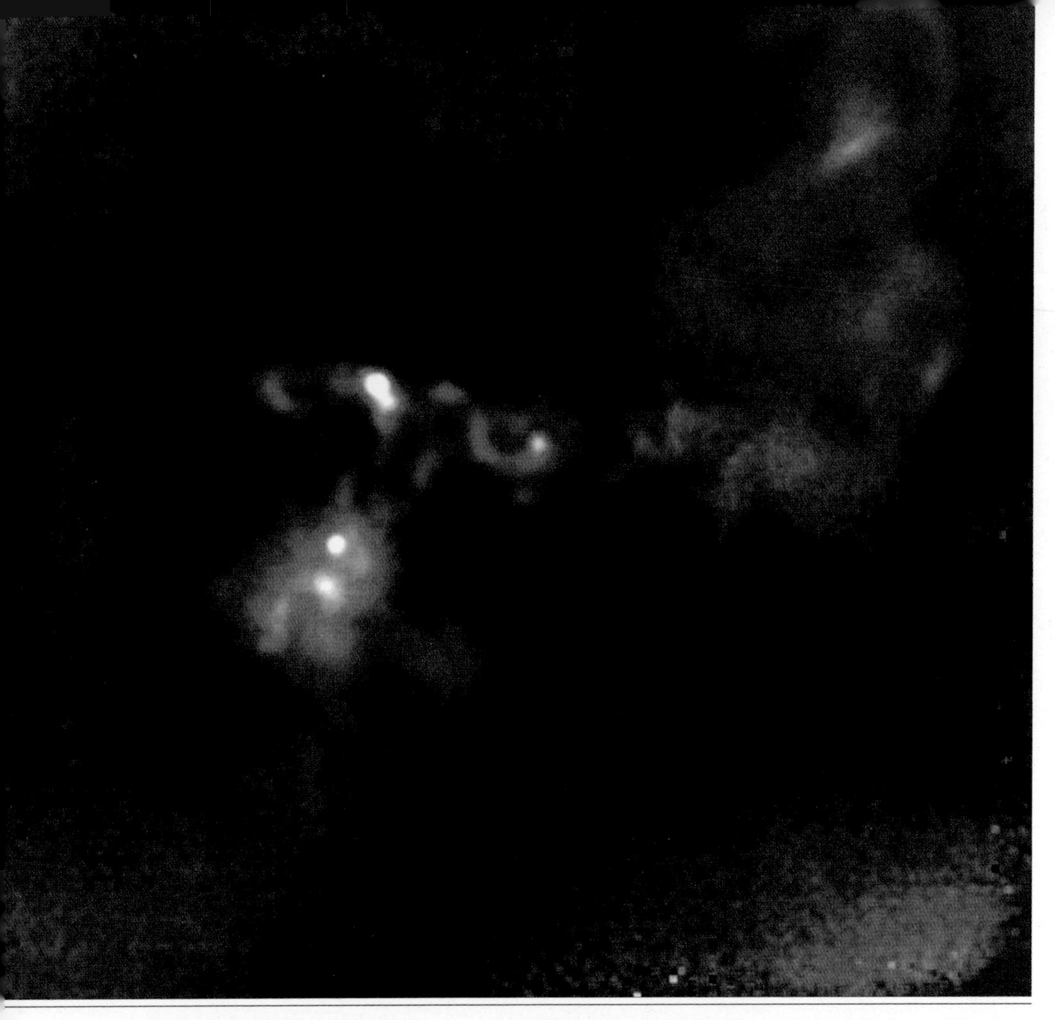

↗ 图 4.9 与图 4.8 相同的天区，但是是用夏威夷的詹姆斯·克拉克·麦克斯韦望远镜在 850 微米波段上观测（D. Johnstone）

探索星云内部的最深处的观测仍在起步，而所涉及的时间尺度太长，没有一种观测足以跟踪其过程。但是高速计算机的出现，使从收缩阶段开始模拟恒星的产生已经成为可能。

最简单的情况是球状星云核的理想状态，这时使星云收缩的引力与支撑核抵抗收缩的气体压力相平衡。如果核变得越来越致密，引力会超过气体压力而占上风，核就在自身的引力下开始坍缩。另一方面，如果温度升高，那么气体压力也增高，坍缩受到阻止。能够产生引力坍缩的星云核的最小质量称为金斯质量，以英国天文学家詹姆斯 · 金斯（James Jeans）命名，他在 20 世纪早期提出了这概念。金斯质量只与星云密度和星云温度有关。温度较高而密度较低的星云只能形成质量较大的恒星，温度较低而密度较高的星云则能形成质量较低的恒星。金斯质量描述了一种理想化的、十分简单的情况，忽略了诸如磁场等许多其他因素的影响，充其量不过是告诉我们何时将发生坍缩。

星云核的坍缩总是不均匀的，而且从中心最稠密的部分开始。坍缩从那里出发，按从里向外的方式向外扩展。底部基本上是从核心内不断增高的气体层掉落。气体一旦开始运动，它就自由下落，一直到达中心，在那里一个密度很高、小的恒星胎开始形成。因而原恒星由一个恒星状的中心物体构成，它包含小部分它的最终质量，而由纷纷下落的大质量壳层包围着。

磁场穿透分子云并通过抵抗收缩而阻滞恒星形成。当磁场抵抗收缩的时候，气体一定会透过磁力线而扩散，并落向星云核的自引力中心。这个过程（称为“双极扩散”[①]）能把星云核的坍缩延迟几百万年。但是在没有外部影响的情况下，引力将最终克服磁性星云的支撑。一旦这个过程开始，从里向外的坍缩过程只是比无磁场的情况稍稍延缓而没有其他不同。

对于恒星的形成还有另一个障碍，它来自于自转的形成。分子云处于永恒的运动之中，随着分子云结构的发展并形成稠密的团块和更加稠密的核，气体的随机运动能够导致缓慢的自转，这已在分子云的核内普遍地观测到。我们有一个物理量，对这类核或任何其他旋转物体的旋转作定量的计量，这就是角动量，它是质量、大小和自转的度量[②]。如果没有外力矩，旋转物体将保持角动量守恒[③]。这种情况的最广为人知的例子是花样滑冰运动员的旋转。当她向身体收拢双臂时，她的旋转速率加快，因为她的角动量大部分都保持着。在恒星形成的研究中有一个经典的“角动量问题”，其根源就在这里：一个自转星云核的角动量通常数千倍于一个恒星所能拥有的角动量。如果一个直径为 0.3 光年的典型的星云核每 100 万年完成 1 次自转，压缩到太阳的大小，它将绕自己的自转轴每 10 秒旋转 1 次，离心力将远远超过引力，物质将飞离出去。由于这种不平衡性，坍缩中的星云核必须释放它们大部分角动量以形成恒星。

正在形成恒星的星云核有几个途径能分散它的自转。首先，它能碎裂为双星系统或聚星系统，它们的轨道运动保留了星云核的大部分角动量。其次，来自核内的具有较高角动量的物质将纷纷向旋转盘掉落，这个盘环绕着由低角动量气体掉落而产生的稀薄的恒星胎。然而，为了成长为恒星，恒星胎必须从周围的盘内吸积更多的质量。这要求进一步耗散盘内的轨道角动量。冻结在盘内的磁场和受自引力团块作用的力矩能够把盘的轨道角动量从其内部转移到外部。随着盘内物质盘旋着趋向中心，盘的外半径必然胀大，以保持角动量守恒。但是，从盘的内边缘吸积物质到原恒星的赤道仍将使恒星的自转加速。正在形成中的恒星本身的磁场，也许是由内部发电机机制产生的，当物质从盘的内边缘吸积到年轻恒星时，恒星磁场可能会消除其多余角动量。正如我们将在第 6 章进一步讨论的，这个恒星磁场能够排除一部分从盘的内边缘盘旋向内的物质，通过猛烈的双极喷流把超量的角动量带走，使得低角动量的物质留在恒星上。星周盘内角动量与吸积之间的相互作用是最年轻恒星演化的基本动因，我们将在第 7 章讨论。

恒星胎的性质已经得到深入的理论研究。引力在与压力的抗衡中取胜，因为坍缩星云核起初是冷的。这是因为由坍缩核中的原子、分子和尘埃颗粒发射的红外辐射能够通过下落的气体逃逸。我们称这个阶段的气体是光学薄的。随着星云变得稠密，它开始拦截自己的辐射，并变得不透明。这时的介质称为光学厚。当辐射不再能够逃逸，中心温度开始上升，提升着气体的压力。这时光学厚的核能够再次抵抗引力，在坍缩核的极内部区域有一种新的平衡在发展：恒星胎产生了。在这一阶段，新生的恒星称为流体静力平衡核④，因为引力与气体压力达到了平衡，这与在下落壳层中的高度动态的情况相反。

流体静力平衡核产生时的质量很小，只有约 1% 太阳质量，但是与大多数恒星相比，它相当大，直径达到几个天文单位（AU），大致为火星的轨道半径。强烈的激波包围着恒星胎，下落的壳层继续骤雨般地落向它的表面。随着核的质量快速增大，它的内部温度上升到大约 2000 开，这时氢分子离解了。结果，流体静力平衡核再度变得不稳定，从而收缩。第二次收缩进行得极其快速，只持续约 10 年，当核内部的大部分气体都电离后就停止了。于是形成了第二个稳定的流体静力平衡核，这时它的大小类似于太阳。它也被激波包围着，正在冲击的激波由来自壳层的气体暴雨形成。这个稀薄但是快速增大的恒星胎是新恒星的真正开端，即原恒星。

原恒星的观测

在星云核收缩形成原恒星和它周围的盘之际，下落中的星云仍然是冷的，温度约为 10 开。但是随着物质涌入新生的恒星和它的盘，恒星胎被加热并开始在远红外波段和亚毫米波段发光。由下落的气体和尘埃形成的茧星变得十分稠密，以至光学的，甚至红外的辐射都不能逸出。一旦形成中的恒星产生的第一批可见光和近红外辐射被它周围吸收，茧星的温度开始上升。在这极早期阶段，只有亚毫米波观测才能探测到萌芽期恒星的存在。处于这一阶段的天体称为 0 级源。0

级源的大部分质量通常包含在下落的壳层和盘内，只有一小部分在恒星胎里。这是年轻恒星生长的第一阶段。图 4.10 显示了新生恒星及其盘的形成和演化。

在几万年的时间里，恒星胎、盘和内部壳层的温度逐渐升高。富含尘埃的茧星的平均温度终于达到了 30 开或 40 开。就在这时，温暖的尘埃发射足够多的远红外辐射，使得形成中的恒星能在远红外波段和中红外波段探测到。在这一稍有进展的阶段，年轻恒星已经积累了其最终质量的一半以上，现在称为 I 级天体。

恒星生成区的研究揭示了 I 级源大约有 0 级天体的 10 倍之多。如果是由一种演化到另一种，那么 0 级阶段的时间长度一定只有 I 级阶段的 1/10。然而，估计这些早期演化阶段的时间长度是困难的。虽然从天文学的时标来看这些时段是短暂的，但是比人类寿命却远长得多。对 0 级阶段时间长度当前最好的估计是 1 万 ~ 2 万年。I 级阶段延续得较久，可能是几十万年。

↗ 图 4.10　星云核的收缩、环绕原恒星的盘的形成、偶极外流的产生、盘的清除和行星的形成（C. J. Lada）

环绕着深藏而且黑暗的原恒星的盘，只有在射电波段和亚毫米波段才能看到。但是单面的碟形射电望远镜指向原恒星，也探测到来自周围星云核和分子云的信号，使得它难以与来自盘的辐射区别开来。即使是位于金牛座的最近的原恒星，盘的角直径也非常小。最大的盘的直径可能达 1000 天文单位，金牛座的那个张角只有 7 角秒，猎户座的那个只有 2 角秒，远远小于普通射电望远镜能够分辨的限度。研究盘要求射电望远镜的分辨率大约是 1 角秒。天文学家把多面射电望远镜连接成干涉仪协同操作，能够获得把星周盘直接成像所需的分辨率。这些射电测量能用于测定星周盘的大小、质量、成分、颗粒性质和轨道运动。

有些 I 级源已经充分耗尽了周围的壳层，足以允许近红外辐射有时甚至光学辐射外逸。在这一发展阶段的原恒星往往可以在这些波段观测，除非它们盘的侧面朝向我们，但在这种情况能看到偶极反射星云。哈勃空间望远镜的照相机拍摄了许多处于这一演化阶段的年轻恒星周围盘的像（图4.11）。光线被星周环境中的物质散射，而星周盘相对于明亮的背景只能看到侧影。当盘并不掩盖中央恒星时，微弱的星光反倒使盘黯然失色。

虽然壳层和盘已经在某些场合被探测到，但是测量它们的下落运动和旋转则很困难。这些运动很不明显，在离1个太阳质量的年轻恒星1000天文单位的距离上，其速率只及约每秒1千米。干涉观测已经检测出新生恒星壳层的下落运动和它们盘的旋转。观测表明，向着原恒星沿视线的气体，往往显示出离开我们向着恒星的微弱运动；在另一边的气体同时趋向我们和恒星。这正是预期中壳层下落的性状。此外，分子产生的辐射的多普勒位移已经用于直接测量盘的轨道运动。

初始质量函数

恒星具有各种各样的质量。正如将在第9章所讨论的，质量大于100个太阳质量的恒星是不稳定的，因为它们的猛烈的辐射输出将导致它们外层的喷射。恒星的质量下限大约是太阳质量的8%，因为要启动氢的热核反应要达到必需的压力和温度，而这是为此所需的最低限度质量。质量较小的天体称为褐矮星。

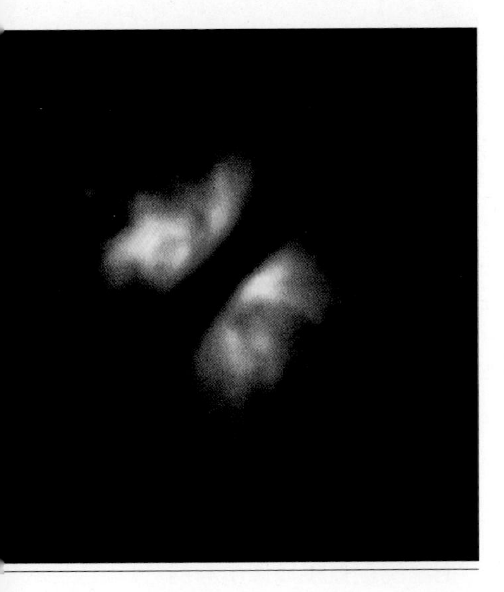

↗ 图4.11 由哈勃空间望远镜所得的红外像，显示了金牛星云中稠密的星周盘环绕着年轻源IRAS 04302+2247（D. Padgett/STScI/NASA）

观测表明大质量恒星是比较少的，随着恒星质量的减小，它们也越来越常见——宇宙中普遍的是低质量恒星的微弱光线。恒星的质量分布称为恒星质量函数，然而它并不代表由星云产生的不同质量恒星的实际数目，因为恒星在它的一生中会丢失质量，尤其是不同质量恒星的寿命不同。我们已经说过，特大质量恒星的寿命只有几百万年，而质量小于0.8个太阳质量的恒星，即使在宇宙诞生后不久形成，到现在仍照耀在我们周围。在我们把这些影响改正以后，就能导出初始质量函数，它是由分子云产生的恒星的质量分布。

为什么有些恒星产生时质量小而另一些质量大？是否恒星的最终质量取决于孕育它的星云

核的质量？一颗年轻恒星能否积聚这类核的全部质量？观测和理论模型表明，在质量较大和较致密核内形成的恒星更可能较快长大并获取更多质量。确实，坍缩前星云核的质量分布类似于恒星的初始质量函数，这说明恒星质量分布取决于产生星云核的碎裂过程。

但这并不是问题的全部，正如我们将在下一章讨论的，恒星和气体的随机运动、外向流、与同生恒星的相互作用、母星云受新生恒星的加热和蒸发、磁场以及外部辐射、风和爆发的影响都可能限制任何给定原恒星从其周围环境积聚质量的程度。此外，角动量守恒意味着一些质量掉落到恒星上，另外有些物质一定受到排斥。所以，只要母星云的核作自转，那么就不是其所有质量都能投入到中央恒星。看来，典型的恒星质量只是孕育它的星云核质量的几分之一。

原恒星的能源

所有恒星都发射光。如果说有几种可能的能源能够产生恒星所发射的光，那么只有一种能源能够维持恒星毕生输出的能量，这就是热核聚变。恒星是天然的热核反应堆，它把氢和其他一些轻元素聚变成较重的元素。因此恒星就定义为通过核燃烧发光的天体。

原恒星通过收缩获得它的大部分能量。在第一个和第二个流体静力平衡核形成之后，恒星胎终于达到准平衡态。但是新生的恒星需要能量去继续氢的离解和电离，去维持它们的气体压力高到足以避免进一步的坍缩，并在表面发出辐射。所有这一切，它们能通过不可察觉的收缩不断地释放引力能来达到。显然，一颗年轻恒星不可能永远收缩下去，但是恒星通过收缩维持能量需求的时间长度（称为开尔文-亥姆霍兹时标）对于保持恒星的青年期已绰绰有余。

氢有 2 个长寿命的稳定同位素；普通氢的核包含单个质子，氘的核包含 1 个质子和 1 个中子。大约在 100 万开，氘燃烧形成氦，而氢则在约 1000 万开燃烧。所以当年轻恒星的核加热到 100 万开时，使氘燃烧。由于每 10 万个氢原子里只有一个氘原子，与普通氢后来的燃烧相比，这只是极其短暂的过程。但是氘燃烧产生大量能量，而且不亚于由收缩所得。

什么时候恒星开始燃烧它的核燃料？什么时候恒星真正成为恒星？按照定义，当它到达*主序*，就成了恒星，这在下面讨论。

恒星的两个最容易推断的特征是它的光输出，即光度和它的表面温度。我们把每颗恒星的这两个参数互相对应地绘在一张称为*赫茨普龙*-罗素图（HR 图，简称赫-罗图)[⑤]的图上。这是为了纪念丹麦天文学家艾纳尔·赫茨普龙(Ejnar Hertzsprung)和美国天文学家亨利·罗素而命名的，他们率先研究了这两个观测量之间的关系。绝大部分正常恒星落在沿此图对角线的一条带上，最炽热和最明亮的恒星在一端，最低温和最暗弱的恒星在另一端。这条带称为恒星的主序。

恒星不是诞生在主序上。原恒星首次出现在赫-罗图上是一个低光度低温的天体，随着恒星胎的发育，它逐渐升温并越来越亮。吸积中的原恒星的大部分光度来自于下落物质的引力势能的释放。物质带着下落的动能撞击流体静力平衡核，把它转化为吸积冲击中的辐射能，这里这些物质正在冲击流体静力平衡核。对于最终形成低质量恒星的天体，被处于0级阶段和I级阶段的恒星胎吸积的物质的光度，可能比处于主序的终态恒星的光度大几个量级。这样，低质量原恒星是低温但超大光度的天体。

当年轻恒星开始以稳定的速率将普通氢燃烧成氦的时候，它便到达了主序。可以在主序的任何点上达到这一阶段——从对于几个太阳质量恒星的几百万年到对于接近褐矮星限度的最低质量恒星的约1亿年。与能作为稳定的主序星存在几百亿年的低质量恒星相比，这仍然是短暂的。

在原恒星阶段和主序阶段之间的年轻恒星称为*主序前星*。当恒星胎获得超过终态质量的一半时，原恒星阶段便终结了。这个转变几乎就发生在新生恒星射出第一波光芒之际。如果把这些刚刚面世的主序前星放在赫-罗图上，它们就定义了一条称为*产生线*[⑥]的径迹。

恒星内部产生的能量扩散到恒星表面。有两种方式完成这个过程：一种方式是气体在巨大涡流中的大规模对流运动，另一种方式是辐射。新生的恒星从它的表面到最中心开始了大规模的对流。对流把新的氘带到中心，一旦收缩使得中心温度升高到100万开，它们就燃烧成为氦。氘燃烧的非常性质是起热平衡作用，使得中心温度不高于100万开。所以，即使恒星的收缩会产生更高的中心温度，在氘燃烧停止前这是不可能真正达到的。这个阶段在赫-罗图上称为林忠四郎迹程[⑦]，这时恒星变得越来越小、越来越暗。但是在某点上，恒星内部的能量输送从对流变换为辐射。结果，不再有新的氘从高层向内部恒定地补给，于是氘燃烧便停止了。一旦氘的热平衡作用关闭，随着恒星继续收缩，中心温度开始抬升。恒星的表面温度也开始升高，即使恒星还在变小，它的总光度仍基本保持不变。最终恒星变得相当热，在它内部开始了普通氢的核燃烧，这时恒星到达了主序。恒星的青年期过去了。

第 5 章丨产生中的伴星：双星

双星

18 世纪的天文学家通过他们不断改进的望远镜观测天空，他们注意到恒星往往是成双成对的。起初，恒星结对解释为在视线方向上碰巧落在一起。但是随着双星数目的增加，显然至少有一些双星是有物理联系的恒星对。通过数十年坚韧不拔的观测，威廉·赫歇尔（William Herschel）认识到一些恒星对彼此绕转，证实了它们之间的物理联系。1802 年，赫歇尔用双星这个术语描述“恒星的联合体，它们按照万有引力定律在一起形成了一个系统”。

由于我们的太阳是单个恒星，多年以来它被认为是一个范例，即其他大多数恒星也应是单个恒星。然而，我们现在认识到，聚集现象是恒星之间的法则。天空中大约有 2/3 的恒星是双星。

图 5.1 是天鹅座中的著名双星辇道增七。在小望远镜里很容易把这两颗星分离开来。通常恒星的颜色不太容易察觉，但是由于辇道增七的两颗星的表面温度相差甚大，而且彼此映照，这样它们的颜色差异十分显眼。较亮恒星的橘黄的色彩表明它比较冷，而较暗成员星的蓝色显示它是一颗炽热的恒星。

双星的性质多姿多态。恒星演化与轨道动力效应之间复杂的相互作用造成了令人神往和惊奇的多种现象。某些双星系统里的恒星不足 1 小时即完成绕转 1 周。在这类系统里，恒星非常贴近，以致彼此有物理上的接触。非常密近的系统能够交换质量。随着密近双星中的成员星年龄增长，它们的氢储量减少。结果，这样一种老龄密近双星中质量较大的成员膨胀成为红巨星[①]，它能够把它的许多质量灌注给伴星。终于，次星本身也可能膨胀，并把它的一些质量归还给主星的遗骸，这时它可能已是一颗白矮星、中子星，甚至是黑洞[②]。如果伴星爆发，残存的恒星可能从双星系统的引力束缚中被释放，并以足有数百千米每秒的轨道速度飞离出来。短周期双星的质量交换是这种灾变性变化、脉冲 X 射线源、剧

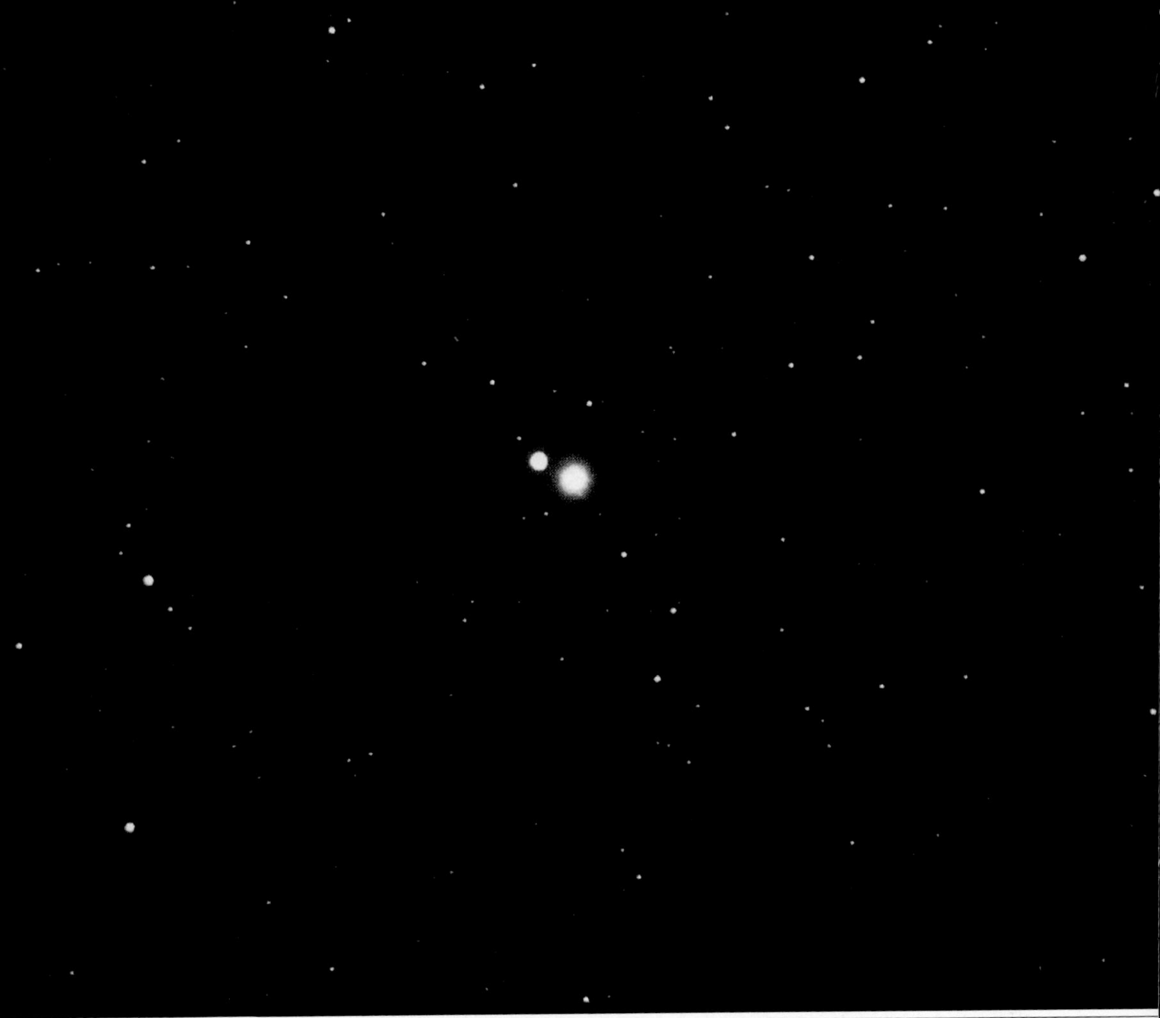

↗ 图 5.1 天鹅座里的双星辇道增七由两颗表面温度很不相同的恒星组成，它们的颜色形成强烈的反差（Johannes Schedler）

烈的恒星爆发和强烈的外向喷流③的原因。在另一种极端情况是恒星相距可能十分遥远，要花几百万年才能完成相互绕转 1 周。双星系统成员间最普通的距离约为 30 天文单位，到处都有这种恒星系统，它们的绕转周期从几十年到几世纪。

检测双星和聚星系统离不开能测量它们距离的观测技术。分离度较大的系统，只要离我们并不太远，能够直接分解为单个成员星。但是在大多数双星里，恒星彼此靠得太近，难以分解为单个星像。于是，为了观测这类系统，必须使用间接的方法。通过分析它们合在一起的光线，我们能够发现它们结合成了双星。对于最紧密的密近双星系统来说，成员星环绕它们公共质心的速度在每秒几千米到超过整整每秒 100 千米之间。每颗恒星的光谱包含各种元素或离子的吸收产生的明显特征。恒星的运动将使它们的波长以绕转周期作向前或向后的漂移，即通过多普勒效应可以揭示双星的性质。这类分光双星是十分普遍的。天空中 15% 以上的恒星以这种方式显示它们的伴星。

如果我们的视线在双星系统中两颗恒星的轨道平面内，恒星将有规律地相互掩食，周期性地减少它们的光芒。这类食双星是罕见的，因为要它们的轨道平面接近我们的视线看来很难。只有大约千分之一的恒星显示这种交食。不过，食双星是很重要的，因为它们的光变曲线能够与多普勒速度和轨道周期相结合，以测定单个成员星的半径、质量和温度。对食双星光谱的最佳研究为恒星的这些基本参数给出了精度高于 1% 的结果。对双星系统的详细分析为恒星的基本性质提供了难得的资料。

虽然在有些双星系统里两颗恒星的质量不相上下，但是在大多数场合，它们的质量相差悬殊。在这类系统里，质量较大的恒星通常比它的伴星更亮。在这种情况下，不论目视还是光谱观测，在亮星的光辉中，往往难以检测暗淡的伴星。许多暗淡的伴星未曾找到，可能有超过 2/3 的双星属于这种情况。较亮和较热的成员星的辐射在可见光波段，较暗和较冷的成员星的辐射在红外波段，近来有观测者开始把这两个波段的观测结合起来，这样就使它们各自在最佳探测波段内被观测到。

有些系统包含两颗以上的恒星。大约 10% 的双星有这类额外的伴星。南天半人马座里最亮的恒星半人马 α 即为一例，多年以来人们认为它是离太阳最近的恒星。发自半人马 α 的光，只需 4 年即可到达地球。更仔细的观测表明它不是一颗单星，而是一个三合星系统。两颗恒星类似于我们的太阳，彼此绕转，相距大约 20 天文单位，大致相当于太阳与天王星之间的距离。此外，有一颗暗淡的红矮星，称为半人马比邻星，位于约 100 倍距离的远处，环绕这对亮星做缓慢的轨道运动。比邻星比 α 星稍近些，因此是离太阳最近的恒星。

半人马 α 三合星系统的构形，即两颗密近成员星加另一颗远距成员星，是三合星系统的典型情况。这种构形称为等级式构形，计算表明只有等级式聚星系统才能长时期存在。更高层次的聚星系统也一定是等级式的。例如四合星系统，通常包含两对密近双星，它们彼此分离甚远。

年轻的双星和聚星

最近10年内，在年轻恒星间搜寻双星的工作在光学和红外两个波段开展着。

人们发现了大量年轻的双星，它们的年龄小于 1000 万年。令人惊奇的是，与年老恒星相比，在年轻恒星之间有更多的双星和聚星。在比较孤立的恒星形成区，例如在金牛座，研究表明有多达 90% 的年轻恒星是双星或聚星。另一方面，在年轻的富星团里，例如猎户四边形星团，聚星的百分比类似于太阳邻近空间的情况，也就是大约 2/3。或者是天空中大部分恒星产生于类猎户座的环境中，或者是年轻聚星的消亡率很高。

在某些恒星形成区内聚星数目过多的可能解释是，当它们年轻时它们之间的距离较大，因而容易检测到。但是当我们比较年轻系统和具有相同分离度的年老双星时，我们再次发现更年轻的双星，这表明在年轻恒星中较高的双星出现率可能是真实的。人们还发现在不同恒星形成区之间双星出现率不同，并可能是恒星之间的相互作用所致。在诸如猎户座这样密集的区域，年轻恒星有较大可能性相互接近。相互作用能够导致一些双星瓦解，或者它们的轨道分离度较快地缩短。但是也有这种可能，即某些恒星形成区比其他区域产生了更多的双星，而场星中双星所占的比例代表了在不同形成环境下的平均值。

年轻双星系统中星周盘的性状如何呢？盘的典型半径在 100 天文单位量级。在相距甚远的双星里，环绕单个恒星的盘由于伴星的距离遥远而能互不干扰。类似地，如果双星的成员星十分接近，系统可能被环双星盘环绕，它的性状犹如环绕单星一般。但是当双星成员星间的距离在 10 ~ 100 天文单位量级时，就几乎没有什么空间留给盘了。于是环绕单个恒星的盘就局限在只有几个天文单位的直径上，而环双星盘的内半径为 1000 天文单位的量级。中间大小的盘遭受强大的潮汐形变，挠曲并碰撞，这将导致它们迅速瓦解。观测表明，各种分离间距的双星都有盘。但是，观测也证实，与分离间距 10 ~ 100 天文单位的双星结合的盘，比环绕单个恒星的盘所包含的物质要少得多；这类系统看来没有或难以形成行星。

数值模拟能用于探索伴星对星周盘的重要影响。图 5.2 是 4 幅模拟图像，展示一颗无盘的伴星在接近并渗入一个环绕恒星的星周盘时的情况。当伴星劈波斩浪般通过星周盘时，它引发了显著的波动和突发的旋涡结构。如此反复地通过，终于把盘截断。

由于高度消光，我们很难在深深地隐藏着的 0 级源和 I 级源之中，对双星进行目视观测或近红外观测。虽然，波长较长的红外观测能够渗透它们的尘埃密布的环境，但是观测深藏着的聚星的最好方法是使用诸如新墨西哥州的甚大阵之类的厘米波的设备。十分年轻的恒星通常发射射电波，研究人员只能用高

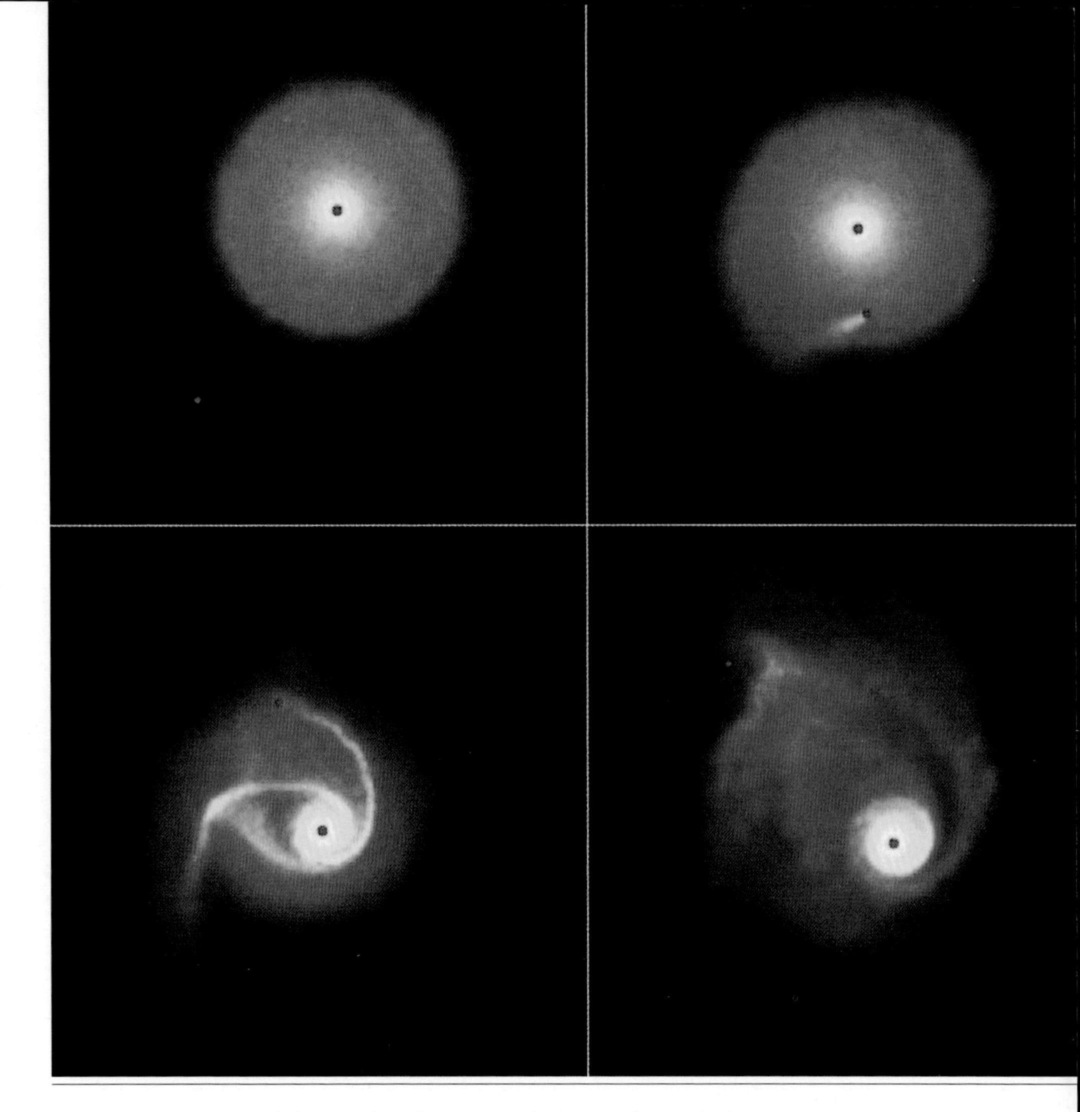

↗ 图 5.2 恒星伴星的模拟，它正在渗入一颗年轻恒星的星周盘（N. Moeckel）

空间分辨率的射电干涉仪才能探测深藏着的恒星。图 5.3 是由哈勃空间望远镜所得年轻的深藏的源 L1551-NE 的红外像。在这张像中可以看到一个源的巨大的外流空腔，不过这个源即使在近红外波段上也探测不到。但在图 5.4 所示的甚大阵射电干涉仪像中，两个源被清楚地探测到。这是一个密近双星，在天空平面上的间距约 40 天文单位。

双星的产生

全部恒星有约 2/3 是在双星系统里，如果我们不能解释双星和聚星是如何产生的，那么我们对恒星形成的了解就是严重欠缺的。多年以来，有许多关于

↗ 图 5.3　深藏的源 L1551-NE 的近红外像，由哈勃空间望远镜拍摄。从新生恒星打开了一个空腔（B. Reipurth & J. Bally，NASA/STS cl/HST）

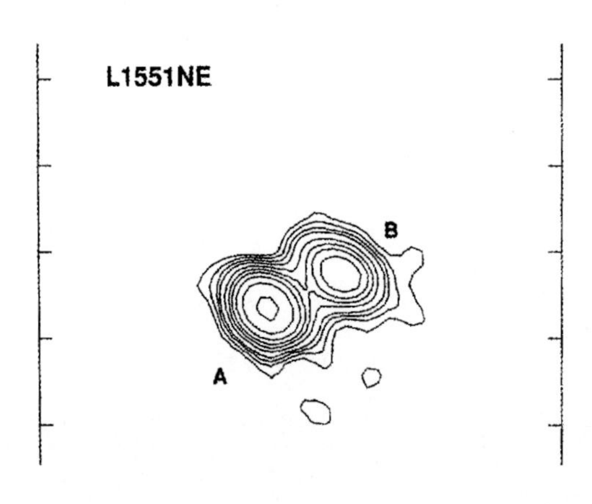

↖ 图 5.4　L1551-NE 的射电像（由甚大阵射电望远镜拍摄）显示这个源是双星。两个标记 A、B 相距 0.5 角秒（B.Reipurth & L. F. Rodriguez，NRAO/VLA）

双星形成的理论问世。

最早的想法，可追溯到 19 世纪，认为当一颗恒星在银河系内漫游时，它偶尔会十分接近另一颗恒星，并俘获后者而形成双星。然而，现在我们知道恒星之间的平均距离极其遥远，一旦它们离开自己的出生区域，彼此相遇的机会异乎寻常地少。即使两颗恒星相遇，它们也不可能在不释放若干动能的情况下进入彼此绕转的轨道④。为了形成这种束缚状态，必须存在吸收这份能量的第三个天体。因此，这种想法被扬弃了。

另一种理论认为高速自转的原恒星形变成长条状，随着它的收缩终于分裂成为两个天体。原恒星的这类裂变只能产生非常密近的双星，但不能说明许多分离甚远的双星系统。此外，计算机模拟原恒星星体收缩时的性状，完成了详细的计算，表明在任何现实的模型中不可能发生裂变。

20 世纪 50 年代，英国天文学家弗雷德 · 霍伊尔（Fred Hoyle）提出了一个可行的机制。他说明，在恒星形成的早期阶段，当星云收缩时，它可能碎裂成好几个团块。计算表明这种碎裂在起初是长条状的星云核内更易发生。现在普遍认为在星云坍缩过程中，碎裂是一种重要的过程，而且是形成远距双星的最可能的机制（图 5.5）。

虽然碎裂能够产生远距双星，但不容易产生密近双星。随着星云核的坍缩，它的中心密度和温度升高。然而，就小规模碎裂来说，炽热气体比寒冷气体更加稳定。这个特征有助于阻止碎裂成为相距约 10 天文单位或更近的双星。但是，至少有 20% 的双星相距在 10 天文单位以内，所以需要另一种机制来说明它们的存在。我们将会看到，在小的聚星系统内，当成对恒星的轨道收缩时，就可能形成这种密近双星。

聚星系的蜕变

对恒星形成区的巡天观测显示恒星孤立地形成的情况是罕见的。绝大多数恒星成群地形成，数量从几个到几千个，最普遍的情况是约 100 颗恒星聚在一起。在这么小的星团里，恒星看来都与其他成员有引力相互作用。这样，动力学过程和相互作用在恒星生命的早期可能起重要作用。

在一个二体系统里，一旦任何初始状态确定，便能以极大的精确度预测轨道，并能往前推算很远。但是在三体或多体问题中，若非等级式的组态，它们的演化就不存在通解，它们的运动可能是混沌的，且不能作长期预测。但是三

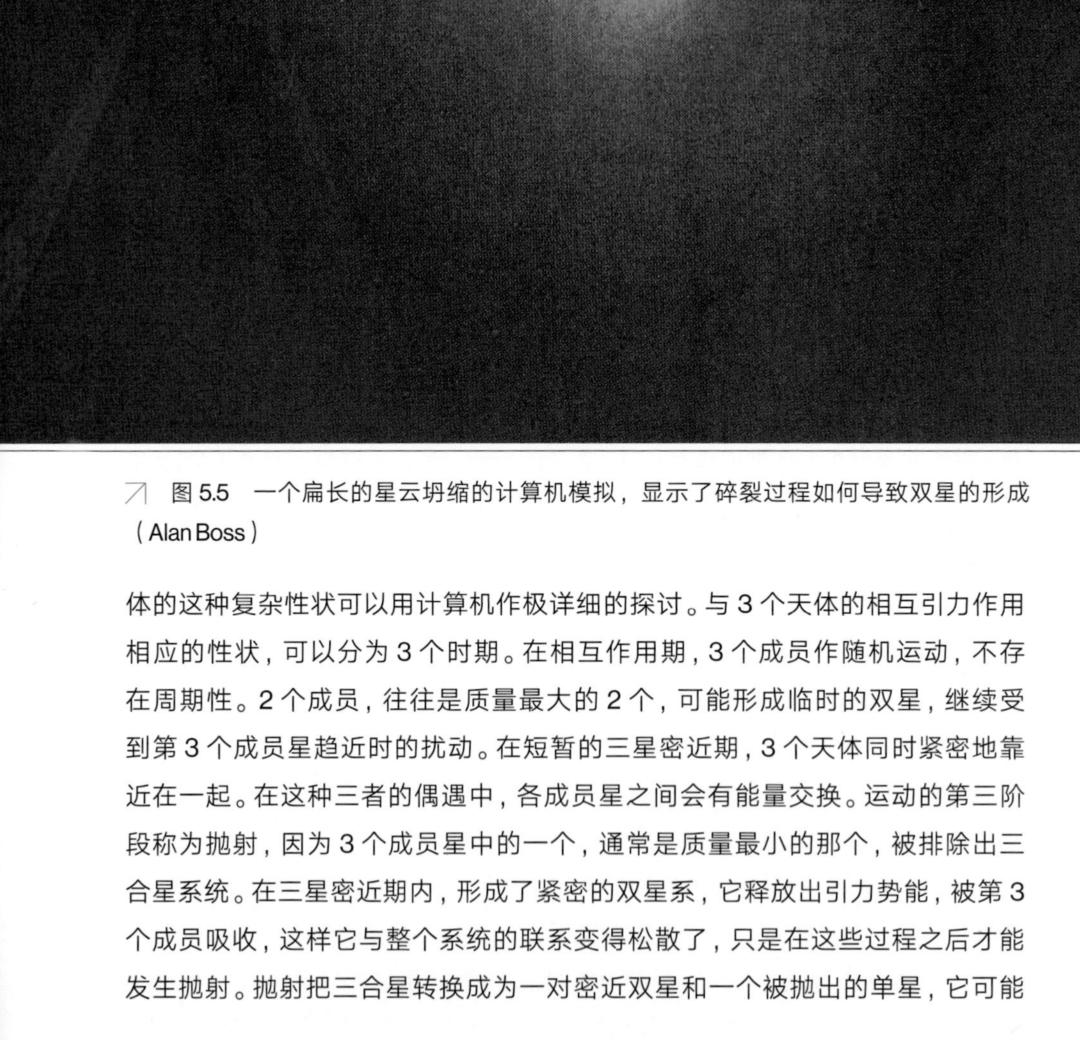

图 5.5 一个扁长的星云坍缩的计算机模拟，显示了碎裂过程如何导致双星的形成（Alan Boss）

体的这种复杂性状可以用计算机作极详细的探讨。与 3 个天体的相互引力作用相应的性状，可以分为 3 个时期。在相互作用期，3 个成员作随机运动，不存在周期性。2 个成员，往往是质量最大的 2 个，可能形成临时的双星，继续受到第 3 个成员星趋近时的扰动。在短暂的三星密近期，3 个天体同时紧密地靠近在一起。在这种三者的偶遇中，各成员星之间会有能量交换。运动的第三阶段称为抛射，因为 3 个成员星中的一个，通常是质量最小的那个，被排除出三合星系统。在三星密近期内，形成了紧密的双星系，它释放出引力势能，被第 3 个成员吸收，这样它与整个系统的联系变得松散了，只是在这些过程之后才能发生抛射。抛射把三合星转换成为一对密近双星和一个被抛出的单星，它可能最终落回这个双星系，或可能一去不返。如果第 3 个成员星与这个双星系保持松散的结合，这就形成了等级式三合星系统，正是我们在恒星世界普遍观测到的。因此，这种相互作用就标志着从无序的、非等级状态向稳定的等级状态的过渡。非等级系统演化的计算机模型表明，它们在恒星相互绕转大约 100 周之内，就趋向于重新构建为等级式的聚星。

在第 3 个成员星被抛射之后，剩下的双星必定束缚得更加紧密，以保守能量。即使 3 个成员星可能起初分离得比较远，最后的结果是一对恒星成为密近双星，而另一颗恒星则或者松散地与它们结合，或者脱离它们而去。

类似的相互作用在 4 颗、5 颗或者更多颗成员星的恒星系统内发生，那里成员星一颗接着一颗地被抛射，留下一个或几个密近双星系。这样，小的聚星系统的蜕变到处可见，这正是形成密近双星的机制。

小的恒星系统内的竞争

理论工作者通过高级计算机联机的数值模拟，详细地跟踪不稳定星云核的坍缩和碎裂过程。这种流体动力学的计算涉及三维加上随时间的变化，包含引力，有时伴随着磁场，因此相当复杂。有一种技术障碍与这一事实有关，即坍缩中的星云核的密度将提升 20 个量级以上，以致计算开始时的分辨率在接近结束时无奈已不再适用。新的编码已在某种程度上克服了这些技术问题，星云核碎裂成为恒星，并终于演化为星团，现代的模拟已经给出完美的、符合实际的图像。

这些模拟表明，吸积中的恒星彼此竞相从下落的壳层补充质量。吸积率是不相等的，因为当恒星接近下落壳层的稠密中心时，它们就吸积得更多。按照“富者越富，贫者越贫”的准则，质量较大的恒星，吸积得也更多。此外，质量更大的恒星更可能沉落到星云中心，由于那里密度更高，它们就会获得更高的吸积率。初始质量较低的恒星，或者远离中心的恒星，将保持较小的质量，因为它们吸积得少。在聚星系统里共生恒星间复杂的动力学相互作用中，较小的成员星将有较高的概率被它们较重的兄弟扔到周围去。终于，这类较小恒星中有一些被完全从星云核中抛射出去。

图 5.6 是用计算机模拟的恒星在一个 50 个太阳质量的星云核里产生的一系列三维图像。湍动的核坍缩成羽片状和纤维状。在模拟开始后的约 20 万年，随着恒星在最稠密的部分形成，它们相互混合并展演了宇宙中的舞蹈。几个小

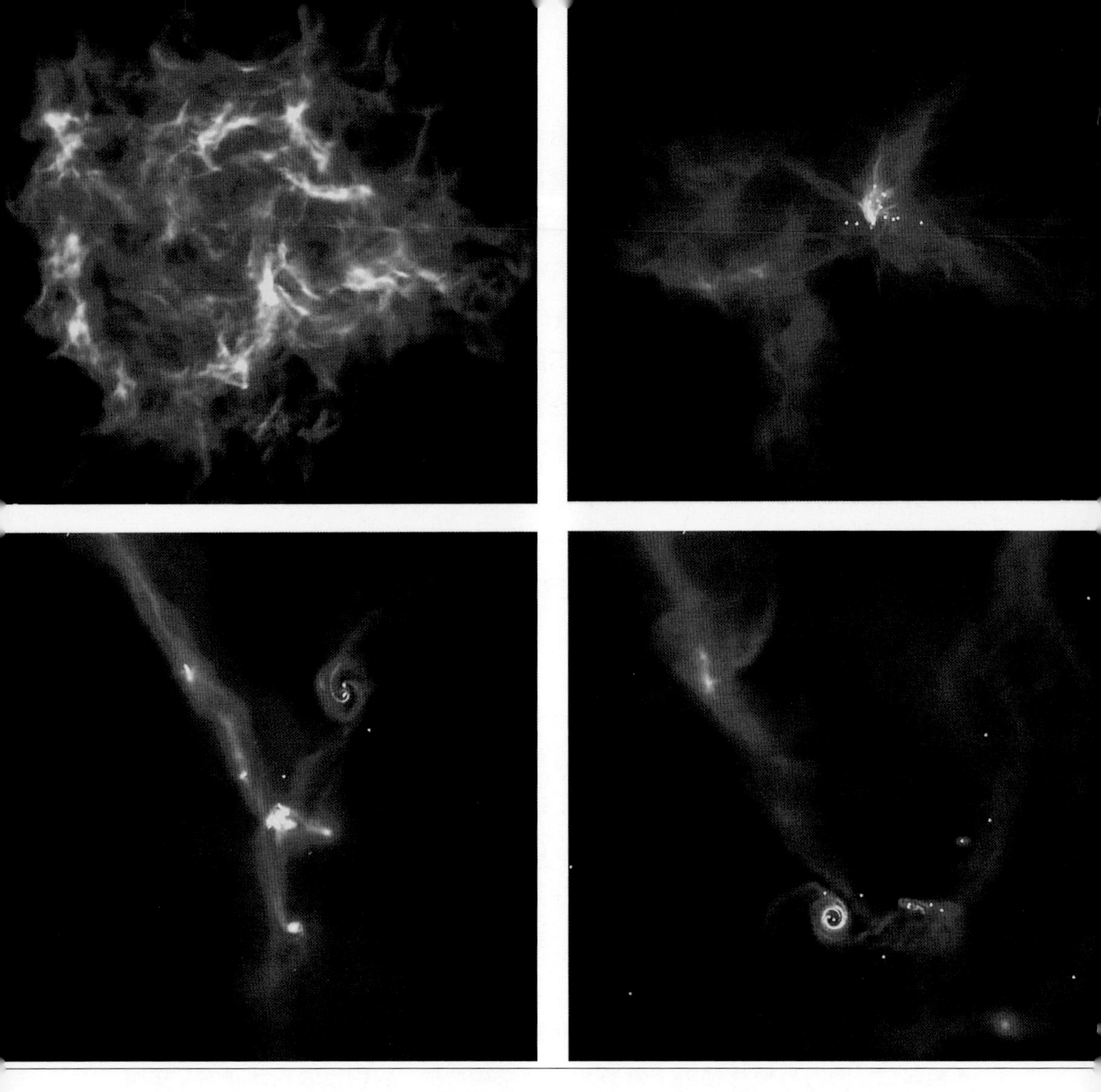

↗ 图 5.6　由计算机模拟的一小群恒星的产生过程，它们从稠密的、湍动的星云核的坍缩中产生（Mattew Bate/UK Astrophsical Fluids Facility）

的聚星系统形成了，一些质量最小的成员被从巢穴中抛射出去。留在系统内的成对恒星进入相互绕转的椭圆轨道，形成双星。

在恶性竞争的情况下，最小的恒星胎一经产生即被逐出星云，它们的质量太小，永远不能启动作为恒星必须维持的氢的热核反应。这种由同一星云孕育出的发育不全者将成为褐矮星，游荡在银河系的恒星之间。

第 6 章 | 年轻恒星发出的外流

赫比格 – 阿罗天体

20 世纪 40 年代晚期，一名青年学生乔治 · 赫比格（George Herbig）正在加利福尼亚州的立克天文台做他的博士论文。他研究着猎户座内的一些天区，那里潜藏着许多暗弱的变星，已经有人推测它们比天空的其余恒星年轻得多。与此同时，由律师转业的墨西哥天文学家吉耶尔莫 · 阿罗（Guillermo Haro）在墨西哥托南津特拉天文台也正在研究猎户座，探索比较年轻的恒星。两位天文学家注意到照相底片上一些奇怪的小斑点，它们的光谱很特殊。赫比格和阿罗知道恒星产生连续谱，其上叠加着由于原子和离子吸收产生的暗线[①]。然而，与直到当时在恒星形成区所见的任何天体不同，这些新的天体的光谱中只显示一系列分立的强发射线。赫比格和阿罗发现的天体在形态上不很像恒星；相反，它们略显模糊，犹如小的致密星云。它们所在的天区靠近暗星云和年轻恒星，这表明它们可能处于星云和恒星之间的过渡阶段。可能这些星云表征着年轻恒星产生的迹程。

现在把这些天体称为赫比格–阿罗天体，在许多年里它们一直是天文学上的一个谜团。但是大约 25 年之前，两个发现提供了开启它们迷宫的钥匙。首先，密苏里大学的里查德 · 史瓦茨（Richard Schwartz）认识到，赫比格–阿罗天体的光谱与人们所预期的星际激波的光谱十分一致。当气体以大于音速的速度碰撞，就产生激波。激波加热气体并使它发出大量辐射，这种辐射正类似于在赫比格–阿罗天体中所见到的。其次，乔治 · 赫比格和他的合作者发现这些特殊的星云并不固定在天空，而是以每秒几百千米的速度移动。当他们往回追溯它们的径迹时，发现赫比格–阿罗天体起源于非常年轻的恒星，后者仍深深地潜藏于母星云之内。赫比格–阿罗天体有时成对出现，对称地位于年轻恒星的两边，并以超音速运动远离。图 6.1 展示了猎户星云以南约 2 度的一个天区，那

↗ 图 6.1 包含大量赫比格-阿罗流的巨大星云区域和活动的恒星形成区（位于猎户星云南部）（T. A. Rector/NOAO/AURA/NSF）

里有许多年轻恒星和赫比格-阿罗天体。图 6.2 和图 6.3 展示了被证认的第一个外流，即最明亮的赫比格-阿罗天体，它们称为 HH1 和 HH2。

图 6.2 右上角的星云具有弓形或钝子弹头的形态。图 6.2 左下角部分显示一个指向 HH1 的高速气体喷流。喷流的源是隐藏着的聚星系。图 6.3 展示了 HH2，它破碎成为许多小的弓形。这两个天体以每秒几百千米的速度运动，远离位于它们中间的年轻恒星系而去。

经过半个世纪的研究，现在我们知道赫比格-阿罗天体是由极其高速的气流形成的激波，它们从很年轻的恒星以偶极方式喷射出去[②]。它们的发现使天文学家莫名惊诧，因为他们本来以为年轻恒星在逐渐积累质量的过程中只表现下落运动，没有人预期会发现外流运动。对赫比格-阿罗天体的详细研究，为了解极年轻恒星的奇异性状提供了唯一的视点。

新生恒星发出的喷流

顺着南天的银河横卧着船帆座。这个天区包含许多博克球状体——小的、很致密和暗黑的星云，它们在恒星际空间似岛屿般悬浮着。由于这些球状体中的一个与赫比格-阿罗天体结合着，因而十分引人注目（图 6.4）。这个博克球状体有风卷残云般的形态，表明从图的右上方有一股气流。有几个质量很大的恒星分布在这个方向上，它们发出强烈的光芒照耀着四周。这些辐射使球状体产生了彗星般的形状，也导致其外周明亮。此外，光的照耀可以施压于球状体，导致它坍缩，从而触发球状体形成一颗恒星。

在 IRAS 卫星对全天作远红外巡天观测之际，它发现了一颗年轻恒星埋置于球状体的上边缘。由于它还包裹着星云内部的胎盘物质，它不能在可见光波段看到。但是从这颗埋置恒星发出的辐射加热着它的周围，并使这个天区在红外波段容易探测。

虽然这颗恒星是看不见的，但是它的存在却由正在被它排出的赫比格-阿罗天体显露了端倪。一股明亮的、方向确定的气流向图 6.4 的左上方喷出。这个赫比格-阿罗流称为 HH47，确实是偶极的，但是反向的那个瓣，喷向图的右下方，却深深地埋入球状体内部，因此几乎是看不到的。这个反向流对称地位于年轻恒星的周围，其主体有一个顶端，只有它的最末梢部分在球状体边缘的后面探头露面。

在红外波段，图像强烈地改变了。图 6.5 展示由红外的斯匹策空间望远镜

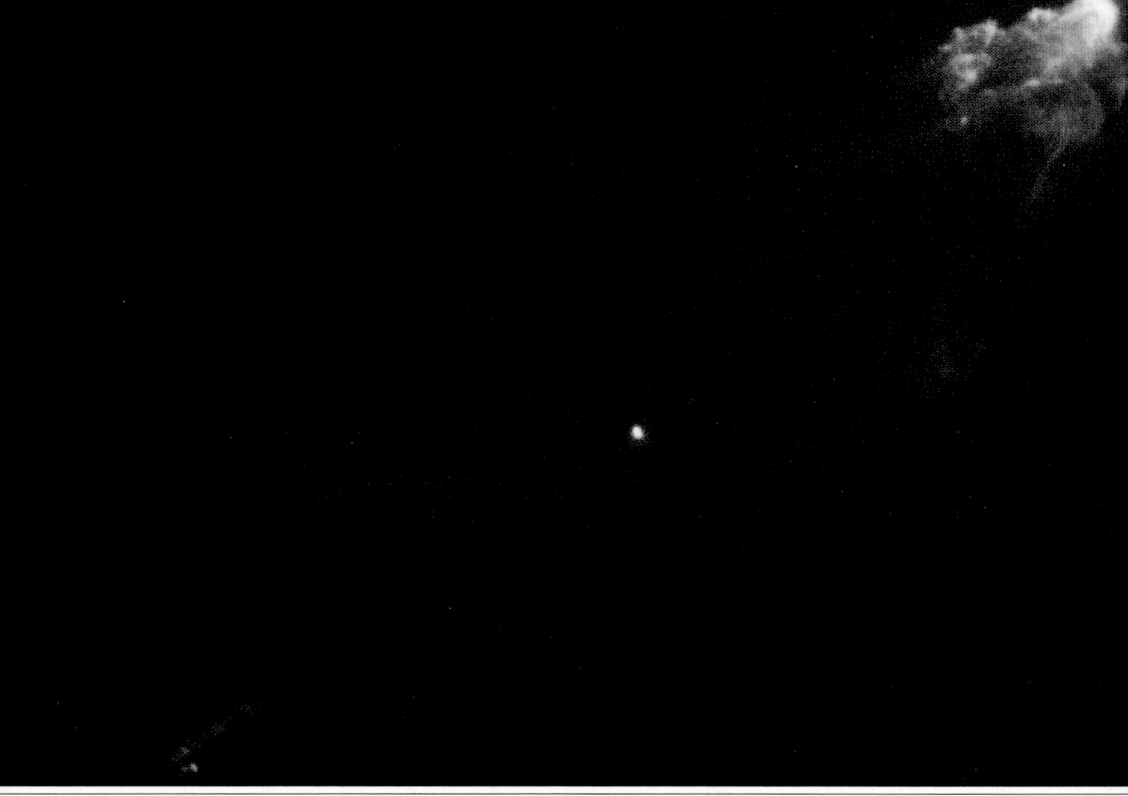

↗ 图 6.2 HH 1 流，由哈勃空间望远镜在氢波段和电离硫波段拍摄（B. Reipurth & J. Bally，NASA/STScI）

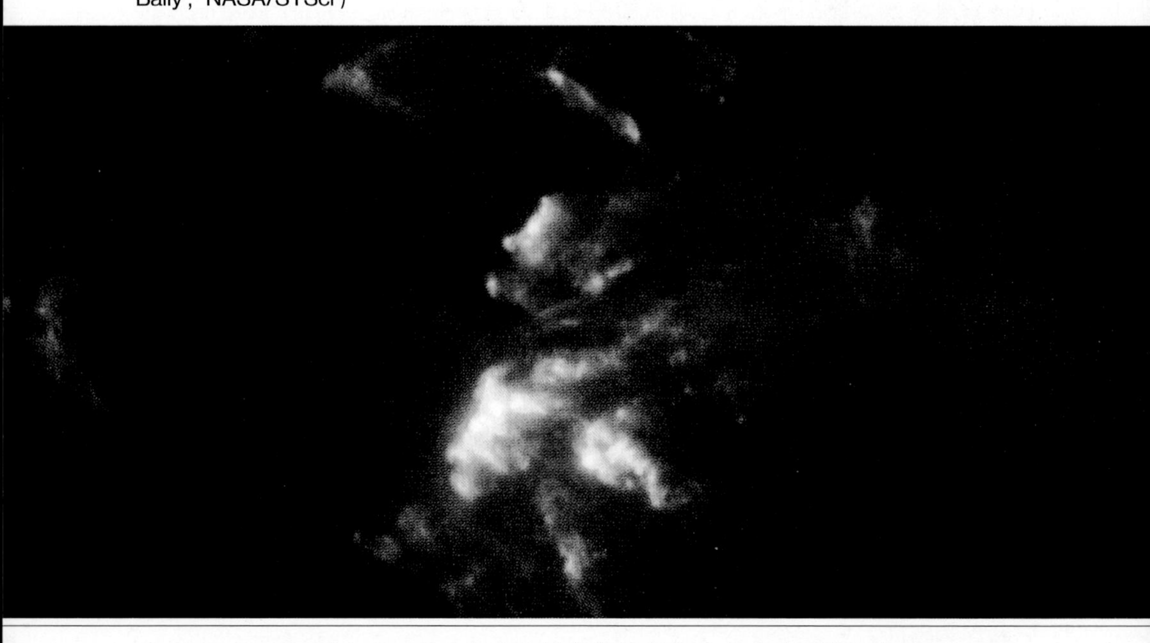

↗ 图 6.3 HH 2 流，由哈勃空间望远镜在氢波段和电离硫波段拍摄（B. Reipurth & J. Bally，NASA/STScI）

↗ 图 6.4 HH 47 喷流，它从藏身于南天银河中稠密的博克球状体内的新生恒星发出（B. Reipurth）

拍摄的图像。现在暗星云几乎是透明的，显示出在光学像里被遮蔽的背景恒星。驱动喷流的新生恒星是星云边缘炫目的明亮源。此外，红外像清楚地显示深埋于 HH 47 内的反向喷流，犹如长长的管道，顺着明亮的气体延伸，那里年轻恒星发出的外流涌入球状体。

哈勃空间望远镜也观测了 HH 47，它产生的图像见图 6.6。这是赫比格－阿罗喷流的图像中前所未有的最佳图像之一。它揭示了气流穿越周围介质时复杂的细节。当喷流冲击周围物质而且当较快的物质沿着气流轴线赶上较慢的气流并与之碰撞时，便产生明亮的激波。通过拍摄喷流的光谱，天文学家能够测定它沿视线的速度。此外，相隔数年后拍摄的图像清楚地显示了气团的运动。通过这些资料。天文学家发现喷流以与天空平面成约 30° 的角度流向我们，速度不小于每秒 200 千米。喷流离我们约 1500 光年，这一距离连同它在天空的张

↖ 图 6.5 HH 47 喷流，由斯匹策空间望远镜在红外波段拍摄。这里的源十分明亮，而且明亮的空腔环绕着反向流很是明显，但是在光学波段中反向流是不可见的。注意光学像与红外像的指向稍有差异（NASA/Spitzer）

↘ 图 6.6 HH 47 气流，由哈勃空间望远镜在氢波段和电离硫波段拍摄（B. Reipurth & J. Morse，NASA/STScI）

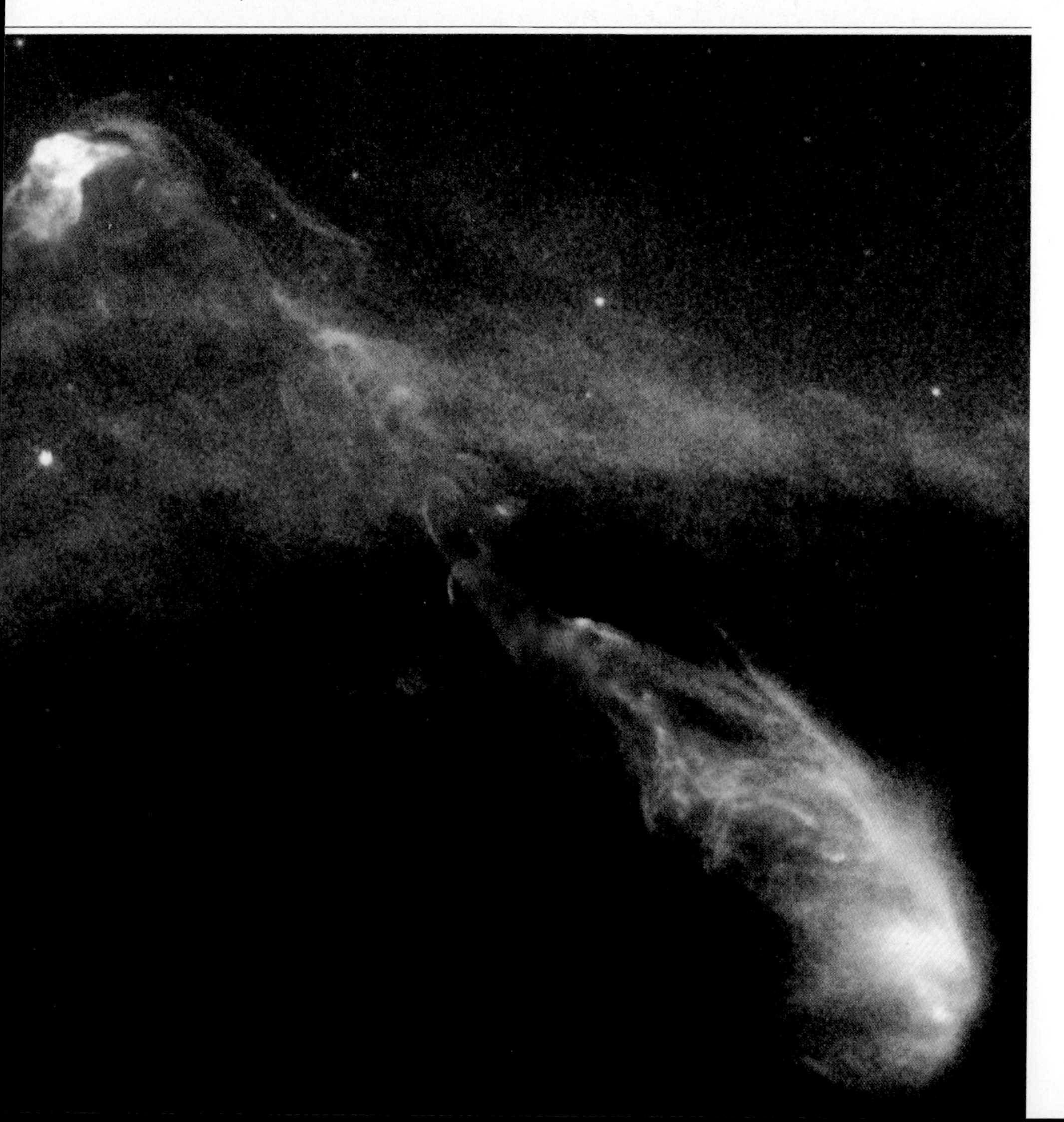

角告诉我们它的大小大约是半光年。这个气流达到现在的大小经过了几千年。

在猎户星云的恒星形成区还发现了方向性更强的 HH 喷流。图 6.7 展示了猎户星云南部的 HH 34。一颗新生的恒星，随着它从其小小的母星云里脱胎而出，正在变得可见。它发射强烈的喷流，其中包含许多小的、明亮的结点，那里快速气流赶上并冲击低速的喷出物。沿着气流的轴继续向前，向着图的左下方，那里有一个壮观的弓形激波。这标志着这个动力源活动的早期阶段的终点。以这个源为对称中心，还有一个反向的弓形激波。没有见到反向的喷流，可能它被气体和尘埃云遮住了。

HH 111 是另一个高度方向性的喷流，见图 6.8，这是哈勃空间望远镜拍摄的图像。图的右部展示了 HH 111 从一个稠密的星云核内显露的光学像。在光学波段不能看到藏身于内的能源的迹象。图的左部是一张红外像，它展现了动力源周围的混沌区域，看上去就像一颗深红色的恒星正好坐落在喷流的轴上。明亮的斑块描摹出由外流开掘的空腔。在这些斑块的映衬下能看到源，它的周围有一个巨大的、充满尘埃的盘，喷流正位于这个盘的轴上。喷流的整体长度大约是 1/3 光年，这是有方向性的赫比格–阿罗天体的典型长度。

多个赫比格–阿罗喷流构成了一个精确定向的赫比格–阿罗天体的次系。有人推测，只有很年轻的恒星才有能力产生长的、高度方向性的喷流。演化程度稍高的天体会逐渐失去这个能力，从而产生越来越间断和弥漫的激波。但是在这方面仍有一些认识不清的疑点，这表明我们对赫比格–阿罗喷流形成的了解还是有限的。

赫比格–阿罗喷流往往呈现一系列大致平均分布的弓形激波，它们对称地分布在源的周围。这表明年轻恒星反复地经历着外流活动，这是重要的景象，它告诉我们许多关于很年轻的恒星积累质量的途径的知识，这一点将在后面详细讨论。

赫比格–阿罗流有多大？近来认识到，它们可以达到巨大的尺度，即许多光年的长度。HH 111 喷流驱动着一个已知的最大气流。宽视场的图像显示，除了在图 6.8 中所见的喷流之外，还有大量弓形激波位于源两边的远方，每个瓣从恒星延伸 10 光年以远！提醒一下：最近的恒星到太阳是 4 光年开外。这就是说，由新生恒星产生的强大喷流的长度能达到银河系内恒星间典型距离的数倍。

↗ 图 6.8 右图是由哈勃空间望远镜拍摄的 HH 111 喷流可见光波段的像，左图是红外波段的源区像，两张像合在一起（B. Reipurth & S. Heathcote，NASA/STScI）

翻腾的暗星云

赫比格－阿罗天体是在形成恒星的星云内发现的几种外流现象之一。当 20 世纪 70 年代在毫米波段观测分子的技术完善之后不久，关于星云结构和运动的研究表明，暗星云的恒星形成区内局部区域的速度远大于星云的平均速度。已发现这些区域是偶极的，其中一个瓣趋近而另一个瓣退行，而且总是以一颗年轻恒星为中心。这些天体现在称为偶极分子外流。

分子外流是大质量的，往往包含许多太阳质量的运动物质。一颗年轻恒星在大多数情况下质量小于太阳，它不可能喷发这么多的物质。分子外流的速度通常比赫比格－阿罗流低得多，其典型值只有每秒 10 ~ 20 千米，而 HH 喷流的速度则达到每秒 100 ~ 500 千米。

HH 喷流与分子外流之间的关系怎样？分子外流由周围分子云的物质组成，当赫比格－阿罗喷流在其母星云内突进的时候，便拖曳并加速这些物质。快速但质量并不太大的赫比格－阿罗喷流由从紧靠年轻恒星周围喷射的物质构成。这些物质猛烈撞击周边气体，把动量转移给星云。随着赫比格－阿罗流慢下来，稳定的气体被加速，在年轻恒星周围产生高速分子气体的偶极瓣。

图 6.9 是由 L1551 星云发射的一氧化碳（CO）的毫米波图，它只包含约 40 个太阳质量的气体。带绿色的区域表示星云中的静止气体，蓝色和红色区域表示与几个分子外流相关的高速分子气体的瓣。星云中的年轻恒星用红点标志。

↖ 图 6.7 HH 34 喷流是高度方向性的，还可以看到偶极结构（B. Reipurth & J. Bally）

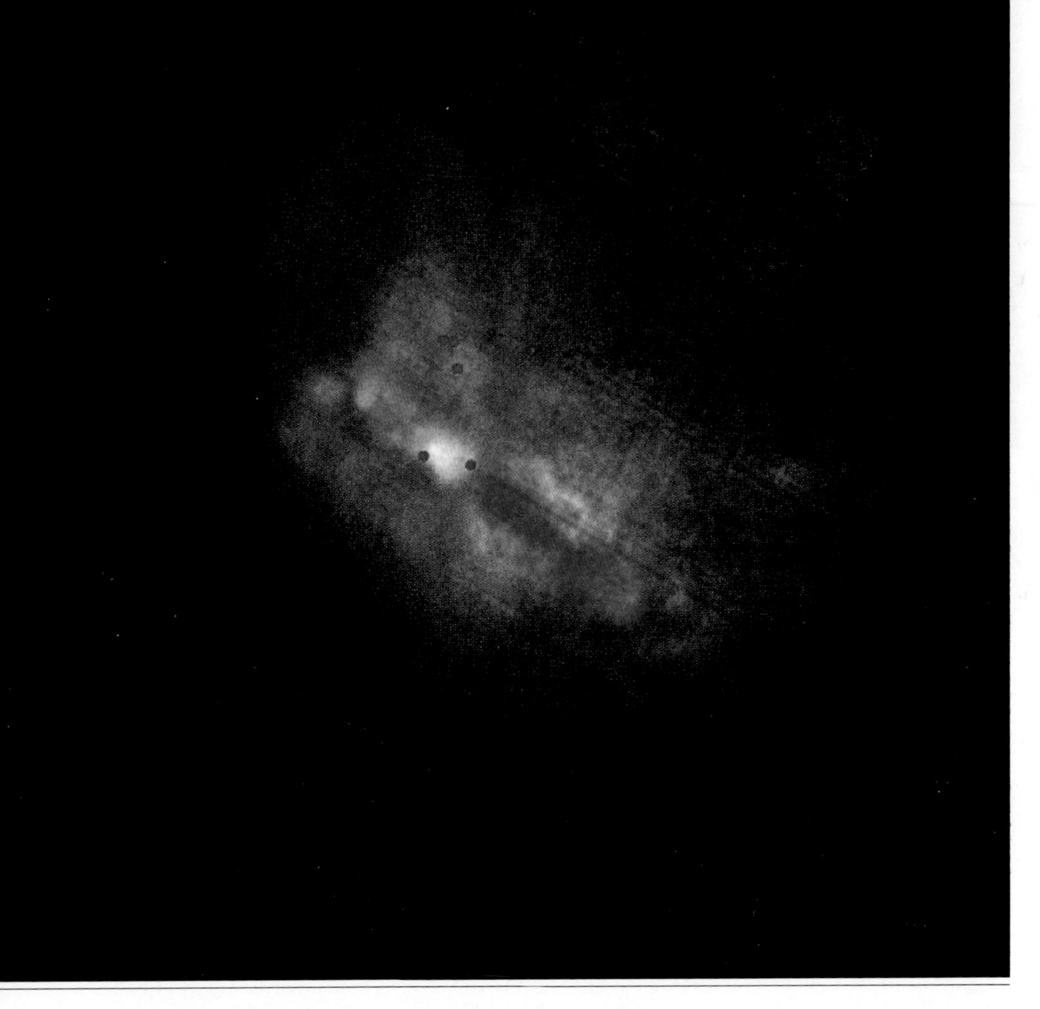

↗ 图 6.9 L1551 星云的一氧化碳图，展示了一个偶极分子外流。静止气体是青绿色的，高速蓝移气体是蓝色的，红移气体是红色的。一颗新生恒星藏身于红色双瓣与蓝色双瓣之间。红点表示年轻恒星所在位置（J. Bally & Y. Billawala）

图 6.10 是 L1551 星云的光学像，它大致覆盖了图 6.9 中毫米波像相同的天区。许多赫比格－阿罗激波是可见的，而且比较两张图像可以发现快速赫比格－阿罗流冲击着周围发射一氧化碳的气体。这个低质量星云产生大约十来颗年轻恒星，近一半驱动外流在它们的周围交互穿插。这些年轻恒星中最明亮的两颗给最明亮的 HH 天体和质量最大的偶极分子外流提供能量。这一天区中的一些激波沿视线传播，相当明亮，以至于能清晰地看到背景星系。在某些情况下，激波出现在毫米波段所能看到的偶极一氧化碳主要外流的空间范围之外很远处，因为赫比格－阿罗流完全冲击到了星云之外的区域，那里不再有任何一氧化碳气体能被拉曳并产生运动。

↗ 图 6.10 金牛座里的 L1551 星云是最近的恒星形成区之一，它产生了十几颗年轻恒星，它们同时向四周驱动喷流。主要的激波外流与图 6.9 中的蓝移瓣相符（J. Bally）

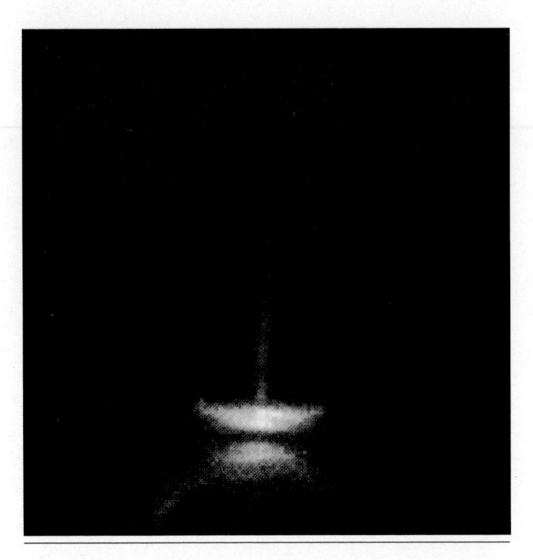

↗ 图 6.11 位于 L1551 星云内的 HH 30 喷流，从环绕一颗年轻恒星的侧向盘喷出（NASA/STScI）

红外源中最明亮的两个是 L1551 IRS 5 和 L1551-NE，它们驱动着主要的分子外流，除了它们之外，还有几个别的年轻恒星也有外流活动。一个是驱动 HH 30 喷流的红外源，见图 6.11 的光学像，这是哈勃空间望远镜拍摄的。这个喷流正好位于天空平面，而源的星周盘垂直于喷流。盘遮蔽了这个源，呈现为中央恒星照亮的外围部分之间的一条暗带。

分子外流是普遍存在的。从统计的观点看来，大部分新生恒星，不论质量大小，都产生 HH 喷流和分子外流。当这些恒星还藏身于暗星云之内时，最剧烈的外流活动就发生了，而随后逐渐平息。

星云物质被外流扫过，在分子云里产生了空腔。在许多年轻恒星产生的地方，它们制造了无数个被膨胀壳层包围的空腔。随着壳层碰撞和交会，它们剧烈地扰动着星云。大规模的有序运动降格为小规模和低幅度的湍动。如果有足够的能量倾注到星云之内，它就能被完全摧毁。图 6.12 展示了圆规座里的一个星云，充满了被外流吹胀的许多空腔，看起来就像瑞士奶酪。在一个孕育恒星的暗星云的大约 10% 转化为恒星的期间，剩余的 90% 经常被恒星们的活动推开或者摧毁[3]。图 6.13 展示了一个小星云，它只孕育了几颗恒星。一颗恒星正处于吹胀空腔的过程中，这个空腔则被仍潜藏着的新生恒星照亮。

外流的性质

有时红外观测最能描绘出快速赫比格-阿罗喷流与周围分子物质之间的相互作用。当快速气体猛烈冲击周围分子时，往往造成了让激波激发氢分子辐射的合适条件。快速激波摧毁着分子，然而在低速激波中，分子能够存在。若激波是弓形的，这在赫比格-阿罗喷流里经常看到，激波便具有各种各样的速度。例如，在顶端气体流动垂直于激波阵面，而在两侧则成锐角。这样，在快速激波的顶端，分子极有可能离解，所产生的原子甚至可能电离。另一方面，气体与弓形激波两侧以锐角相遇，所受冲击缓和得多，可能让分子继续存在。因此，在弓形激波的顶端可能见到主要由各种离子和原子发出的光芒，然而弓形侧面可见的则是由氢分子产生的近红外光。看来很可能一氧化碳在发光的氢分子近处受到拖曳和加速。这表明，显示分子外流的一氧化碳辐射可能存在于赫比格–阿罗喷流周围被排斥的气体的壳层中。确实，观测支持了这个观点。

图 6.14 展示了 HH 212，它是天空已知的最细的偶极喷流之一。喷流在极不透光的暗星云内流动，以至于只有一个弓形激波才能勉强在光学波段看到。外流的结构在红外波段可见，这是由分子氢产生的辐射。驱动源是一个深深潜藏着的 0 级源。

分子氢和喷流的其他示踪物以及赫比格–阿罗天体只能在它们通过激波时才能看见，然而一氧化碳在没有激波的情况下也能看到。射电望远镜能够看到一氧化碳分子发出的辐射，并在范围很宽的一系列条件下测量其沿视线的速

↘ 图 6.12 圆规座里的大暗星云，可以看到由来自新生恒星的外流气体产生的大量空腔和复杂结构（J. Bally & Reipurth，STScI/DSS）

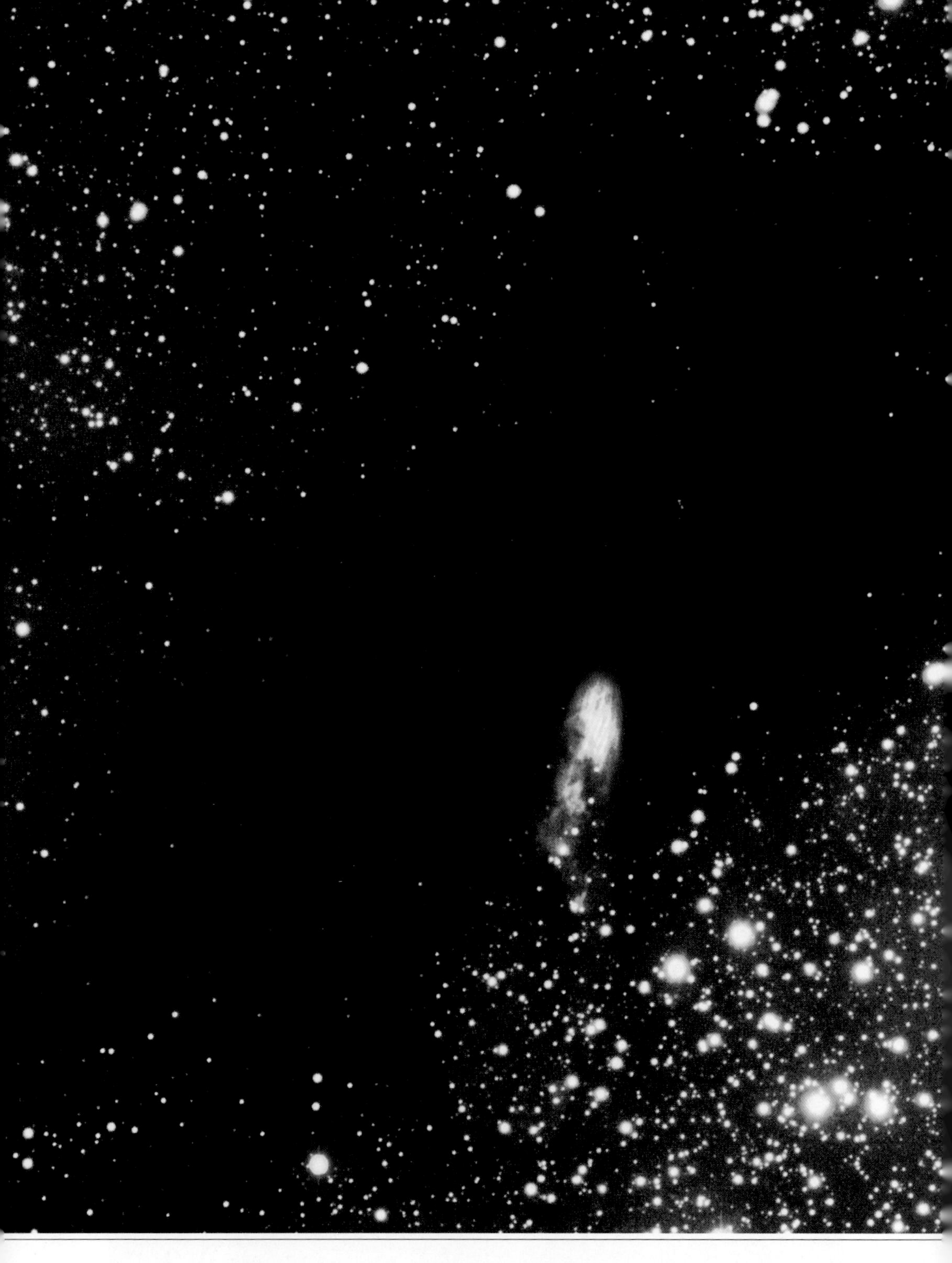

↗ 图 6.13　小暗星云 BHR 71 包含一颗新生恒星，它在星云的一边吹出一个空腔（JOAO Alves，ESO）

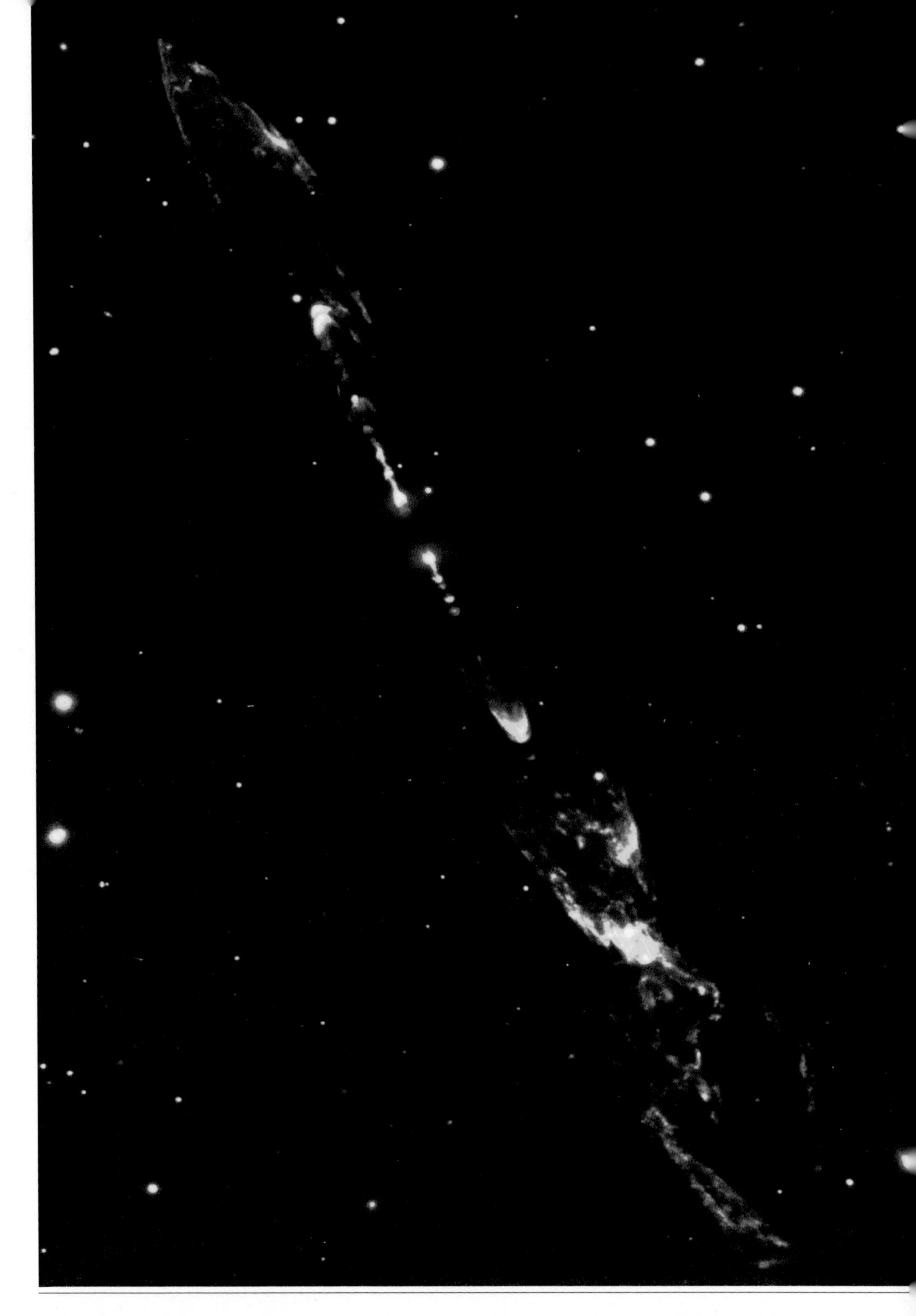

↗ 图 6.14 潜藏着的偶极喷流 HH 212，在红外波段拍摄。一颗新生恒星隐藏在双瓣之间（M. McCaughrean，ESO/VLT）

度。外流发出的可见光和近红外辐射描绘出当前活跃的激波的位置。相反，一氧化碳辐射的毫米波描绘出所有加速的分子气体。这样，一氧化碳能够描绘外流的总质量、动量和大小，即使它并不包含任何当前活跃的激波。

然而，有一种情况，这时喷流和外流的非分子成分能在光学像中看到，而不必有激波存在。当喷流或外流被附近的大质量恒星的紫外光从外边照射时，它们的瓣会发生电离，使得它们可见。图 6.15 展示了三叶星云内暗云的一个区域，它们被几颗质量很大的恒星照亮。这个云块展开成彗星的形状，正是强烈的紫外辐射把这个区域的气体和尘埃勾勒成这样。在最大的云块的头部，有一个很细的、向一定方向发射的喷流，它称为 HH 399，由一颗仍然潜藏在内部的新生恒星驱动。从附近大质量恒星发出的紫外辐射正在把整个喷流电离。图 6.16 展示另一种情况，一颗年轻恒星 LL Ori 的外流受紫外辐射照射。在这种情况下，喷流源是一颗可见恒星，两个外流瓣由于大规模的热电离气体流而向旁边弯曲（将在第 9 章进一步讨论）。在这些气体冲击恒星和它的外流气体处，可见受辐照的弓形激波。

关于喷流和分子外流的性质有几种观测上的动向。外流中的能量和动量随着源的光度和质量的增加而增加。质量和光度较大的源驱动更强烈的流。还有，至少对于质量较小的恒星来说，外流的性质随源恒星的演化阶段而改变。0 级原恒星倾向于驱动很强的流。这类年轻源把能量倾注到外流去的输送率可能占源的总发光度的绝大部分。从这些极端状态的原恒星发出的流很可能是十分稠密的、有比较低的速度，而且是比较致密的。它们的辐射主要发生在各种分子的跃迁中，与它们相关的激波通常不能在光学波段看见，因为气流还深藏在孕育着驱动源的周围星云之中。因此，它们只能在红外波段和射电波段才能看见。

随着源恒星年龄增长，它们的气流变得更加稀薄，但是速度越来越快。它们的辐射可能主要发自原子或离子类物质而不是分子。气流常常从它们的分子云里冲出，而它们的激波作为赫比格-阿罗天体变得可见。这类气流通常达到秒差距级的规模。喷流从星云里的出生地开始，在通过星云核的过程中，它们在被排开的气体之间开道，所以分子外流在某些情况下能够伸展到它们的寄主星云的边界之外。

一颗潜藏着的年轻恒星清除它们的周围并演化成为可见天体，它们的喷流进一步减弱，常常微弱得几乎探测不到，除非是非常接近源。虽然大多数剧烈的外流是由最年轻的源驱动的，但是暗淡的喷流和微弱的外流有时能在年龄似

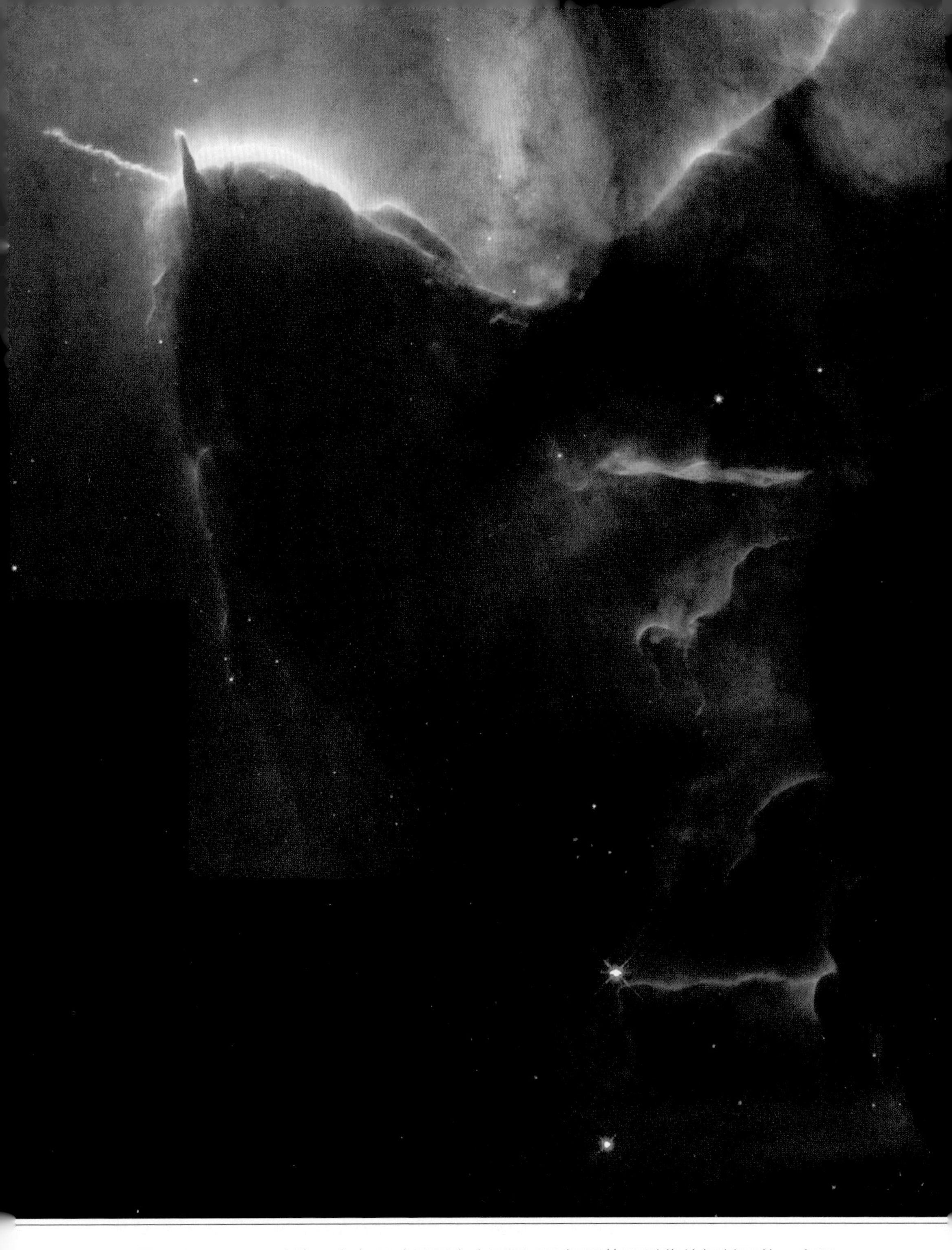

↗ 图 6.15 HH 399 喷流，它在三叶星云中大质量 OB 恒星的强烈紫外辐射下从一个稠密的小球状体中显露出来（J. J. Hester，NASA/STScI）

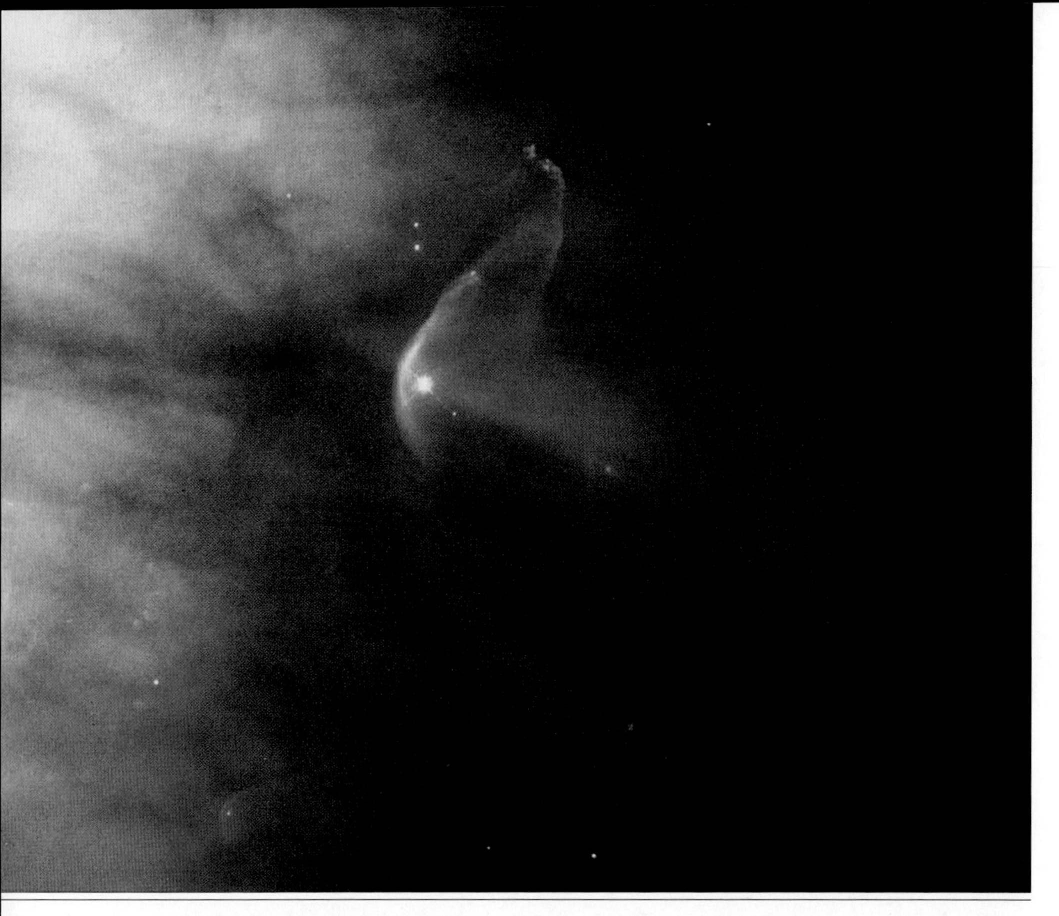

↗ 图 6.16 年轻恒星 LL Ori 产生一个偶极喷流，它受来自图左边的大规模气流的辐照并被折弯（NASA/STcl）

乎几百万年的恒星周围看到。

大质量恒星产生最强烈的外流。一些年轻恒星的光度达太阳的 1 万倍，它们驱动壮观的喷流，然而另一些年轻恒星的喷流方向性较差。有一颗 10 万太阳光度的大质量恒星，它在猎户座星云后面紧挨着的稠密核内形成，大约在 1000 年以前发生了一次爆发，释放出比太阳在 1000 万年内的总辐射更大的能量。这次高能事件在当前正在产生一个广角的偶极外流，它正在驱动几百个激波冲向周围的分子云。我们将在第 9 章讨论这些从大质量年轻恒星发出的高能外流。

最年轻的大质量恒星会产生一些奇特的外流现象，这些现象本来只是难得在低质量的原恒星之间看到。通过对射电波段的脉泽的强烈辐射进行探测，人们在整个银河系鉴别了许多大质量恒星形成区。各种分子，诸如羟基、水蒸气、氨、甲醇和一氧化硅，当周围环境足够稠密和高温时，就会在某些射电频率上产生强烈的辐射。例如紧靠着猎户星云的后面有一个热分子云核，称为猎户分子云 1 号（OMC1），其中的水蒸气加热到约 600 开。这里的密度超过每立方厘米 10 亿分子，这些气体受附近大质量原恒星发射的红外辐射的照射。结果，由于水和 SiO 分子发射相干辐射[④]，它比这一区域内由热分子产生的普通射电波明亮几百万倍。这些脉泽是大自然中激光器的等价物。应用角分辨率极高的洲际干涉仪，例如甚长基线阵（VLBA），可以研究亮度极大的各种脉泽。1.3 厘米水脉泽和 7 毫米 SiO 脉泽的甚长基线阵观测提供了大约 0.1 毫角秒的角分辨率（比哈勃空间望远镜高 1000 倍），它相当于在猎户星云处小于 0.05 天文单位的距离。脉泽描绘出在外流的超密部分中以及在隐藏于非常稠密的核内的盘面上的亮结的集群。

年轻恒星的出现和退隐

发现年轻恒星正处于积聚质量的过程，但也在失去质量，这是出乎意料的。天文学家用了各种观测技术研究来自新生恒星的外流，我们相信现在至少理解了这一现象的基本方面。但是还存留着根本问题：为什么会发生这种现象？如果说一颗年轻恒星正热衷于获取质量，那么看来它在失去质量方面也旗鼓相当。

近几年来出现了各种模型以解释年轻恒星为什么和如何驱动外流。许多种类的天体产生星风、外流和定向喷流。人们分别根据加热、辐射和磁场提出了 3 种类型的驱动机制。

在太阳的可视表面之上，有一层称为日冕的极端炽热的大气。在日全食过程中这个区域可以看见，犹如一个银色的光晕从太阳向四面八方伸展。日冕的温度达到几百万度。各种离子以与重力逃逸速度相当的速度从太阳表面向四周飞跃，而且由此使得日冕外层流向空间，成为太阳风。这些离子和随同的电子以每秒 400 ~ 800 千米的速度扫掠地球。虽然天文学家还不完全了解日冕是如何加热的，但是有征兆表明太阳耀斑和磁现象是其原因。尽管还没有深入理解，不过我们深信太阳风是被这类加热机制驱动的。在太阳 45 亿年的历史里，太阳风损耗了太阳大约 1% 的质量。

我们在第 9 章将了解到，大质量恒星产生的星风能比太阳风强过几百万倍。大质量恒星在其几百万年的短暂生命中能失去其质量的 90%。大质量恒星的巨大光度驱动了这些强烈的星风，因为光压能够超过这类恒星外层的引力作用。由此可见，大质量恒星的星风，正是辐射驱动星风的实例。

正如以上所述，各种质量的年轻恒星都产生外流。与太阳风不同，这些外流大多集束定向成为偶极喷流。尽管它们的光度和温度都不高，但是年轻的低质量恒星能产生外流，其强度足以匹敌由光度最大的恒星供能的星风。这样看来，既不是辐射压也不是加热能够驱动原恒星的外流。结果，大多数天文学家把目光转向磁场，希望以此解释这类外流。

观测显示整个银河面极其稀薄的星际气体渗透着微弱的磁场，其强度只及地球表面磁场的百万分之一。高能宇宙射线[⑤]和由炽热恒星产生的紫外光的撞击在星际气体中产生了残留的离子和电子，它们把星际磁场与气体紧紧结合在一起。当原子气体凝聚成为分子云的时候，磁场也被压缩并放大。因此，当原恒星及其盘形成时，它们将是磁化的。

随着盘绕其中心原恒星旋转，被拉动的磁场伸展开来。就像太妃糖绞结在一起，磁场因剪切运动而拉长并放大；结果，星周盘内形成了冻结在它上面的强磁场。模拟计算表明，在一定时间以后，这个盘中的磁场具有固定的沙漏的形态。这类盘的磁场有助于把外流加速，并把它们集束成为定向的喷流，以下将作讨论。

首先由引力收缩，随后由热核聚变释放出能量，驱动恒星内的对流运动。然后，随着盘内的物质盘旋着落向内部，年轻恒星开始旋转起来。快速的旋转和对流是磁发电机必不可少的要素。年轻恒星从其诞生以来本来就有的微弱磁场被发电机效应放大了。观测表明，年轻恒星发展的磁场能比太阳磁场强数百倍，比地球磁场强数万倍。模型显示恒星磁场最可能的结构类似于太阳磁场，即所谓的“偶极场”[⑥]，与恒星的自转轴大致重合。

这样，原恒星及其盘可能有两种类型的磁场：盘的磁场和恒星磁场[⑦]。关于磁场如何抛射喷流有许多争论，人们的关注集中于3种一般的机制，这在下面讨论。

首先，磁化和自转着的星云核的快速坍缩能对被拖曳进来的磁场施加超强的挤压。正如1983年日本学者内田和柴田首次指出的，在自转的原恒星和盘形成之际，这一强大的磁场会缠绕起来。在超强的压力作用下，磁场反冲并发射一个磁能脉冲，它在盘的上下两面传播。磁波使盘平面上下的气体加速，并发射一个强烈的外流物质暴。模型显示磁场能够把外流暴定向地集中为一对反向运动的喷流。然而，这一机制产生了强烈的瞬变爆发，而不是稳定的外流，所以它看来不像是长期延续的赫比格-阿罗喷流的原因。

其次，当盘终于进入平衡状态时，它的状如固定沙漏的磁场会导致不很强大但是稳定的星风。荷电粒子只能沿磁力线运动而不能穿透它们。在盘平面的上下，磁场随着盘旋转。如果磁力线从中心恒星开放着向外，这正是固定沙漏的形状，粒子将从盘上飞离而去。磁场就像一把弹弓，向外的磁力线把离子和电子弹射出去，而这些荷电粒子则把中性氢和氦拖曳向前，结果是形成稳定的偶极星风。人们认为，在盘上下的远处，磁场将最终平行于恒星的自转轴。随着星风进入这一区域，它的方向将趋于集中而形成喷流。理论模型表明磁场为消除盘的角动量起了核心的作用。这样星周盘内的磁场可能不仅产生了定向喷流和外流，它们也可能消除了盘的自转能。

其三，由发电机产生的恒星磁场也可能产生外流，这一领域的主要研究者之一徐遐生发展了堪称迄今最完整的喷流形成模型。在这一图像中，恒星的磁场与内盘的磁场相互作用，在恒星与盘之间产生了间隙。由于强磁场把恒星和盘联结在一起，恒星的自转就与盘的内边缘上的物质的绕行速度锁定住了。如果恒星和内盘不以同一速度旋转，磁场将开始缠绕起来，并迫使恒星和内盘边缘返回到同步旋转。随着物质盘旋着通过盘向内到达内盘边缘，它分成两个物质流。一个高角动量的流沿转动着的磁力线抛掷出去，而一个低角动量的流掉落到恒星上，并有助于它积聚质量。沿着从盘上升起的磁力线，抛掷向外的气体将形成具有高度方向性的赫比格-阿罗喷流，这已在许多最年轻的恒星中观测到。

后面两个模型产生了连续的外向气体流。但是赫比格-阿罗喷流是不规则的，包含着许多亮结和较大的弓形激波。一定存在一种机制调节外流。星周盘内的不稳定性会影响外流的速度，产生脉冲型的喷流。另一方面，如果源是在扁长轨道上的密近双星，每当两个子星相互接近时，它们的盘受到扰动。这种扰动加强了恒星的吸积，同时也加强了物质的流失，所以当伴星周期性地接近时，便导致外流活动周期性地爆发。

观测技术尚有欠缺，还不足以直接观测喷流发射和定向聚束的区域。天文学家在还缺乏强有力的实测证据的情况下，积极地讨论着上列三个模型的细节。但是关于喷流如何确切地产生可能仍有争议，不过对于年轻恒星的质量损失是由旋转系统的吸积引起的这一点却有了普遍的认同。喷流抛掷了一部分吸积物质，从而带走大部分角动量，剩余的气体则落向年轻恒星。怎样以带有角动量的物质来制造一颗恒星呢？大自然用喷流解决了这个问题。

第7章 | 走向成年

原恒星作为红外源存在于暗星云中，然而主序前恒星通常是散布在分子云附近的可见恒星。观测表明，大部分恒星在它们形成后的10万年之内即在可见光波段可以探测到。但是恒星究竟是怎样才从它们的母核和寄居的分子云内显露出来呢？

大多数恒星在大的星团内产生，这将在第8章和第9章讨论。这类星团往往包含少量大质量恒星，它们的光线和星风广泛地作用于周围的云，因此有助于释放它们邻近的低质量恒星。然而，有些恒星诞生在小的、松散的星协里，它们在那里没有这类帮助，它们必须借助于其他过程。

正如我们在前一章所见，形成中的恒星产生了高速喷流和星风，它们显著地改变了孕育它们的星云。这些外流极其强烈，它们能够摧毁星云核并因此释放潜藏于其中的年轻恒星。

原则上，对于年轻恒星来说，还有另外一条途径脱离孕育它的星云：它能径直从星云中游移出来。当恒星产生在一个年轻星的小星团里，它们有动力学的相互作用时，便会发生这种情况。正如我们在第5章所见，在一个小星群里的恒星彼此之间不断地运动，偶尔会有一个被抛射出来，它有足够的速度逃脱星团和星云的引力场。这种情况多么频繁地发生尚不清楚，但是有些研究者相信相当数量的恒星以这种方式逃离它们的出生地。

年轻恒星的性质

60年前，阿尔弗雷德·乔伊（Alfred Joy）注意到10来颗恒星围绕在天空，它们的亮度以几天的时间尺度做不规则变化，而且它们都与暗星云或亮星云有关联。乔伊称这些恒星为*金牛T型变星*，这是根据这类变星中最亮的成员之一金牛T命名的。当时人们并不知道这些恒星是年轻星。今天人们知道金牛T型星是低质量的幼年恒星，最终将成熟，成为与太阳相似的恒星。

金牛 T 型星的光谱显示出与其他老年低质量恒星不同的特征。尤其是，金牛 T 型星有明亮的发射线，例如氢的 Hα 线[①]。事实上，许多金牛 T 型星里的 Hα 线是如此明亮，以至它成了人们在新近产生恒星的区域内发现这类新成员的主要依据。在望远镜的光路上，在照相机的前面放上一小块棱镜，它将把视场内所有恒星的光线分解为小的光谱，立刻就显示带有 Hα 发射线的恒星。人们已经对最近距的恒星形成区实施了这种 Hα 发射线的巡天观测，已经鉴别出成千上万颗太阳附近的年轻恒星。

恒星年轻的另一个标志是有一条由元素锂产生的深暗的吸收线，在金牛 T 型星光谱的红光部分。这条线有特殊的意义，因为锂在核过程中在较低温度即被摧毁。这样，由于表层不断地被拉入锂在其中已燃烧殆尽的炽热核心，锂在主序星里已不复存在。另一方面，金牛 T 型星非常年轻，它的核过程还没有开始。因此锂就能在它的光谱中可见，成了它青年期的标识。寻找锂是确定低质量恒星青年期的普遍方法。

金牛 T 型星的光谱还展现了另一种异常情况。与光谱型相同的正常恒星相比，它们的蓝光波段和紫外波段更亮。而在红外波段，金牛 T 型星也显示明亮得多，这是由于星周盘的发射。这些特点为了解金牛 T 型星和它们的盘如何演化提供了重要线索。由于在研究年轻恒星时，它们在可见光波段由于被过分遮蔽，简直难以看到，金牛 T 型星的这种超量的红外辐射，已经成为一种特别有用的特征。考察恒星的红外波段，有助于鉴别年轻的潜藏恒星。

金牛 T 型星表现为有强大的磁场、巨大的暗黑星斑和明亮的耀斑，后者比太阳耀斑猛烈数百万倍。金牛 T 型星还在从它的盘内吸积质量，它辐射着比太阳强过几个量级的紫外线和 X 射线。有些甚至还辐射射电波。这样，奇异的光变、耀斑爆发、X 射线、紫外线和射电辐射为观测者提供了唯一的观测特征，据此足以把年轻恒星与成熟的主序星区分开来。

金牛 T 型星已从它们的出生地脱颖而出，它们比质量相同的主序星冷得多，但更加明亮。太阳质量的恒星在初生期的光度比太阳这类成熟恒星大 100 倍。这些恒星经历两种不同的演化过程。起初，金牛 T 型星收缩，在达到大致恒定的表面温度和颜色时变得更暗。这是在第 4 章已经涉及的林忠四郎迹程。随后，金牛 T 型星在恒定的光度下变得更热。在这一阶段，恒星获得其最终光度，但是比相同质量的主序星更冷。随着金牛 T 型星的外层继续收缩，恒星变得更热和更蓝，直到它到达主序并开始其内部的氢燃烧。对于类似太阳的恒星，整个演化阶段可能历时1000万年。质量很小的红矮星比相同质量的主序星明亮1000余倍。质量最低的恒星要经历1亿年以上的时间才能到达成熟期。另一方面，5～10个太阳质量的恒星在小于100万年的时期内到达主序。

星周盘

多年以来人们千方百计要解释金牛T型星的独特特征，但是迄今为止一切尝试都还不尽如人意。了解金牛T型星的关键在于认识它们有盘环绕。关于盘的初步证据表明有不同情况。在令人眼花缭乱的各种现象之中，人们注意到当金牛T型星的光谱显示与外流有关的高速激波的征兆时，辐射通常是蓝移的，这表明它趋向于观测者，而红移激波很罕见。这些激波可能是由某些等量但分别趋向和远离观测者的物质产生的，本来不该偏向哪一方。但是，如果金牛T型星有盘环绕，离观测者而去的激波就有部分隐匿起来，而向观测者射来的激波则毫无阻挡。

在哈勃空间望远镜升空之后，天文学家有了能对环绕金牛T型星的星周盘直接成像的工具。第4章和第12章的图中的暗尘埃盘就是实例。现在已经知道了这类盘的许多例证，证实了它们无处不在。

星光加热了星周盘的内部，而被吸收的光线在红外波段被再次辐射。盘的炽热的内边缘将在近红外波段发光，而较冷的外盘将在光谱的远红外波段发射。在盘的更外端缘，更冷的尘埃在亚毫米波段和毫米波段发出辐射。这样，盘发出的辐射能够用红外望远镜和毫米波干涉仪探测并深入研究。短波长探测内盘区域，而较长波长探测外盘区域。这些数据能用于测定盘的质量和成分。盘的典型质量介于太阳质量的百分之一和十分之一之间，相当于形成行星系所需的量。此外，观测表明盘在其中央恒星引力的支配之下自转。分子云里诸如一氧化碳之类的常见的气体示踪剂在盘里几乎没有示踪作用，因为当它们冻结成颗粒后严重地变性了。然而，在颗粒表面被冰冻的分子和构成颗粒的物质能够在红外波段观测到。红外观测提供了关于盘的成分和物理性质的资料。早期太阳的周围环绕着物质，并由这些物质形成了我们的行星系，看来环绕年轻恒星的盘展现了这些物质当前所见的形态。

在恒星与盘的内边缘之间通常会有空隙，其宽度为5～10个恒星半径。这些空隙是在强烈的磁场（第6章）、辐射场（第12章）或形成中的原恒星收缩（第10章）的作用下形成的。虽然我们还不具备足够的分辨率去直接观测这类间隙，但计算预言，如果它们不在那里，金牛 T 型星就会在红外波段辐射远超过现在观测到的光线。

人们以为年轻恒星快速地绕轴自转，因为恒星在诞生以后就缓慢收缩，直至到达成年期。正如第 4 章所述的花样滑冰运动员，由于角动量守恒，年轻恒星在收缩时将加速自转。然而，与这一预期相反，金牛 T 型星的自转常常慢得令人吃惊。看来盘正是制动恒星自转的原因。

金牛 T 型星有很强的磁场。正如我们已在第 6 章所讨论，在星云里有磁场形成，并因在坍缩中受压缩而放大；磁场从星云扩展，也穿透了盘。两个磁场系统在恒星与盘之间形成桥梁，于是恒星自转与盘内边缘的轨道速度就锁定在一起。

金牛 T 型星盘内的气体环绕年轻恒星旋转，就像行星环绕太阳运行，遵循约翰内斯 · 开普勒（Johannes Kepler）建立的定律。这种开普勒旋转决定了接近中心的气体比远在外缘的气体运动得更快。[②]但是气体分子总在碰撞并交换角动量，作为这种复杂过程的结果，大多数气体向内慢下来，而角动量向外转移。[③]这样，来自下落壳层的气体可能掉落到盘上，并盘旋着通过盘而趋向恒星。

终于，气体来到了盘的内边缘，在那里遇到了恒星与盘之间的空隙。它在那里也受联结盘与恒星的磁力线的阻挡。一些气体利用磁场作为桥梁，在所谓的隧道流里通过空隙，终于猛然冲到恒星表面。恒星可能以这种方式积聚盘内物质而长大。图 7.1 是一张假想图，展示一颗金牛 T 型星看来正在受到几股来自盘内的隧道流的馈饲。正如我们在第 6 章所讨论的，角动量守恒要求一些气体以偶极喷流的形式投射到远方。尽管各种估计不尽相同，但是在盘上运动的气体有 10% ~ 30% 将被抛射。

前面已经指出，金牛 T 型星在蓝光波段和近红外波段都显示有超量的辐射。盘因恒星辐射和内部摩擦而被加热，这产生了近红外的超量辐射。另一方面，蓝光的超量辐射是恒星上热斑的辐射，在热斑处，隧道流里的物质猛然冲到恒星表面，释放能量，并把气体局部加热至大约 20 000 开。这一热等离子体大部分在蓝光波段和紫外波段辐射。

盘的化学过程具有特别的重要性，因为行星毕竟是从这些物质形成的。盘是由来自分子云的气体和尘埃构成的，相关的恒星也产自其中，我们知道构成盘的各种元素的丰度，但是不知道由这些元素组成的化合物。盘的化学过程紧密地取决于温度和密度，因而在盘内各处明显地不同，也随着盘的演化进程而改变。在第 10 章我们将讨论导致行星从星周盘形成的过程。

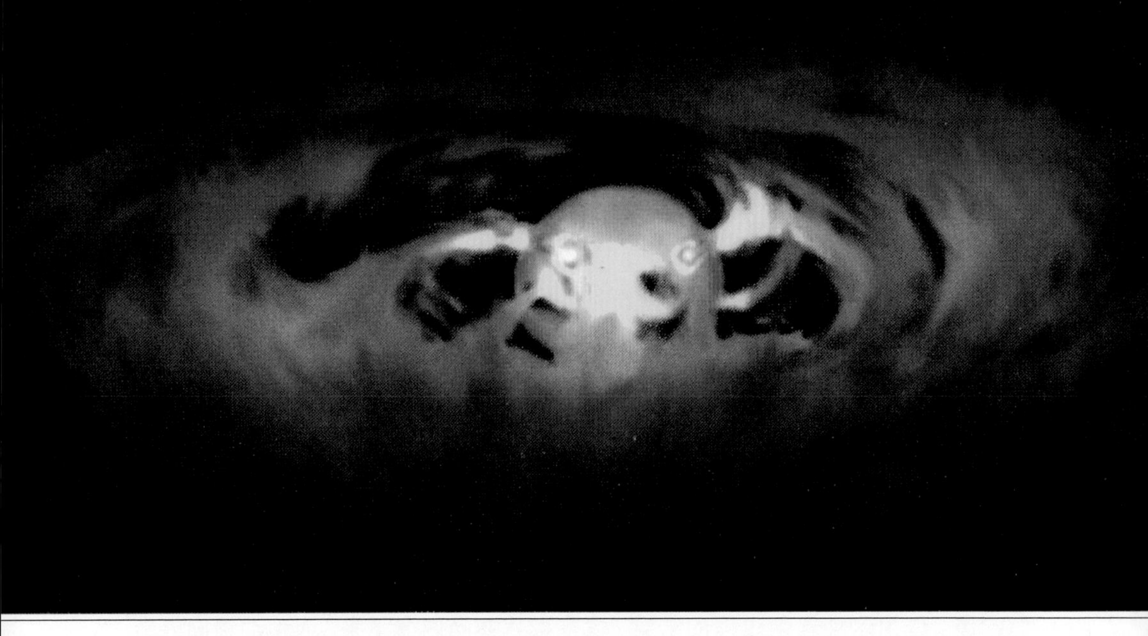

↗ 图 7.1　一颗有吸积盘环绕的年轻恒星的假想图。强恒星磁层摧毁了内盘，把气体输送给恒星。偶极风在垂直于盘的方向外逸（P. Hartigan）

爆发

1936 年，猎户座中一颗暗星猎户 FU 大规模地爆发，导致在不到一年的时间里亮度有成百倍的增加。在 34 年之后的 1970 年，另一次爆发在天鹅座的一颗暗星上发生。两颗恒星的亮度随后很缓慢地回落，但是速率不同。今天天鹅座的那颗暗星几乎已返回到原先的暗淡状态，然而猎户 FU 只比极大亮度略显暗淡。乔治 · 赫比格在其开创性的研究中指出，两个事件之间的类似性表明两颗原恒星看来都是年轻恒星，并说明这种称为*猎户 FU 型星爆发的星暴*是年轻恒星早期演化中的重要环节。随后人们发现了若干天体，它们都具有猎户 FU 型星的特征，即使它们的爆发并没有每个都观测到。

在已演化的恒星中有许多种类型的爆发现象，例如新星和超新星的爆发。那么为什么赫比格的结论是猎户 FU 型星是主序前天体？首先，猎户 FU 型星与暗星云结合在一起，而且恒星与星云的速度总是相近的；其次，猎户 FU 型星把星云照得非常明亮，因为恒星发出的光芒被附近的尘埃云反射。

猎户 FU 型星看来不像金牛 T 型星。它们的形态取决于观测的波段。在蓝光波段，它们类似于热恒星，在黄光波段它们酷似太阳，在红光波段和红外波段它们看来像很冷的恒星。它们不像金牛 T 型星那样有 Hα 线为主导的辐射。

它们的光谱显示在强烈的星风中有大量质量损失。

李 · 哈特曼（Lee Hartmann）和斯科特 · 肯尼恩（Scott Kenyon）在作了理论分析后提出：猎户 FU 型星可能是金牛 T 型星，不过它们的盘已开始比正常状态转移多达千倍的物质。由于盘中不同的环以不同的速度旋转，它们彼此间碰擦，而摩擦又加热了盘的物质。在金牛 T 型星里，这类盘的加热在大多数情况下局限于近红外波段的辐射。但是如果气体盘旋着下落的速率上千倍地增加而盘必须经受这种情况，那么盘就会迅速加热、膨胀和增亮。盘变得极其巨大，以至于它完全掩盖了恒星。因此我们看到的猎户 FU 型星发出的光芒可能不是恒星的光线，而是来自发光盘的辐射，当物质盘旋着越来越深地进入中央恒星的引力势阱时，快速释放引力势能正在把这个盘加热。当这个假设成功地解释猎户 FU 型星的许多特征时，仍有许多令人迷惑的细节存在，天文学家正在积极地试图破解它们。

赫比格根据统计资料证明，猎户 FU 型星的爆发一定是反复进行的。任何给定的年轻恒星，会经历十来次或更多次这类爆发之后才会进入主序。年轻恒星的每次爆发都会吸积大量质量。有人估计，每次猎户 FU 型星的爆发，相关恒星获得大约 1% 个太阳质量，或大约 10 倍于木星的质量。如果恒星经历 10 次猎户 FU 型星爆发，它获得 1/10 个太阳质量。这样，一颗恒星在金牛 T 型星阶段积聚的大部分质量会积聚在质量不太大的喷发中。

猎户 FU 型星的爆发被认为是在年轻低质量恒星的一生中罕见但是重要的现象，人们付出了很大的努力试图理解为什么一颗年轻恒星会如此猛烈地突然闪耀。有两个假设。第一种假设的根据是盘内氢的内在不稳定性。随着物质向着中央恒星盘旋，摩擦把盘加热。摩擦产生的热量越靠近中央恒星越大。但是轨道能量和角动量的耗散以及与之相关的气体加热的速率，极大程度上取决于气体的物态。对于低温且大部分中性的气体，耗散和加热是低的；对于炽热且大部分电离的气体，耗散和加热则是高的。如果一个盘的质量足够大，它能使低温和低耗散的盘突然跃变得炽热和高耗散。这种不稳定性开始于盘接近于恒星的最稠密的部分，在那里耗散达到最大。如果这个区域的温度达到了氢开始电离的临界值，耗散率将急剧上升。增加了的耗散把更加多的氢加热并电离，导致更高的耗散。盘就这样遭受了恶性循环式的加热。随着盘的更多部分电离，中央恒星的吸积率增加。盘开始自行发光，并会以上百倍甚至更高的光芒反照中央恒星。终于，向着中央恒星的快速吸积耗尽了内盘，而爆发则平息下来。

结果，盘逐渐通过周围气壳的下落而重建，直到新一轮失控加热事件再次耗尽它为止。

另一种假设认为猎户FU型星是新生的双星系统，大量气体以拱恒星盘和拱双星盘的形式存在，导致两颗恒星逐渐盘旋着互相靠近。在这过程中，它们的盘剧烈地相互作用（图7.2），这也会导致猎户FU型星爆发。

最近的猎户FU型星大爆发发生于1/3世纪之前。天文学家早已在等待另一次这类事件，现代的天文仪器正严阵以待，静候这种现象。怪不得2004年1月，美国肯塔基州的天文爱好者杰伊·麦克内尔（Jay McNeil）无比兴奋地宣称在猎户座分子云L1630的另一个暗区出现了一个新的星云。图7.3是杰伊·麦克内尔拍摄的猎户分子云L1630的像。大星云称为M78，这是一个由质量较大的年轻恒星照亮的反射星云。在麦克内尔发现的星云中，沿着暗黑的条带一直往下可见一个小的彗星形状的星云。图7.4是麦克内尔发现的星云的高分辨率像，

↘ 图7.2 双星系内的伴星透入另一成员——一颗年轻恒星的星周盘，这时发生了盘的严重扰动，盘被截断（A. Whitworth & H. Boffin）

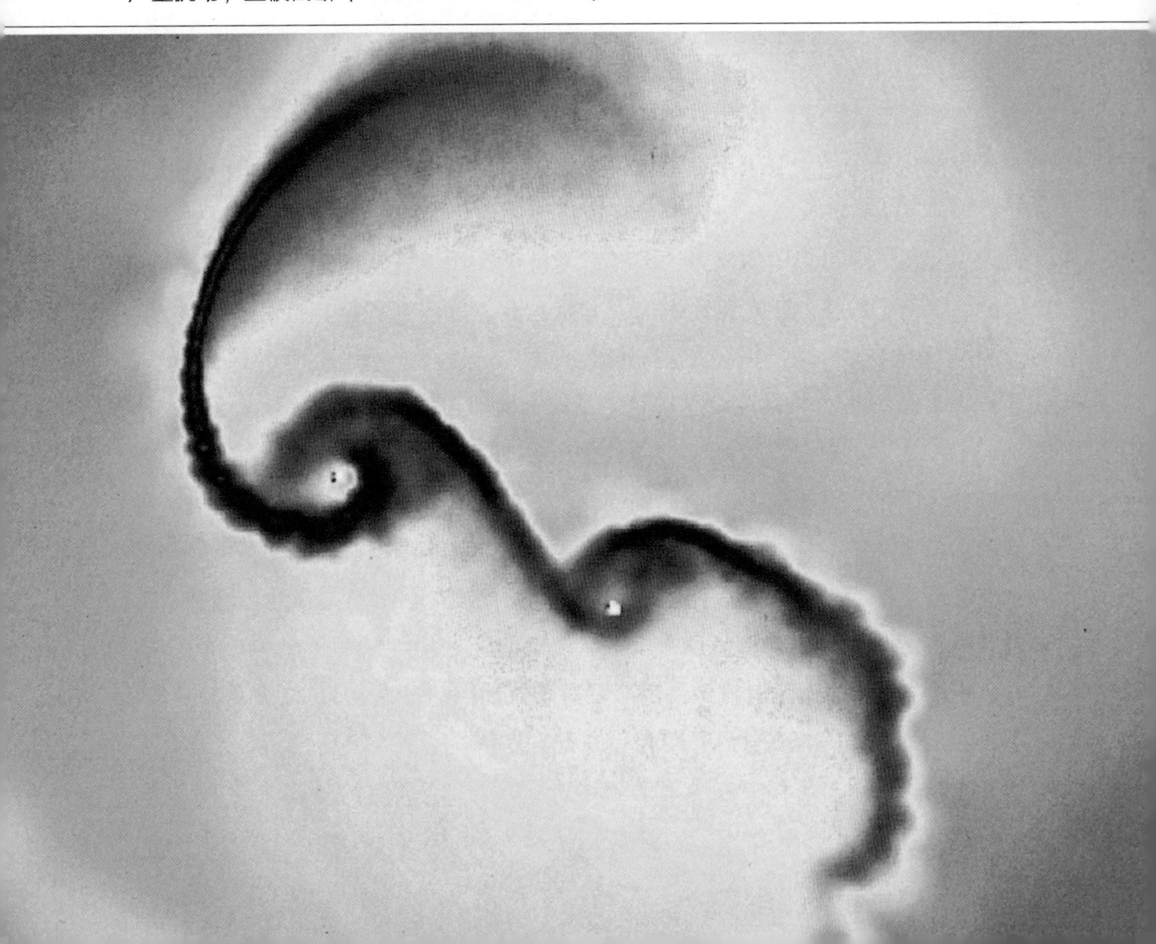

↗ 图 7.3 猎户座内 L1630 星云中的 M78 区域。麦克内尔发现的星云位于沿暗星云向下的远端（J.W.McNeil）

这是用夏威夷的 8 米双子座望远镜拍摄的。星云底部略显暗淡的恒星经历过大规模的吸积事件，结果在照亮其正北方的大外流空腔的过程中，急剧地增亮。

告别星周盘

在第 3 章我们讨论了如何把原恒星划分为 0 级和 I 级，这取决于天体的大部分辐射在哪个波段之内。0 级天体深深地潜藏于它们的母体物质之内，以至于它们作为极冷的天体只能在亚毫米波段内才探测得到。I 级天体仍潜藏于星周物质之中，但是已更充分地演化，足以在红外波段探测到。

当新生恒星从其母体物质内脱胎而出之际，它们就在光学波段可见，在这

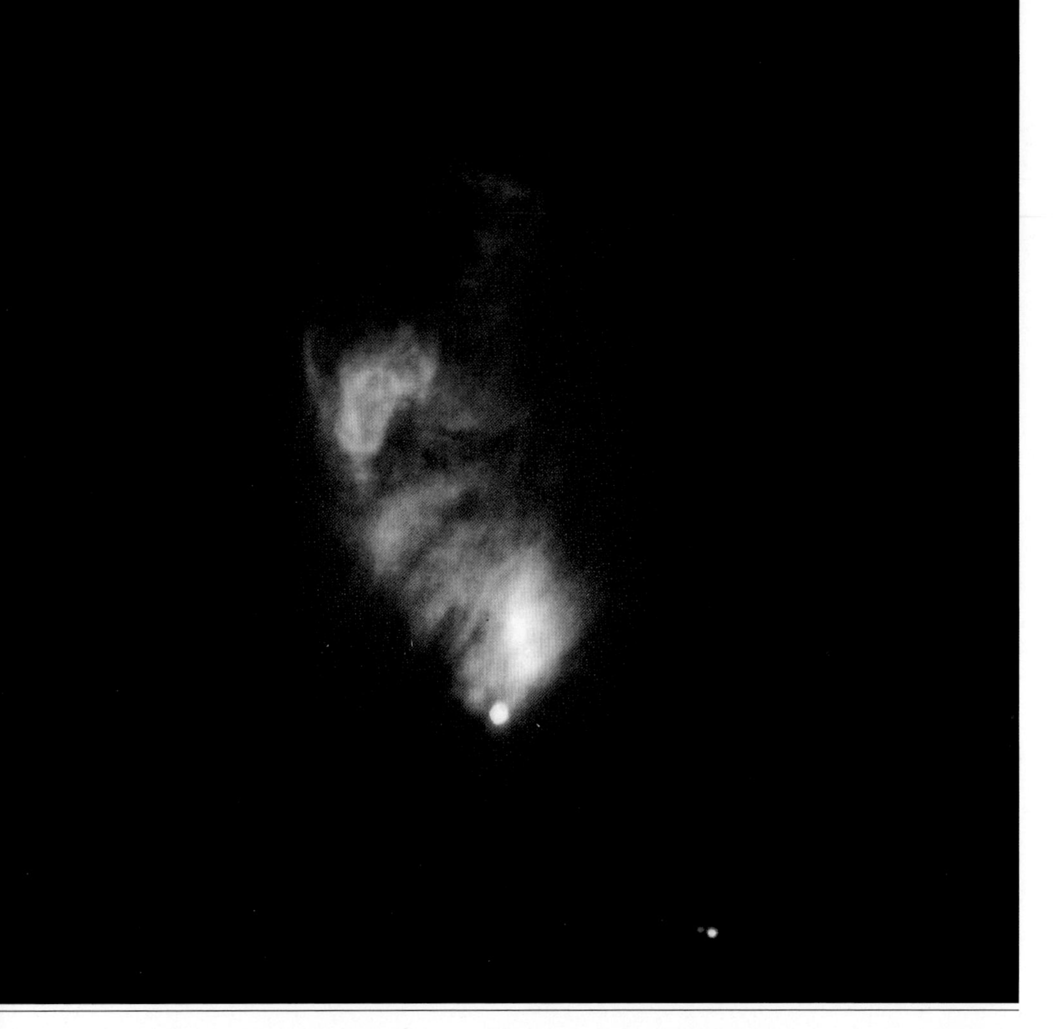

↗ 图 7.4 麦克内尔发现的星云，由夏威夷 8 米双子座望远镜拍摄。星云是由底部爆发的恒星照亮的外流空腔（B. Reipurth & C. Aspin，Gemini/AURA）

一阶段我们称它们为金牛 T 型星，或者承接上文称为 II 级源。在这些天体里，星光超过了盘的辐射，所以 II 级源通常在可见光波段很亮。由于它们有大的星周盘环绕，它们在红外波段也很亮。

随着年轻恒星的演化，曾经馈饲恒星和它们的盘的下落气壳消失了。在这一阶段，由于盘驱动物质并馈饲中央恒星，盘不再能获得补给。由此可见，随着恒星年龄增长并变得成熟，盘的质量便会消失。由于金牛 T 型星，即 II 级源的主要特征起因于盘，那么我们应能发现一大群更充分演化同时只有很少或没有盘的迹象的年轻的低质量恒星。

这类恒星确实存在的，它们称为弱线金牛 T 型星或 III 级天体。顾名思义，这类恒星的特征是十分微弱的 Hα 辐射。与同一光谱型的恒星相比，它们实际上并没有过量的红外辐射。这并不意味着这些天体完全没有了星周物质，相反，留在它们盘内的物质已经结合成为更大的天体，它们正在形成构筑行星的团块。只要许多盘内物质结合成为这类大天体，它就在大多数波段成为不可见的了。III 级恒星代表行星形成的活跃阶段，这将在第 10 章详细讨论。

金牛 T 型星能维持它们的特性多久呢？盘能存在多久呢？旨在回答这些问题的统计研究面临着复杂的情况，即随着年龄增大，金牛 T 型星看来不是和缓地从 II 级阶段进入 III 级阶段。相反，看来一颗恒星会在两个阶段之间经历一段时间的振荡，金牛 T 型星经过活动性较小的休眠期，又作为 III 级天体偶尔复苏到活动性增长的时期。不同年龄的星团中有部分年轻恒星，它们还有由盘产生的可测量的红外超辐射，然而，我们能由此获得关于盘的寿命的观念。这类观测表明，在几百万年里盘开始消失，在 600 万 ~ 1000 万年之后，实际上已没有留下具有红外超的恒星。在这一时期，盘中的物质或者已被恒星吞噬，被星风吹走，或者凝聚为颗粒、石子和石块，成为形成行星的材料。

青年期：黑子、耀斑和 X 射线

金牛 T 型星是变星，在几天的时间尺度内作不规则的光变。这种光变是因物质从盘落向恒星表面而引起的。随着盘逐渐耗尽，年轻恒星的不规则光变也正在消失。在恒星到达 III 级阶段之后，随着不规则光变的消退，变幅不大的、周期性的光变变得明显了。

类似于太阳黑子但是远大得多的巨型星斑会产生周期性的光变。图 7.5 是带有黑子群的太阳像。这些黑子实际上并不暗黑，只是与它们的环境对比，它们才显得暗黑，因为它们比太阳表面的背景冷约 2000 度。强烈的磁场从太阳黑子处的表面发出，导致局部温度下降（图 7.6）。在金牛 T 型星上出现了大星斑群，覆盖了恒星表面相当大的部分，在恒星自转时，星光的明暗就随自转周期变化。通过测量星光的变化周期，人们测定了许多年轻恒星的自转周期。

年轻恒星，包括 II 级特别是 III 级天体，有时会出现短暂的爆发，这时恒星的亮度迅速增长几倍，随后在几小时内慢慢回落。对这类耀发还知之甚少，主要是缺少能长期监测年轻恒星的设备。但是根据若干偶遇奇缘的观测所见，这类耀发正是恒星表面的磁性活动。

近几年来已经出现了用于研究年轻恒星磁场的大型装备。最近的 10 年中，

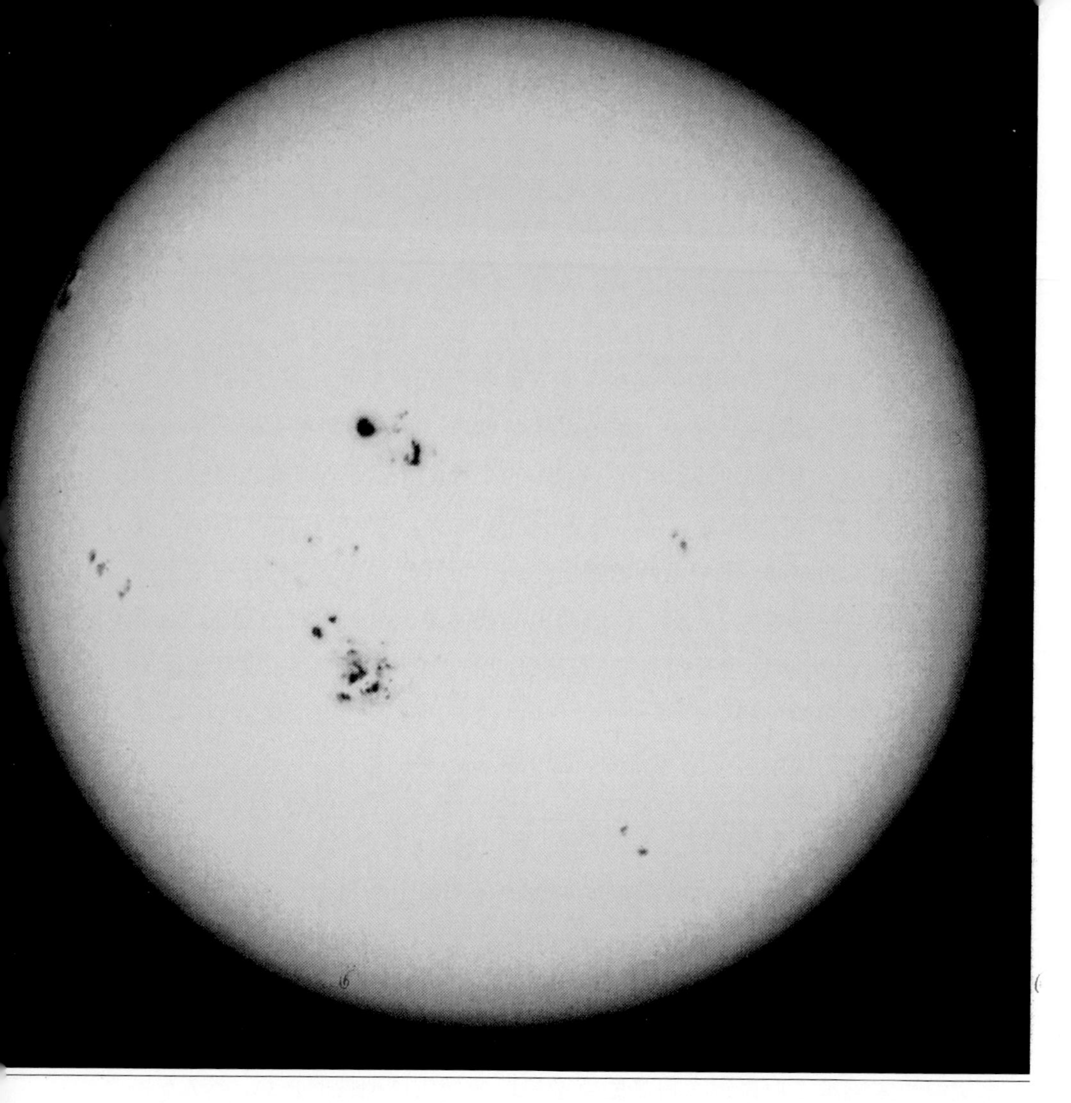

↗ 图 7.5　太阳上的几个大黑子群，出现于 2003 年 10 月 29 日（Meese 太阳天文台）

已经确认年轻恒星是 X 射线的强辐射源。由于 X 射线被地球大气吸收，这类观测需要专门的空间观测，诸如钱德拉 X 射线天文台和 XMM– 牛顿卫星（参看第 2 章）。X 射线穿透星际尘埃云的能力与近红外光大致相同，因此这两种观测技术就能探测几乎同等数量的年轻恒星。图 7.7 展示了猎户星云内星团同一部分的两张像；一张是红外像（在 2 微米上观测），另一张由钱德拉 X 射线天文台拍摄。由于 X 射线不能以正常的光学系统聚焦，而要用特殊的望远镜才能形成 X 射线像，因此 X 射线像的边缘部分并不如其中央聚焦良好。如果忽略这一效应，我们可以认为红外像和 X 射线像实际上显示了相同的年轻恒星群落。

为了了解年轻恒星的 X 射线辐射，我们能从对太阳的类似研究获得有用启

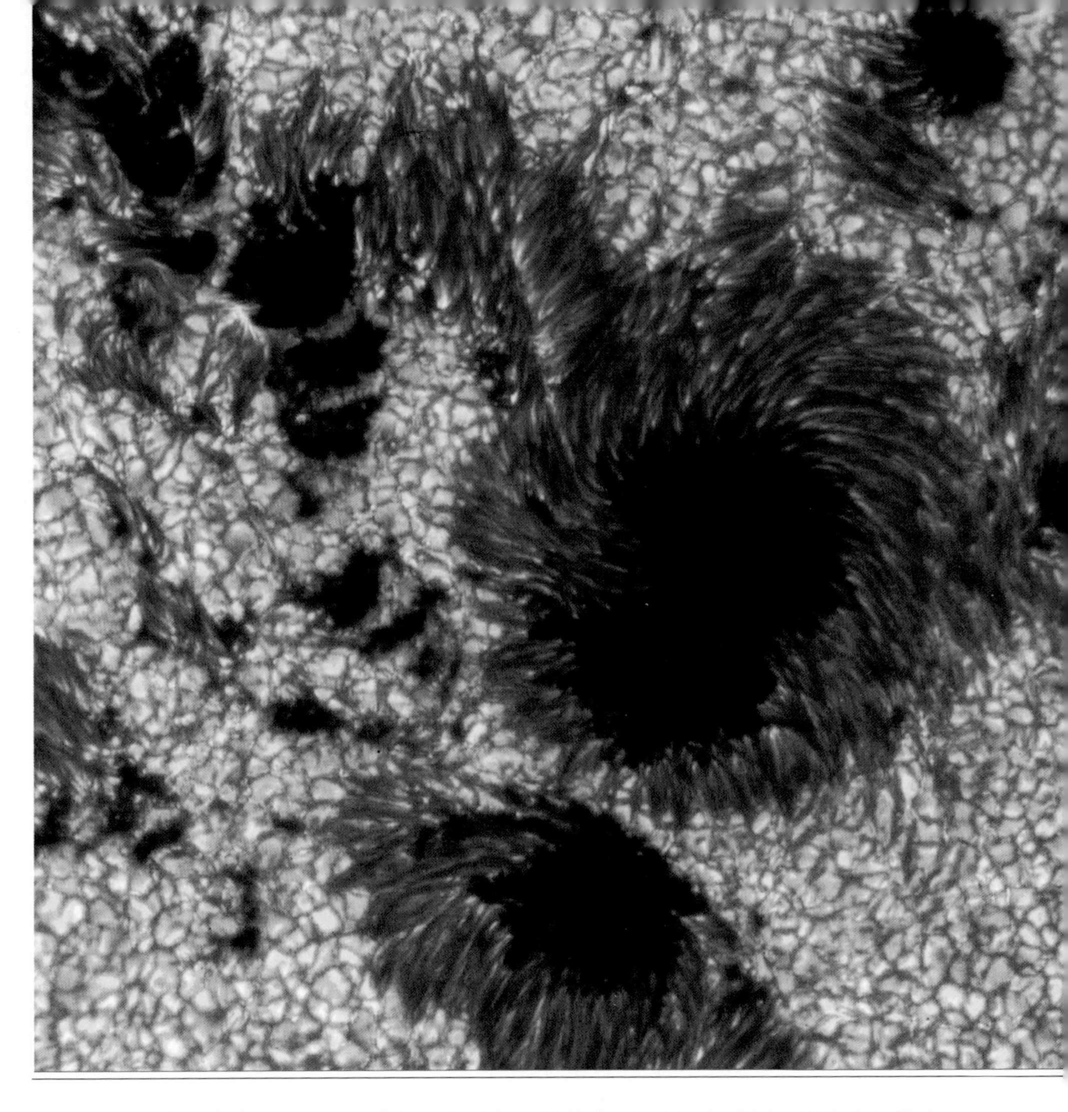

↗ 图 7.6　详尽的太阳黑子图，由设于拉帕尔马的瑞典太阳望远镜拍摄。米粒密布的表面是由于太阳内的对流运动形成的（太阳物理学研究所）

发。由于太阳很近，因此我们能获得短波段上精良的太阳表面像，从而发现了从太阳表面上耸出并包裹着太阳的巨大亮云（图 7.8）。这些由高度电离气体构成的、汹涌澎湃的巨等离子体云，温度达上千万开，被冻结在太阳上的环状磁力线所限制。对太阳表面进行的长时期 X 射线探测表明，所有这类结构在持续不断地演化，有时会产生持续数小时的明亮耀斑。太阳内部大规模的对流运动驱动了产生磁场的发电机效应，X 射线耀斑确认了磁力线的再联结机制。

当金牛 T 型星很活跃的时候，它发射的 X 射线辐射比太阳高过千倍以上，其中 III 级源的 X 射线亮度比 II 级源大。这些年轻恒星普遍存在 X 射线耀发，

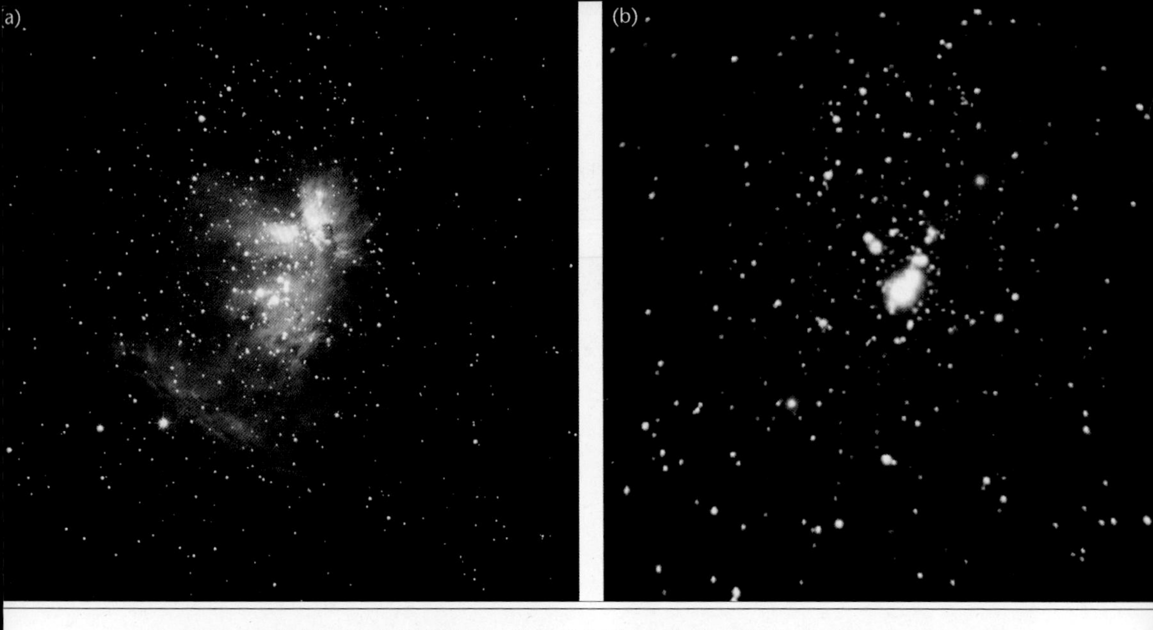

↗ 图 7.7　猎户星云内星团的红外像［图（a）］和 X 射线像［图（b）］（David Thompson/Palomar，NASA/CXO）

人们认为它们是由温度达上亿开的高温等离子体产生的，其规模比太阳耀斑更大。环状磁力线可能极其广大，其大小不亚于整个恒星。

由于大多数金牛 T 型星拥有星周盘，而盘的内边缘又通过磁场锁住在恒星上，因此至少可能有一些观测到的 X 射线活动会由恒星与盘之间的相互作用所驱动。在深深地潜藏的外流源中观测到一些巨大的耀发可能是恒星与盘之间的磁场重新联结时产生的爆发，并可能释放出巨大的能量。科学家当前正在广泛深入地研究这些现象。

现在认为，与 III 级源有强烈 X 射线活动的同时，行星正在形成。随着 X 射线释放出来，大量粒子加速到相对论性速度，让日后将形成新行星的岩石和固体块浸浴其中。人们花费了大量精力去分析陨星（第 11 章），以了解 X 射线辐照和与高能粒子碰撞的效应。这类测量表明，太阳显然经历过十分活跃的、类似于现在在 II 级源和 III 级源上观测到的阶段。

在 III 级阶段，年轻恒星从它们青少年的狂躁中平静下来。它们继续慢慢地收缩，并终于在 1000 万～1 亿年（取决于质量）之后，其内部温度和压力提升得相当高，足以点燃稳定的氢燃烧。这时，年轻恒星开始了它们漫长的成年生活，对于诸如太阳之类的低质量恒星来说，成年期能延续约 100 亿年。

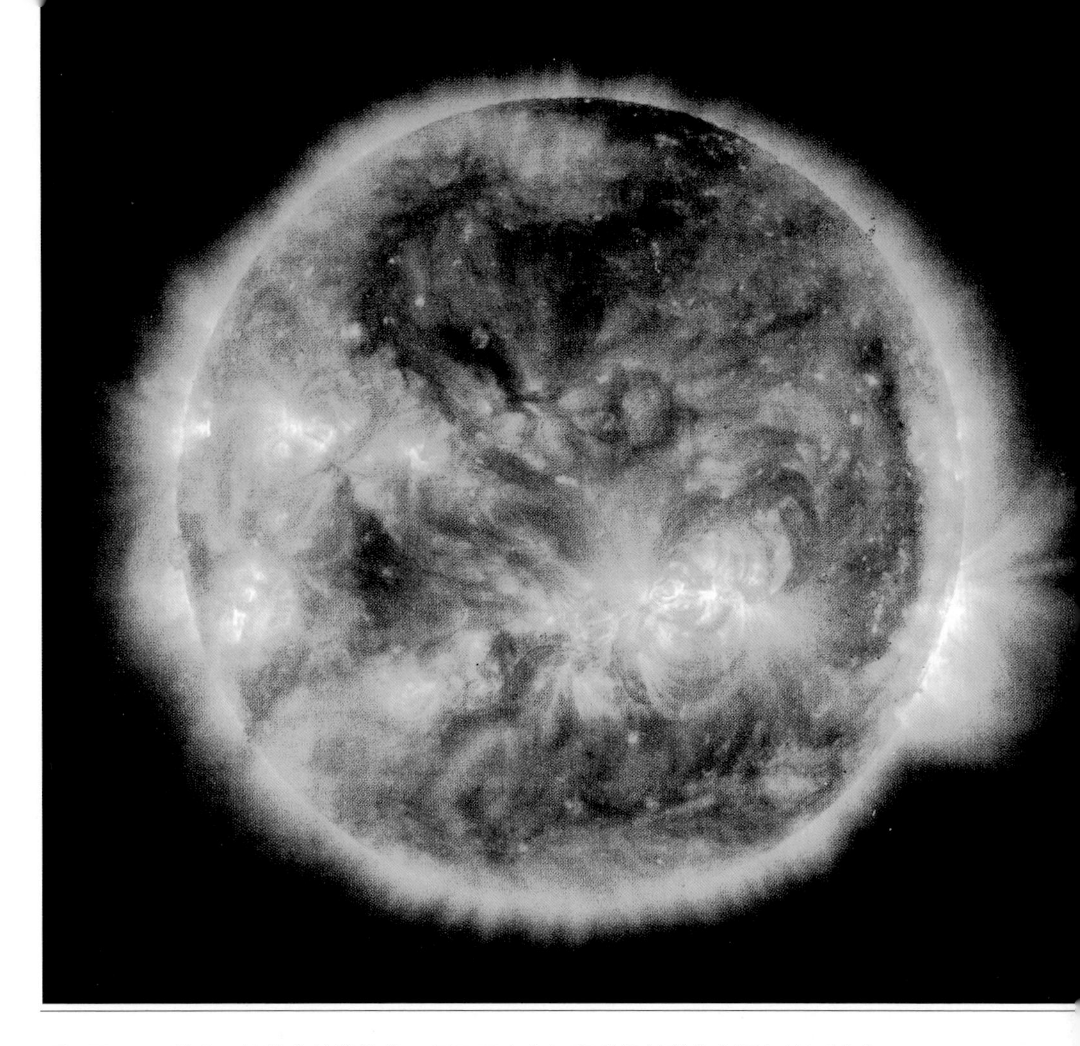

图 7.8 整个日轮精良的紫外像，显示了多个与强磁场关联的高温气体区域（NASA/ESA/SOHO）

赫比格 Ae/Be 星

质量为 2～5 个太阳质量的恒星的形成和演化，比质量较低的恒星快得多。由于质量较大，这些恒星的光度是太阳的 10～1000 倍。不过，它们没有足够的质量产生能使氢电离的硬紫外辐射（我们将在第 9 章讨论质量大于 8 个太阳质量的大质量恒星的诞生和碰撞）。这些恒星被恰如其分地称为中等质量天体。虽然它们诞生的方式类似于低质量恒星，但是它们只需要约 100 万年便演化进入主序。中等质量恒星与它们的低质量兄弟不同，并不经过金牛 T 型星的漫长演化阶段。许多这类恒星是 B 型或 A 型特殊星，其表面温度比太阳高得多[④]。它们常常在诸如氢等各种元素的光谱中呈现明亮的发射线。潜藏于反射星云内、具有亮发射线的热恒星可能是类似于金牛 T 型星的更大质量的恒星，乔治 · 赫比格是率先认识到这一点的天文学家。这样它们就被称为赫比格 AeBe 星（A 和 B 代表它们的光谱型，而小写字母 e 表示“发射线”），或简称为 HAeBe 星。

HAeBe 星常常发现于反射星云之内，表明它们与分子云密切相关。图 7.9 展示了正有恒星形成的分子云的像，它位于南天的南冕座之内。这个星云北部两个最大的反射星云，正受到明亮的 HAeBe 星南冕 R 和南冕 TY 的照耀。与许多其他 HAeBe 星一样，它们被十来个附近的金牛 T 型星所包围，而且一起在空间做共同运动。这种相协性让人觉得 HAeBe 星很可能是与金牛 T 型星从同一个星云中形成的，而且大致上是同时形成的。

几乎没有 HAeBe 星显示拥有星周盘的清晰迹象。不过，来自少数几个 HAeBe 星的红外波段和亚毫米波段的辐射表明它们存在盘。此外，有些 HAeBe 星驱动喷流。有趣的是，大多数中等质量恒星的自转比低质量恒星快得多。这些观测的一种解释是 HAeBe 星的强烈辐射场导致这类快速盘消失，以至于后来恒星成为可见时，它们已经失去了它们的盘。正如金牛 FU 型星的自电离和盘向中央恒星的快速掉落会驱动爆发一样，盘受强烈的恒星紫外辐射加热会加速吸积，盘因而消失。

恒星结构模型指出了金牛 T 型星与 HAeBe 星之间的另一个差异。质量最小的恒星通过大规模的质量对流运动把在其核内产生的能量输送到表面。在太阳这类恒星里，核心和中间各层都极其炽热，以至于能量只能由辐射输送，而对流只发生在外层⑤。随着恒星质量增加，对流的厚度递减并终于消失。天文学家推测对流促使磁场在小质量恒星内产生。这样，中等质量恒星由于只有很薄的外对流层或根本没有，因此不能支撑恒星的磁场。由于没有这种磁场，它们的内吸积盘就不会毁掉，也不会发育出中央空洞。如果真是这样，来自盘的物质很可能直接吸积到恒星赤道，并使恒星的自转加快。

红外天文卫星的巡天观测和其他的红外探测揭示了大量潜藏于分子云内的原恒星，它们的光度达太阳光度的 100 ~ 1000 倍。这些恒星看来是 HAeBe 星的前身天体。它们可能驱动非常强大的外流并被大质量的盘包围着。这些天体与更小质量的原恒星之间的主要区别在于：随着时间的进程，它们在自己的出生地显露出来，它们已经是成熟的恒星，它们已经失去了外流并摆脱了盘。我们将在第 9 章讨论质量更大的恒星的诞生和碰撞。

图 7.9　南冕座内的大暗星云，其中有几颗被反射星云包围的亮年轻 HAeBe 星（ESO）

第 8 章 | 恒星的社群生活：恒星群

星协：恒星间松散的兄弟关系

人们在那些松散的暗星云复合体之中（比如金牛座内的那一个），发现了最靠近的恒星形成区，包含着几百颗在以往几百万年内形成的小质量恒星。这类集群称为 T 星协，名称源自年轻的金牛 T 型星。

绝大多数的小质量恒星诞生于聚集着成千上万颗恒星的巨分子云，而不是在 T 星协内。除了小质量恒星之外，这些巨分子云也孕育明亮的、大质量恒星（图 8.1）。虽然这类大质量恒星是比较罕见的，但它们的作用犹如指示恒星近期形成的灯塔，因为它们发出的光芒几乎达到太阳的 100 万倍。20 世纪初，人们为恒星分类创制了符号，据此这些银河系内的大质量居民被称为 O 型星和 B 型星。因此，这些大质量恒星的松散集团，与它们的小质量兄弟类似，被称为 OB 星协。其中一个例子是年轻的 OB 星和金牛 T 型星的集群，它们照亮了位于 7500 光年远处的 IC1805 星云（图 8.2）。

任何人只要在 5 月或 6 月凝神眺望晴朗的南方天空，就能看见一弯银河从天蝎座 / 人马座注入恒星富集的半人马座和南十字座，欣赏数百颗亮星撒布其间的壮丽景象。这些肉眼能见的恒星是最邻近的 OB 星协（称为天蝎 / 人马 OB 星协）中最明亮的成员，离我们不足 400 光年。

在天空的另一端横陈着猎户座，距离我们大约 1500 光年，许多年轻的大质量恒星是这一天区的主角。此外，猎户座内的巨分子云孕育了数万颗小质量恒星，在自从它们开始形成恒星的约 1000 万年时间以来。

20 世纪 40 年代，荷兰天文学家阿德里安 · 布劳乌（Adrian Blaauw）注意到猎户星云在非同寻常的恒星形成活动中产生了 4 个各不相同的恒星次群。布劳乌认识到这些年轻恒星已不再在它们的出生地。年轻的恒星群是很密集的，然而较老的恒星群则比较分散了。这只能说明年轻恒星诞生后开始移动并分散。

↗ 图 8.1　新产生的小星团的红外像，它由严重红化的恒星组成，位于猎户座 NGC2024 区域内的稠密暗星云之中（David Thompson/Palomar）

图 8.2　IC1805 的像，展示了 OB 星协对其周围的剧烈作用。一块剩余的母分子云在大质量恒星强烈的紫外辐射下显出身影（J.-C. Cuillandre/CFHT）

融入无垠

T 星协和 OB 星协内带有普通原恒星印记的、松散的恒星集群并非永恒的。成员星缓慢地四散移动，这能通过仔细研究它们的运动而察觉。例如，猎户座的亮星参宿四在其 1000 万年的生涯中，已经从它的出生地移动了 150 光年。对猎户 OB 星协的其他成员星的测量表明，其中大多数正在以每秒数千米的典型速度从它们的出生地移开。这说明猎户座里的恒星集群是暂时的。

为什么年轻恒星会离它们的出生地而去？原因在于它们之间相互的引力作用和与它们相关的星云。分子云在孕育恒星之前受到自引力的束缚。因此，从这种星云里形成的年轻恒星也束缚于其中，并承袭了它们小的随机运动①。但是正如我们所见，外流和强烈星光的作用瓦解着星云，随着星云逐渐四分五裂，星云作用在年轻恒星上的结合机制越来越弱，终于恒星脱离了固有的位置。在大多数场合，恒星之间的相互引力不足把它们束缚在母星团里，因而它们开始各奔东西。

暗星云是引力黏附剂，使年轻的恒星群结合在一起。当大部分气体消散之后，这种黏附剂便失去了，恒星群膨胀并分化瓦解。最后，年轻的成员星便融入银河内*场星*的芸芸众生之中。

星团的产生：束缚的纽带

一些恒星形成区里出现了壮观的星团，其中星数众多，以至于即使在星云消散之后，它们的相互引力仍能把它们束缚在一起。最普通的是所谓的疏散星团，它们通常包含从几十颗到几千颗恒星。昴星团便是一例，它是金牛座内约有 500 颗恒星的集群，在北半球的冬夜能用肉眼看到（图 8.3），年龄约 8000 万年，它的母星云早已烟消云散。昴星团内恒星周围的云雾状羽片结构和纤维结构来源于这个星团与一个弥漫星云的偶然交会。这类交会是比较罕见的，一旦发生，我们便有机会去研究弥漫的、非形成恒星的气体和尘埃的结构和性质（图 8.4）。M11 也是疏散星团，是一个有 3000 多颗在 2 亿年前诞生的恒星的集群（图 8.5）。图 8.6 是另一个疏散星团 NGC 4755。

银河系内疏散星团的数量和年龄表明它们起源于质量很大的 OB 星协，而后者形成于异常罕见的恒星形成高峰之中。疏散星团与 OB 星协相比要少，这说明在太阳邻近正在形成的 OB 星协中，可能只有少数才会产生疏散星团。天文学家估计在银河系的这一部分，在投影到银道面上 3000 × 3000 光年的区

↗ 图 8.3　绚丽的昴星团是金牛座内著名的星团，当前它正在穿越一些弥漫物质并照亮了它们（Jchannes Schedler）

域内，每 1000 万年会形成 4 个受束缚的星团。即使大多数恒星在 OB 星协里形成，但是大部分并不束缚在星团里。

在母星云消散之后，疏散星团里的恒星仍然受引力束缚，它们的产生要求母星云的大部分质量转化为恒星。这又要求高的恒星形成效率[②]。星云必须有足够高的密度和压力，以便来自小质量恒星的外流和来自大质量恒星的紫外辐射不至于终止恒星的形成。在恒星的形成终止之前，直到星云的初始质量至少有一半转化为恒星，恒星的形成一定会继续进行。那么，在星云消散后，将有充足的质量留在恒星里，正是这些质量的引力束缚住星团。虽然星团在产生后会有些许膨胀，但是疏散星团在引力束缚之下可以存在千百万年甚至几十亿年。

把恒星际气体充分地转换为恒星，要求非同寻常的环境，在大多数分子云

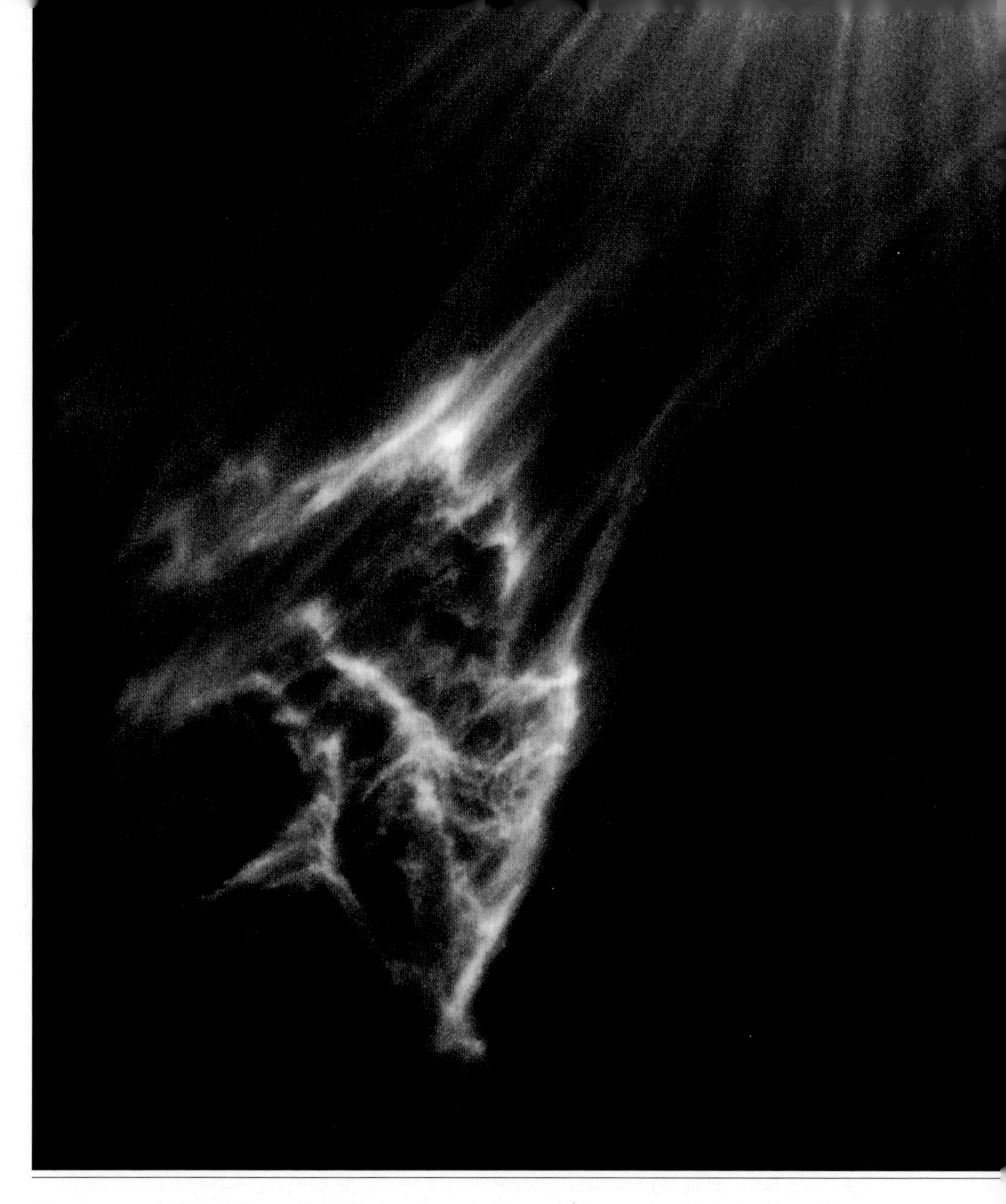

图 8.4 昴星团里的一颗恒星昴宿五与一个小星云有联系，这是哈勃空间望远镜拍摄的图像。来自恒星的辐射压把尘埃粒子按大小分离开来，并从星云中扯出了多条彩带（G.H. Herbig & T. Simon，NASA/STScI）

或恒星形成复合体内，这种环境并不多见。母星云一定要有非常大的质量和密度，以便在恒星外流或产生大质量恒星的摧毁性作用下保存下来。类似的这种条件只存在于最稠密的星云核内，它只构成了巨分子云体积的一小部分。

正如我们将在第 9 章所见，质量超过 8 个太阳质量的大质量恒星的产生，

↗ 图 8.5　疏散星团 M11，它包含几千颗约 2 亿年前产生的恒星（J.-C. Cuillandre/CFHT）

图 8.6 NGC4755 是南十字座里的疏散星团。它常因为它的光芒四射、色彩斑斓的恒星而被誉为“珠宝箱”（NOAO/AURA/NSF）

会激发 HII 区的电离辐射，这类区域是炽热的（6000～10000 开），它们的组分氢离子以每秒约 10 千米的速度运动。若对于星云的外逸速度很低，HII 区便会膨胀，产生等离子体气泡，它们能摧毁分子云母体的大部分。此外，这些大质量恒星在其产生后的 3000 万～4000 万年里成为超新星[3]而爆发。这样，它们与质量较小的恒星相比，对其周围环境产生远大得多的危害，即使产生一颗这类恒星，便能够摧毁分子云核。在诸如猎户星云的区域，产生几颗大质量恒星便足以阻止恒星的进一步形成。

然而，在有一些情况下，母星云相当稠密，质量很大，足以防范大质量恒星阻止恒星的进一步形成。如果星云拥有那么大的质量，以致引力的逃逸速度大于 HII 区内离子的典型速度，那么大质量恒星的摧毁性作用能被“抑制”。为了对此作出解释，我们考虑星云核内的一颗有很大的引力逃逸速度的 O 型星。一颗典型的恒星将以大致可与之比拟的速度移动。当这颗 O 型星在星云内周游时，它不断地遇到消耗其紫外辐射的新鲜稠密气体。在这种十分稠密的区域，O 型星不能过分损害星云；它的影响将局限于其贴邻的致密 HII 区，后者也随着它周游于星云内。留在这个游荡恒星身后的气体将不再遭受紫外辐射，并将立刻复合。若 O 型星的影响以这种方式受到限制，尽管存在大质量恒星，恒星也会继续在星云里形成，并终于达到足够高的恒星形成效率，产生了一个受束缚的星团。只有当一颗或多颗 O 型星作为超新星爆发时，星云才会被摧毁而恒星形成也因此而停止。

超级星团和球状星团

比疏散星团更壮观的是球状星团，这种球形的恒星集群内包含 10 万 ~ 100 万个成员，聚集在直径小于 10 光年的区域内（图 8.7）。我们的银河系拥有略多于 100 个的球状星团，而且全都是古老的，大多数都能回溯到银河系形成的时期，约 100 亿年以前。结果，只有质量小于太阳的、长寿命的古老恒星还留存在这些壮丽的星团内。最亮的球状星团称为半人马 ω，以肉眼看去，好像一颗暗淡而略显模糊的“恒星”。大望远镜把这个天体分解为无数个璀璨的长寿命、小质量恒星。

球状星团的形成一定要有完全特殊的条件，这些条件在今天的银河系内已无处可见。若顾及大质量恒星因恒星的自然死亡而消失和小质量恒星的“蒸发”（下一节），显然球状星团过去一定有过大得多的质量。作为前身天体的分子云，一定有足够多的质量以产生几百万颗恒星。

这种星云比今天在银河系所见的任何星云一定更加稠密且质量更大。此外，这种星云的大部分质量一定都倾注于一次势如破竹的恒星形成事件——星暴过程——里，在不超过几百万年的时间历程里产生了几百万颗恒星。能产生今天所见的球状星团的母星云，曾经有过足够大的质量和压力，不仅要抵抗数百颗大质量 O 型星的摧毁性力量，而且这种星云一定经受过早期少量的超新星爆发，甚至限制它们。

正如在第 15 章将要讨论的，近距星系的研究表明，只要不是正在进行星系碰撞，最剧烈的星暴不是发生在星系核里，便是发生在多少呈现无序的富含气体的“晚型”旋涡星系或不规则星系[④]里。例如，在大麦哲伦云（离我们最近的河外星系）里，称为剑鱼 30 的恒星形成区在最近的一次星暴里产生了一个包含约 400 颗大质量 O 型星的星团。剑鱼 30 区域周围是一个直径 3000 光年的超级气泡，这表明几十颗大质量恒星已经在这个恒星形成复合体内死亡。作为比较，在银河系最剧烈的星暴区域内只聚集了约 100 颗大质量恒星。因此，剑鱼 30 复合体是比银河系的任何恒星形成区都远为活跃的场所（参看第 9 章的进一步讨论）。与剑鱼 30 类似的一个区域位于名为 M33 的邻近的晚型旋涡星

图 8.7　距离我们 3 万光年的球状星团 M3 包含 50 万颗很年老的恒星（NOAO/AURA/WIYN）

系（三角座星系距离我们约 200 万光年）内。这个区域称为 NGC 604，在最近几百万年内聚集了几百颗大质量恒星。这些区域中非常可能没有一个将会出现球状星团，因为在邻近的星系里，没有一个是在最近的 50 亿年里形成的。这些当前的星暴至多将产生富疏散星团。这些邻近的星暴尽管规模惊人，但是与一个距离我们超过 2 亿光年、称为 He 2-10 的不规则星系内的超级星团相比，则相形见绌了。在这个天体内，天文学家发现了几个年轻的星暴区域，每一个都聚集了 5000 多颗大质量恒星。也许这些巨大而遥远的恒星形成区今天正在形成球状星团。

很可能银河系内最大的球状星团是一些矮椭圆星系[⑤]核的孑遗，它们曾在几十亿年前与银河系并合。银河系内最大的球状星团半人马 ω 包含 100 万颗以上的恒星。与大多数其他球状星团不同，它因自转而略显扁平。正如我们将在第 15 章进一步讨论的，看来很可能银河系在年轻时代吞并了一些碰巧漫游到近旁的矮星系。并合期间轨道的扭曲将把进入的矮星系的外层恒星剥落，这些恒星最终将进入银河系的核球或晕[6]内。如果掉落的星系主要与银河系的盘相互作用，那么矮椭圆星系的富星核就会毫发无损地保存下来。在这个假设里，我们把诸如半人马 ω 之类的巨型球状星团的产生直截了当地归之于遥远的过去，那时矮球状星团的核心区域正在聚集起来。这提出了一个问题：在星系核和核球里的恒星是怎样形成的？这个问题将在第 15 章讨论。

观测显示，高压的超巨分子云会在星系并合时形成。图 8.8 是由哈勃空间望远镜拍摄的两个星系相撞过程的像。在两个星系的分子云你冲我突之际，剧烈的恒星形成事件在许多地方呈燎原之势。对由此生成的年轻恒星的族群的深入分析告诉我们它们最终会成为球状星团。这些星暴区域产生的紫外辐射和射电辐射表明成千上万个大质量恒星正在形成。如果形成中的恒星质量的系列分布类似于更普通的恒星形成区，那么在每个星暴区域形成的小质量恒星的数目据推断必达数百万颗之多。在近距的星系并合中形成的超级星团应能成为银河系聚集其 100 个左右的球状星团的活生生的样板。

星团的一生和死亡

大多数恒星在诞生以后不久，就从它们的出生地四散分离，作为单星或双星加入到银盘中的普通恒星族群之内。同样的命运正在等待着我们现在所见的疏散星团中的大多数恒星。随着星团演化，尽管在引力束缚之下，星团也终究会失去它们的恒星。有若干过程会导致疏散星团的最终瓦解。

首先，星团中质量最大的成员（它们的质量超过太阳的 8 倍）会成为超新星而爆发。它们的遗迹是膨胀着的气体，从星团中排出。大约 4000 万年以后，不再留存足以成为超新星而爆发的大质量恒星。平均说来，星团的大多数大质量成员爆发的后果是损耗了它几乎 20% 的质量。随着星团年龄增长，质量在几倍至 8 倍太阳质量之间的恒星将演化成为红巨星，也把它们的大部分物质排斥到空间，虽然并不如超新星那么剧烈。即使像太阳这样的恒星，最终也将耗尽氢燃料，并将抛掷自己的外层，暴露出恒星核。这些裸露的恒星核发射的紫外辐射能使恒星的外壳电离，产生行星状*星云*[7]。图 8.9 是哈勃空间望远镜拍

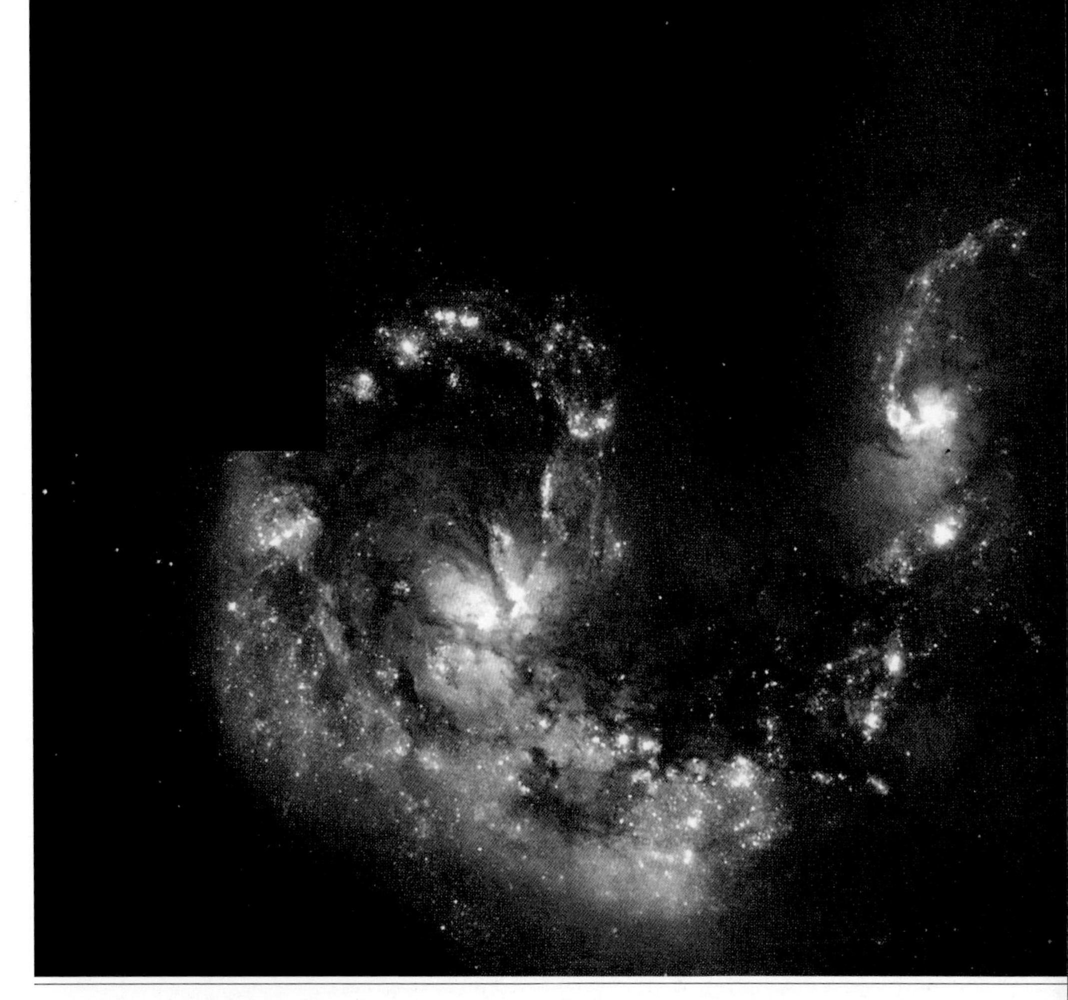

图 8.8 触须星系正在发生两个星系的碰撞，它触发了大规模的恒星形成，导致形成了多个大星团。由哈勃空间望远镜拍摄（NASA/STScI）

摄的像，展示了行星状星云 NGC 6751。在 10 亿年左右的时间内，行星状星云引起的质量损耗使疏散星团丧失其另外 30% 的初始质量。因恒星死亡所致的、持续的质量损失削弱了星团引力场的引力。随着星团质量的日渐下降，被放松了束缚的恒星可能散逸出去。星团除了在其老年时期失去其质量最大的恒星之外，随着束缚恒星的纽带日益削弱，也会失去一些质量最小的成员。

其次，星团内的恒星在群星密集的环境中周游，不时地与其他星团成员密近地交会。这导致恒星之间的能量交换，引起质量较大的恒星向星团中央沉落，而较轻的恒星移向外缘。偶然会发生形成聚星系的情况，三方相遇会把质量最小的成员从星团内抛掷出去。就这样，星团慢慢失去恒星，人们称之为"蒸发"。

其三，与巨分子云和其他星团的随机交会产生潮汐力，使星团外围被放松

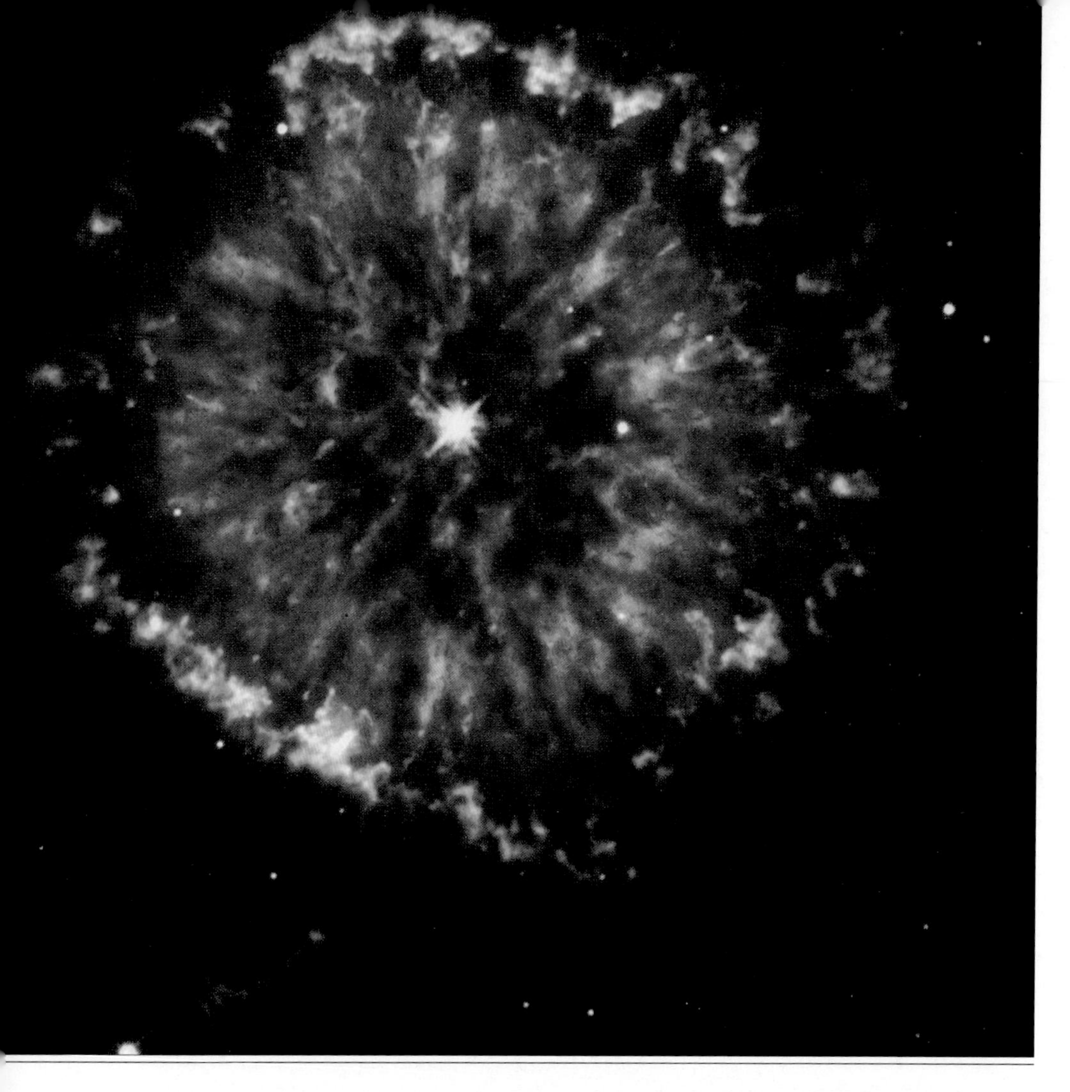

↗ 图 8.9　行星状星云 NGC6751，这是几千年前从其中心可见的炽热恒星推出的气壳，这颗恒星正在接近其生命的终端（NASA/STScl）

了束缚的小质量恒星加速脱离。只要这种交会足够频繁，就能使银河系内的大多数疏散星团在 10 亿年内瓦解。束缚力微弱的星团会更快消散。厚实的银盘逐个地从星团吸纳恒星，是它扩大成员数量的主要机制之一。

综上所述，这些过程可能在银河系的疏散星团产生后的几亿年至几十亿年期间摧毁它们。然而，既然质量远大得多的球状星团中的大多数年龄已达 50 亿~130 亿年，那么它们的存续期远长得多。由于球状星团包含了那么多的恒星，而且那么紧密地束缚着，因此它们的寿命大于疏散星团。有些球状星团反复过分接近地经过很稠密的星云、星团和银河系内层（在银核四周约 1 万光年之内）的星场，人们认为只有它们才会被摧毁。

第 9 章 | 巢穴内的混沌：大质量恒星短暂的一生

恒星在其一生中大部分时间的演化，是在其核中把氢转换为氦。这种热核聚变反应补充着恒星表面以星光的形式散失的能量。结果，恒星越是明亮，它的氢消耗越快。质量最大的恒星发射着百万倍于太阳的光芒。因此，它们的聚变反应消耗着氢的速度百万倍地快于太阳。由于这类恒星仅仅含有100倍的氢，这种过度的挥霍耗尽了它们的燃料补给，它们的寿命只及太阳的万分之一。太阳的寿命估计约 100 亿年，而大多数大质量恒星只能存在约 100 万年。

大质量恒星：寿命短促，年轻时死亡

大质量恒星不仅寿命短，它们的形成也快。像太阳这样的小质量恒星要经过几百万年甚至上千万年才到达成年期，而大质量恒星不到 10 万年就能成熟。正如我们在前面几章讨论过，小质量恒星在到达主序前会彻底脱落它们出生时的外围物质，到达主序则开始了恒星的成年时代。另一方面，大质量原恒星如此迅速地成熟了，以致它们通常在到达成年期时还处于母星云的包围中。换句话说，它们在一种奇特的情况下开始生活，即沉浸在新生恒星的环境中像成年恒星一般行动。因此很难研究婴儿期的大质量恒星，因为它们通常隐匿在孕育它们的稠密的星云核内。

大质量原恒星与小质量原恒星还有另外一些差别。成长中的原恒星的质量达到约 20 个太阳质量时，它本身的光芒能阻止物质从其出生的气壳进一步向内流动。这样，辐射压能够阻止恒星生长。然而，大自然生产的恒星质量能达到约 100 倍太阳质量。

这种大质量原恒星怎样才能不顾辐射的外向压力而继续生长呢？一种可能性是从星云流向巨大的吸积盘外环的物质支持了它的长大。这里，下落的气体藏匿在盘的内缘。后来这些物质最终盘旋着落到大质量恒星上。

另一种可能性是气体在极稠密的状态下被吸积，可是大部分下落的物质被形成中恒星的光芒所阻挡。考虑一片羽毛和一个石块从桥上落下的情况。与石块相比，羽毛缓缓下落，如果有一股向上的气流托着羽毛，它将克服重力的吸引而上升，也会被吹走。但是，石块却不顾风吹，继续扎向水中。类似地，一个致密的物质团块能被吸积到光芒四射的大质量恒星上，而很稀薄的气体云将被强烈的星光吹散。

最后，随着恒星光度的增加，气壳的下落受阻，气体被光压驱散。结果，在正在成熟的大质量恒星的气壳里形成了一个抽空的空腔。膨胀气体的气流将猛烈撞击下落的物质进一步向外，在空腔的外部边界上产生了一个稠密的外壳。随着下落物质累积起来，外壳对于星光变得完全不透明了。于是，星光和引力这两种相反的力把外壳撕碎，形成被相对透明的空洞包围的稠密而不透明的团块，星光则穿透空洞进入下落的气壳。在星光向外的推力与引力向内的拉力之间的拔河竞赛中，现在引力占了上风。稠密的亮结通过空腔下落，并终于落在了恒星上或它的盘上。

然而，有些研究者对于大质量恒星如何生成有非常不同的观点。他们认为最大质量的恒星通过吞噬小质量的同胎恒星和它们的吸积盘而长大。年轻的大质量恒星常存在于小质量恒星的密集的群体之中。此外，正如在前面各章所讨论，原恒星被巨大的吸积盘包围。而且恒星越年轻，盘的质量越大。最年轻的原恒星的盘往往包含着与星体本身几乎一样大的质量。如果两个这样的原恒星碰巧彼此擦肩而过，它们的盘会纠结在一起，导致恒星本身的碰撞。由于身处密集的恒星集群之中，拥有大质量盘的质量最大的恒星有可能通过吞食在游荡过程中不幸过于接近它们的较小的原恒星及其盘而长大。

原恒星碰撞的可能性会被人觉得出乎意料，因为天空中恒星间的广阔距离意味着密近的交会是极端稀少的，稀少到银河系内两颗普通恒星间的碰撞在银河系的整个历史中可能从来没有发生过。但是，孕育大质量恒星的稠密的恒星形成区内的条件则完全不同。在这些区域内，年轻恒星之间的距离①往往小于太阳附近的恒星之间距离的百分之一。此外，原恒星的吸积盘比恒星大几千倍。这些因素意味着，在大质量恒星形成区，原恒星之间的典型距离常常只比它们吸种盘略大一些。在这种环境之中，原恒星的碰撞不仅是可能的，而且是很易发生的。

当一颗孪生的游荡恒星经过大质量原恒星而且相当靠近时，它们的盘因引力而扭曲，这种交会会引起并合。首先，强烈的潮汐摧毁了盘，一些物质从恒星系统里抛出。然后，外来恒星的速度因这些星周残片而受阻。起初，这颗恒星会被俘获到环绕大质量恒星的轨道上。但是最终摩擦会导致大质量恒星吸收这个倒霉的游荡者的质量。任何剩余的星周残片最后都进入环绕大质量天体的新盘里。这个过程会一再发生，直到所有在游荡过程中向大质量天体靠得太近的原恒星都被吞噬。1个太阳质量的天体被吸积到 20 个太阳质量的原恒星上去，能释放一个典型的超新星爆发的约 0.1% 的能量。太阳要花 1 亿年才能产生如此多的能量。

热气泡、银边云和亮环结构

大质量恒星是炽热的，因此它们发射大量紫外辐射。一旦大质量恒星形成，它们就会剧烈地改变周围环境。它们的紫外光摧毁四周的分子云，在它的位置上产生电离气体的热气泡和*电离云*（第 8 章）。这类星云在彩色照片中看起来就像半透明的发光云，以氢的红色辐射为主。

由大质量恒星产生的炽热等离子体巨泡膨胀到它们的周边区域。但是星云的生长取决于它所进入的云的结构。分子云包含着稠密的簇聚物质、纤维状物质、密度远低得多的空腔和奇形怪状的空洞。由此产生的星云的膨胀将向低密度区快速发展，而在遭遇高密度气体时缓慢下来。结果，星云发展出相当复杂而往往绚丽夺目的形状。

膨胀着的星云驱动激波射入周围的低温气体。随着激波以每秒几千米至每秒 10 千米的速度推动电离的波前向前，气体被扫除、压缩和加速。当分子被推进到接近电离的波前时，紫外光的强度增加，离解并加热介质。终于，这些通过电离波前的原子流也被电离，并加入到成长中的 HII 区。这样，膨胀的电离星云的前面通常有从周围分子云里扫除出来的稠密的气壳。在几百万年的过程里，气壳能够扫过并摧毁整个巨分子云，所有这一切都是由几颗大质量恒星的强烈的紫外辐射造成的。

有时成长中的星云会遇到稠密地凝聚的气体，后者几乎能阻止它在某一特定方向上的膨胀。在这种簇聚中的尘埃和气体会阻挡星云内大质量恒星发射的紫外光，而在这些簇聚阴影下的物质则一定程度上避免受其影响，至少在一段时间之内是这样。随着膨胀着的星云迅速通过这些簇聚四周的密度较低的气体，尘埃分子云物质形成的柱状体会在阴影区域存在。由此产生的突出物指向星云内部的炽热恒星。天文学家戏称这些结构为*象鼻*（elephant trunk，中文的正式译名为亮环结构 —— 译注)。图 9.1 是鹰状星云内著名的“柱状体”。紫外光侵蚀着几个簇聚的主要表面,产生了发光的云。这些镶上银白色的边缘标志着来自柱状体顶端稠密簇聚的刚刚产生的等离子体流。这些亮环结构逐渐失去物质,注入周围的炽热巨泡。图 9.2 是同一区域的红外像。除了最稠密的云核以外,红外波段的光能够穿透一切,背景星也能透过云层显现出来。

最后,甚至这种突出物的隐蔽部分也遭受销蚀。这是因为电离的星云内部散射使它电离的恒星的光线,好像一间充满蒸汽的浴室漫射灯光。这样,在稠密的星云核和不透明的盘的阴影内的物质也暴露在散射光之下并被电离。终于,稠密的簇聚失去屏障,孑然孤居于星云之内。由于它们深陷于星云内部,难免蒸发殆尽,趋于消亡,除非发光的大质量恒星死亡在先。这些云成为孤立的小球状体,在电离气体发亮的前景中映衬出它们的边缘。有时小球状体径直位于星云的前方,所以从对我们有利的方向看去,我们能在其发亮前景映衬的轮廓中看到簇聚的不发光的背部(图 9.3)。

在诞生后的几百万年之内,使星云电离的大质量恒星将开始死亡。随着它们寿终正寝,尚存在的小球状体和柱状体的明亮边缘也暗淡下来,但是凝聚体在星场或遥远星云背景映衬的轮廓中仍然能够看见。如果一个小球状体从它的寄主 OB 星协中幸存下来,它会作为单个暗星云存在很长时间。看来常常发生这样的事,即这个星云力图用自身引力保持足够多的质量不致散逸。这类孤立的小暗星云所包含的质量往往不会超过太阳。在第 3 章曾经讨论的博克球状体可能就是以这种方式形成的。

猎户天区概览

猎户座包含了最邻近的大质量恒星形成区,我们已在前面几章对它作了描述。这里我们更加深入地考察这一天区及其历史。年轻的大质量恒星是这个星座在肉眼浏览之下的主角,包括猎户座左上角光芒四射的参宿四和右下角的参宿七(图 9.4)。参宿四是一个低温、红色、光度很大的超巨星,如果把它放在太阳的位置上,它的巨大的躯体将容纳地球轨道。相反,参宿七是一颗蓝色超巨星,它发出炫目的光辉。构成醒目的猎户腰带的三颗恒星也是超巨星。图 9.5 是猎户座及其附近一段银河的宽视场光学像。图 9.6 显示了大致相同的天区,但是这是红外天文卫星在中红外波段和远红外波段上拍摄的。光学像显示的是已经从母星云中显露的年轻恒星和电离氢微弱的浅红光辉,而红外像则探测到

图 9.1　HII 区 M16 内的巨大的亮环结构，被高光度、大质量恒星的紫外辐射镌刻显形（NASA/STScI）

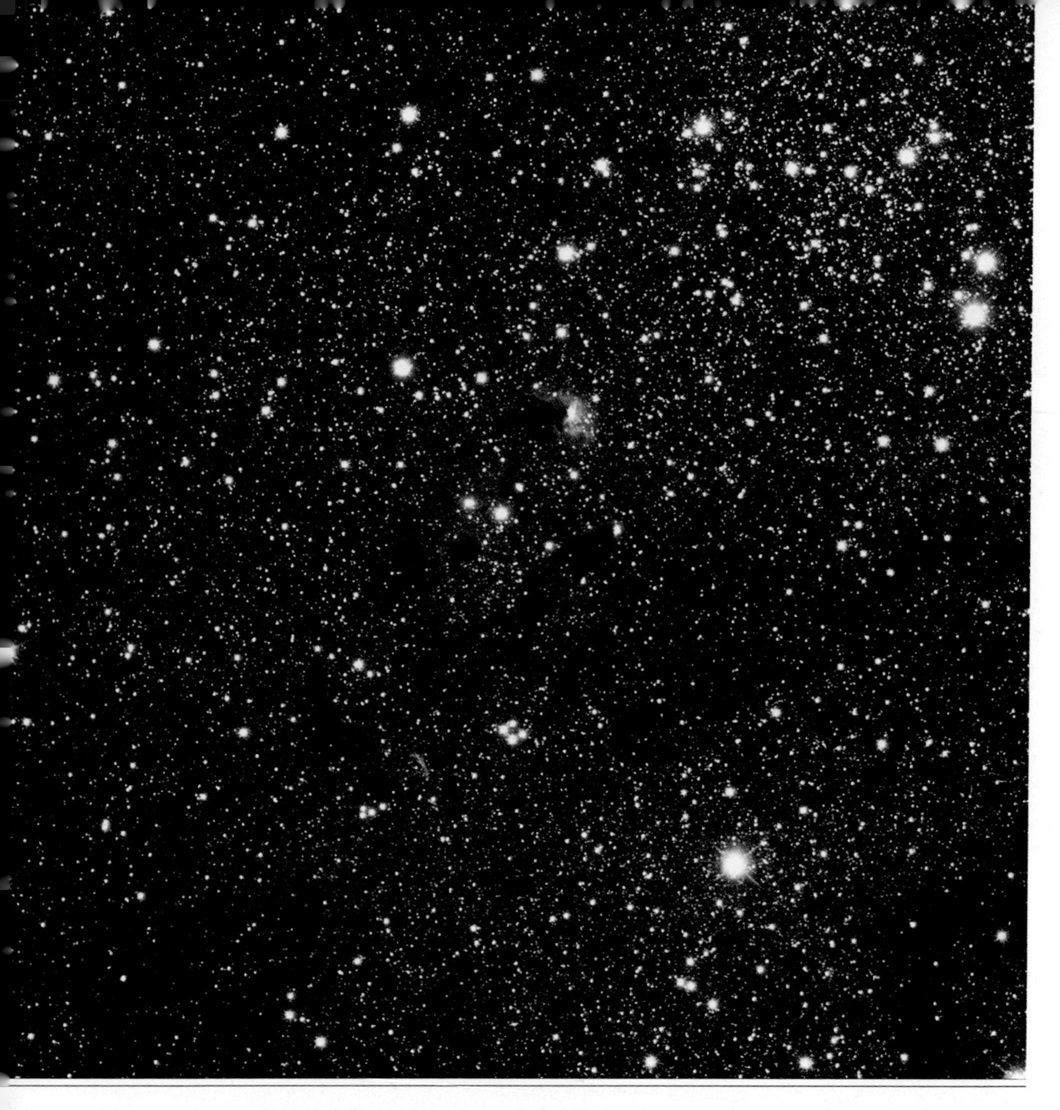

↗ 图 9.2　M16 中的亮环结构在红外波段看来是部分透明的（M. McCaughrean/ESO）

潜藏的恒星形成区和被新生恒星加热的温热尘埃。

猎户星云是天空中最壮丽的电离星云，它位于猎户腰带三星的正下方[②]。这个星云是炽热氢等离子的稠密巨泡，从近旁的猎户分子云里塑造出来。用望远镜看到的猎户星云主要呈现由发出蓝绿光的羽片、纤维、簇聚构成的薄纱状挂毯的形态。7 颗明亮的蓝色星闪耀着金刚石般的光芒，照亮了星云：3 颗在一条线上，在猎户“亮带”下面，4 颗构成一个壮观的四边形，即猎户座四边形天体，在中央，简直就是上天的杰作（图 9.7）。猎户四边形天体恒星的年龄可能小于 10 万年，在这一天区的恒星形成还没有完成。就在猎户星云的正后方，有几个光度很大的红外源潜藏于一个大质量的分子云核内。大约在 1000 年之前，

图 9.3 HII 区 IC2944 内的萨克雷球状体是高光度、大质量恒星（在背景上）破坏效应的一个例证，这种效应把星云撕扯得四分五裂（B. Reiputh，NASA/STScI）

在这一天区发生过大规模的爆发。虽然没有天文学家记录这一事件，今天我们看到一片星际的爆发残留物向四面八方飞驰，速度达每秒几百千米。这些残片飞过之处留着炽热的分子氢的尾巴，宛若焰火表演（图 9.7）。一个光度接近 10 万倍太阳光度的大质量原恒星位于四散的残片的中心。在爆发中，恒星释放的能量相当于一颗超新星产生的能量的 0.1%。我们在第 6 章讨论了小质量恒星的外流，一些天文学家认为这次爆发是它们的大规模的翻版。然而，如先前所述，这次事件也可能是由于原恒星的吞食作用产生的。

猎户星云仅仅标志着猎户座内最明亮和最新近的大质量恒星形成的活动区。这个星云俨然一颗宝石镶嵌在一个巨分子云的北端，而这个巨分子云覆盖了这个星座南部的大部分。它称为猎户 A 星云，还在产生着恒星。猎户 A 星云

↗ 图 9.4　猎户座以猎手奥赖恩命名。有三颗星代表他的腰带，下方悬挂着一把剑，那里含有一个猎户星云（Wei-Hao wang）

好像一个巨型彗星，长度接近 40 光年。它的北端是稠密而扁平的，而它的宽广的东南部分在距离上加宽了，比北部更加弥漫。东南部分现在正开始形成第一批恒星。

有一连串坍缩了的星云核陈列在猎户星云的北部。在天空到处可以发现原恒星，可是在这些核里最为密集。再稍微往北一点，在猎户 A 星云北端上首，

图 9.5　整个猎户座及其周边天区的广角像（Wei-Hao wang）

但仍在佩剑之内，有一个从猎户 A 星云内产生但不太知名的老年电离云[3]。从稠密的猎户 A 星云北部已形成了几千颗恒星。

猎户座还包含了其他的恒星形成云。第二个巨分子云称为猎户 B 星云，它位于猎户 A 星云以北，猎户腰带以东。一个电离云和几个年轻的潜藏星团标志着这里是恒星正在形成的中心[4]。这个星云的西边缘受猎户 σ（这是一颗位于一个膨胀星团中心的大质量恒星）强光的照射，这个星团包含几百颗约 200 万年

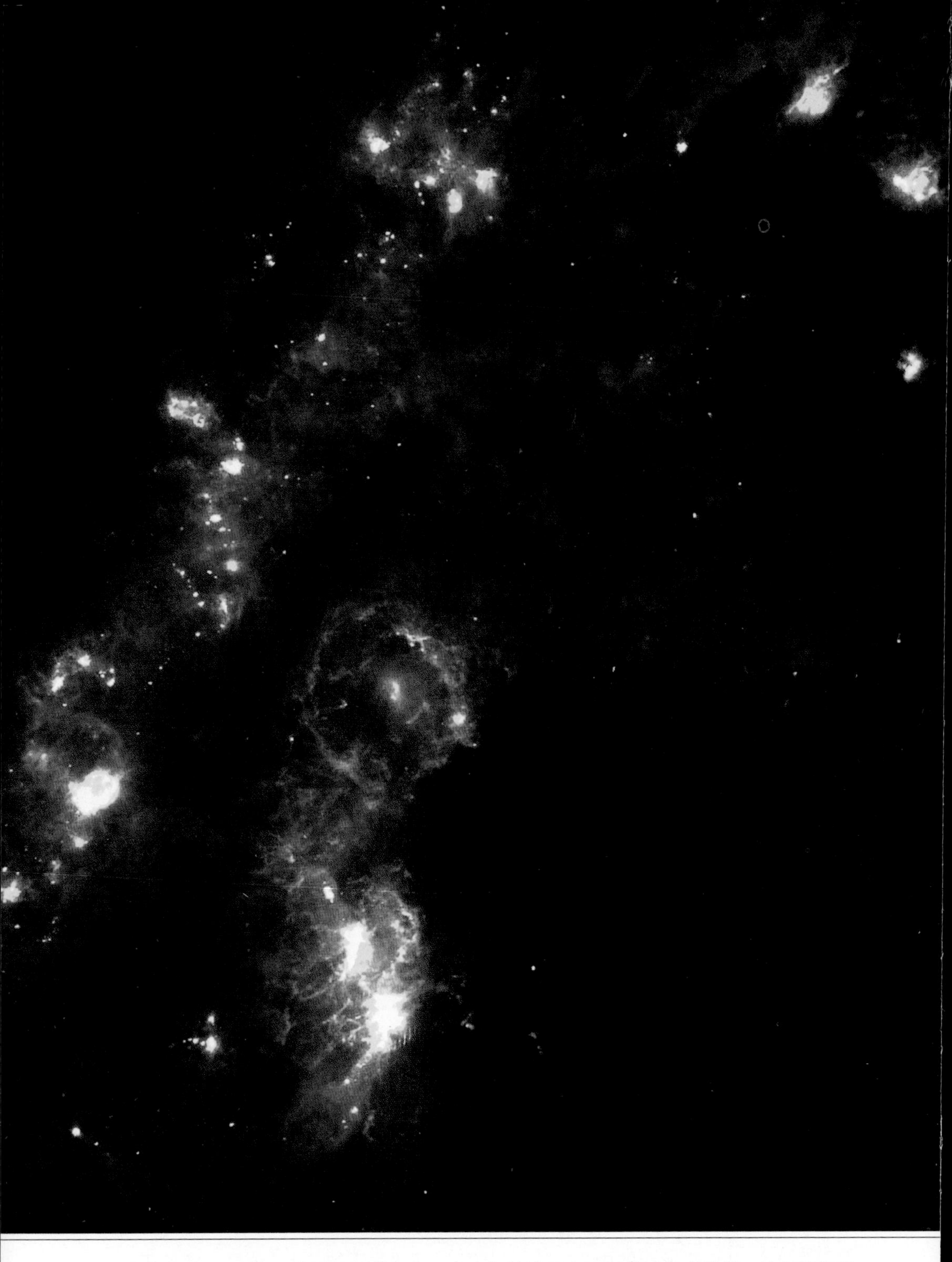

↗ 图 9.6　与图 9.5 大致相同的天区，在中红外波段和远红外波段上拍摄。这幅像揭示了大的冷尘埃复合体（Th. Preibisch）

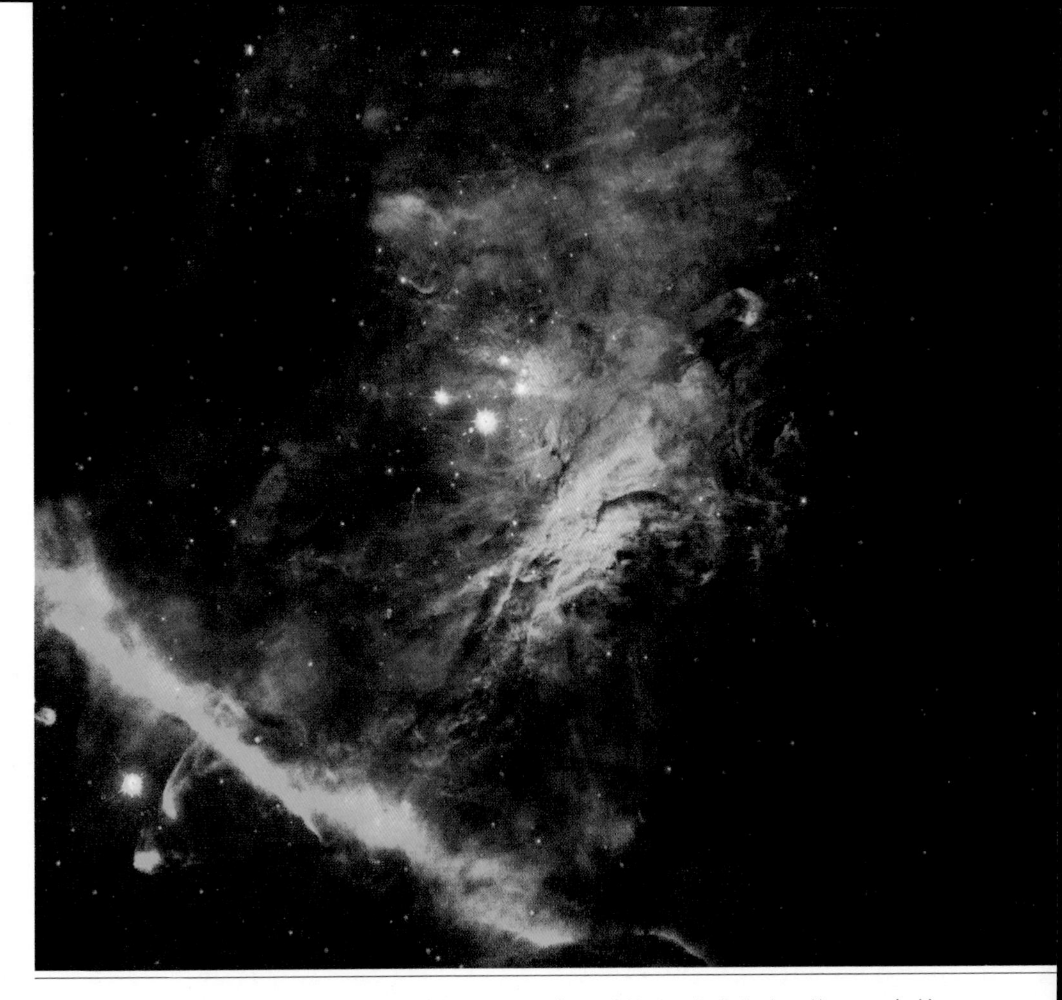

↗ 图 9.7　由激波激发的分子氢辐射（红色或橙色）形成的“手指”指出了约 1000 年前在一颗大质量恒星附近发生的爆发仍正在从猎户星云后方、紧挨着的一团分子气体中形成（Subaru/HST）

前形成的恒星。来自猎户 σ 的辐射已经完全摧毁了形成这个星团的原始星云，所有孕育恒星的包层和大多数星周盘已不复存在。因此，这个星团的成员都历历在目。分子云目前的边缘位于猎户 σ 以东 10 光年之外。这里，猎户 B 星云波纹状的边缘正是另一些星云核的所在，那里正在活跃地诞生恒星。其中一个是著名的马头星云（第 4 章）。

为了理解猎户座内恒星形成的复杂历史，我们现在将深入地考察从一颗年轻的大质量恒星诞生所开始的一系列事件。

当恒星死亡触发恒星产生的时候

深陷于电离星云内部的云块有时会被周围等离子体的压力压碎。当星光照射云块的时候，云块表层发生电离，产生强大的内向压力，压缩云块。最后，随着内部密度增大，引力会克服星云的压力，导致引力坍缩。与星云核因自身原因坍缩（第4章）而引起的平静的恒星形成过程不同，附近大质量恒星的照射能驱动暴缩，从而导致恒星迅速产生。这个过程称为*受触发恒星形成*。

在许多OB星协里，大质量恒星形成和炽热等离子体巨泡的产生，会在贴近星云边缘的内部稠密气体中触发另一轮大质量恒星的形成。稠密的、受冲击的气体向前进入星云，到达电离前端的前方。随着这些气体积聚越来越多的质量，它们变得很不稳定，容易引发引力坍缩。这样，膨胀着的HII区能在它们的壳层里诱发恒星形成。另一方面，汹涌向前的星云能超过原已存在的星云核，并推动它们超越坍缩的阈值。当由前进星云产生的压缩触发周围星云的较大部分质量全面坍缩时，这个过程是能够发生的。也许猎户星云后面现在正在进行的大质量恒星形成正是以这种方式触发的。

当这些第二代大质量恒星终于从它们的诞生地脱颖而出，便将产生它们自己的巨泡。在这个星云里会诱发进一步的恒星形成。就像野火从一棵树烧到另一棵树，受触发的大质量恒星形成会在周围的分子云里传播，这个过程称为*扩散的或连续的*恒星形成。

由膨胀星云产生的压缩并不是能触发恒星形成的唯一力量。随着OB星协内最大质量的恒星演化并在超新星爆发中死亡，这些冲击也能在其能量传输中急剧地压缩星云。然而，如果一个过分接近爆发的星云遭受这种冲击，它会土崩瓦解。当爆发恒星的遗存物质遭遇星际物质时，冲出物质的速度逐渐减小。随着被清扫的物质的壳层滞缓下来，对于距离较远的星云的冲击会相当缓和，不至于摧毁星云，而只予以压缩。在适当的条件下，会再次造成引力坍缩，导致新一代恒星形成，而这正是大质量恒星的死亡引发的。

猎户座内恒星诞生的历史

猎户座窝藏着两个巨大的恒星形成星云，它们已经催生了几万颗恒星。自从拉开了第一批恒星在这里形成的序幕以来，这些猎户OB星协的成员为1500万年中的恒星形成提供了化石般的记录。

历经多年，猎户座里产生了膨胀星团的完整系列，每一个都称为猎户OB星协的*子群*。这些子群反映了在各个恒星形成相对平静期之间穿插的恒星形成活跃期的场景。这些星团的位置和年龄反映了猎户座里恒星形成展开的历史。

猎户座里的恒星形成首先开始于 1500 万年前猎户腰带的西北端。死亡已久的大质量恒星遍布这个区域，清除了星际气体，留下了由中等质量和小质量恒星构成的膨胀星团。但是由于这个所谓的猎户 1a 子群压缩周围的星云，几百万年之后向东南方向再次触发恒星的产生。这次新的恒星形成风暴，产生了猎户腰带的成千上万颗小质量和中等质量的恒星，它们组成了猎户 1b 子群。

这时，猎户腰带上的恒星形成开始向两个分支扩展。恒星形成的一个分支向南朝着猎户 A 星云扩展。大约 500 万年前，在猎户腰带以南约 5 度开始了恒星形成，包括今天肉眼能见的构成大部分猎户佩剑的暗淡恒星[⑤]。这些恒星称为猎户 1c 子群，分布在猎户星云的正前方。

猎户 1c 子群压缩了背景上的猎户 A 星云的北端。这触发了恒星形成的风暴，产生了猎户星云和当前的一大群原恒星，它们深深地潜藏在猎户 A 星云稠密的北部纤维状结构内。在最近几百万年里，当猎户星云本身演化并在猎户分子云的剩余部分触发恒星形成之际，猎户 A 星云的更为弥漫的南部会受到压缩。这样，猎户星云本身会进一步掀起恒星形成的风暴。随着猎户星云逐渐止熄，大质量恒星形成的场所会转移到今天猎户 A 星云的黑暗的东南部去，可能形成猎户 OB 星协的最后一个子群，那时猎户 A 星云中剩余的气体消散了。

恒星形成的第二个扩展分支从猎户 1b 子群（腰带星）朝东趋向于猎户 B 星云。在 200 万 ~ 400 万年前，这个分支产生猎户 σ 子群的恒星。今天，恒星形成分支进一步向东和东北扩展。有好几个很年轻的星团还在猎户 B 星云的剩余部分之内形成。但是，如同在猎户 A 星云里，在猎户 B 星云内的恒星形成将很快消除剩余的气体。人们预期这里的恒星形成也将在之后的几百万年以内结束。

猎户吹出的巨泡

猎户座的每一个子群与大量林林总总的小质量恒星一起饲育了几十个大质量恒星，其中一些现在正向晚期演化。它们是构成猎户座肉眼可见的最亮恒星的巨星和超巨星。但是有许多由这个子群产生的质量更大的恒星已经寿终正寝。在这些恒星的辐射、星风和超新星爆发的共同作用下，一个直径达 300 ~ 900 光年的惊人的*超巨气泡*形成了。这个超巨气泡广阔的、低密度的内部充满了在软 X 射线波段发出微光的极高温的等离子体。这个称为“猎户斗篷”的巨泡从猎户座的东边缘起全面地向外延伸，直达波江座的西缘（图 9.8）。

猎户超巨气泡在膨胀过程中赶上了原母星云尚存部分。由此产生的压缩有

↗ 图9.8 称为“猎户斗篷”的超巨气泡四散延伸，包围着猎户座中的许多OB型恒星（M. Bissell & R. S. Sutherland）

助于触发新的恒星形成风暴。这些星群的大质量成员反过来又以自己的能量支撑猎户斗篷的扩大。恒星形成一波接一波地从猎户腰带的西北向南和向东扩展。猎户 A 和猎户 B 星云是原猎户巨分子云现存的遗迹。

除了巨大的猎户 A 分子云和猎户 B 分子云以外，许多更小的云存在于猎户斗篷的内部。来自猎户座大质量恒星的光线和来自超巨气泡内部外流的等离子体，把它们雕刻成彗状云，它们有一个稠密的头和从猎户座中央流向外边的弥漫的尾巴（图 9.9）。

在势如破竹地冲向周围的星际空间的同时，膨胀着的猎户超巨气泡清扫了大量的气体和尘埃。在波谱的远红外波段可以见到这种温热尘埃发出的光辉。最近几十年内，美国宇航局的几个卫星从太空拍摄了猎户发光气壳的图像，而在地面用射电望远镜获得的图像揭示了这些巨大气壳正在膨胀。气壳朝向 OB 星协的边缘受现存的大质量恒星的影响而电离，而且人们发现它是一个巨大的、由发光的氢等离子体构成的纤维状星云。

↗ 图 9.9 一个彗状云指向猎户座内的一些大质量恒星。这些大质量恒星很可能触发了一颗年轻恒星的产生，后者又驱动了从球形的头部释放出来的巨大的 HH 流（J. Bally & J. Walawender）

被抛射的速逃星

在 OB 星协里形成的一部分大质量恒星，以相当高的速度运动，足以从星团内逃逸出去，有时速度可达每秒几百千米。御夫 AE 星和天鸽 μ 星是高速逃逸星的两个例子。它们分别以每秒 137 千米和每秒 141 千米的速度径直脱离猎户座运动。如果我们往回追溯它们的运动，可见两颗恒星大约在 260 万年前从猎户星云附近被抛射出来。它们现在的位置离原先地点达几十度，合几百光年。OB 星协里大约有 10% 的大质量恒星以这么高的速度被抛射，另外 20% 或 30% 以每秒 10 千米左右的较低速度脱离。猎户座中的参宿四是这种低速度逃逸的例子。这个位于猎户座东北角的红色超巨星正在向东北方向运动。看来它的出生地是大约 1000 万年前在我们与猎户 1a 子群之间的某处，正是猎户腰带星的西北。

一些恒星是怎么从它们的形成之处以这么高的速度被抛射的呢？人们提出了两种机制：一种是当密近双星中大质量的成员星作为超新星爆发时，双星系统分崩离析，另一种是从稠密星团中被动力学相互作用抛射。观测表明，大质量恒星与小质量恒星相比，双星和聚星的形式更为普遍。质量大于 8 倍太阳的恒星在其诞生后 3000 ~ 4000 万年或更短的时间内以超新星爆发而死亡。恒星的质量越大，它的爆发就越早，在包含一对大质量成员星的密近双星里，质量较大的恒星将率先爆发。大质量恒星的死亡将解除幸存伴星的轨道运动，它就像被弹弓弹射一样，以其先前的轨道速度向外飞去。

与这些活动类似的动力学相互作用会把非等级式的聚星系统转化为等级式的系统（第 5 章），偶尔会抛射一个大质量恒星。最近的资料表明，正是这种机制导致上文所述御夫 AE 和天鸽 μ 这两颗大质量恒星从猎户座天区被抛射出去。显然，这次抛射包含 1c 子群的 4 颗恒星。这次相互作用的结果是形成了一个密近双星，抛射出的两颗恒星成为速逃星。这个双星被定名为猎户 ι，它的运动表明它也曾经位于两颗速逃星的交会点上，它们曾同时都在那里。

速逃星提供了一种重要的机制，据此一处恒星形成能够在远距离上引发进一步的恒星形成。正如上文提到的和在第 14 章所要讨论的，超新星爆发会为触发星云收缩起极重要的作用。当大质量的速逃星终于爆发时，它会在离其出发点几百光年之外的地方的星云里触发另外的恒星形成。

巨大的恒星形成区

我们看到的猎户座之所以壮观，是因为它有就近之便，不过它实际上是比较小的恒星形成区。大质量恒星形成的远为活跃的场所，在银河系里和它的邻近星系之内星罗棋布。例如，图 9.10 是银河星团 NGC3603 的像。虽然它比猎户星云远 10 倍，但是它是南天最壮观的恒星形成区之一。银白色镶边的亮环结构似箭一般指向由集中在发光的电离云内的大质量年轻恒星构成的星团。这个由炽热和大质量恒星构成的集群是如此富集和稠密，以至于初看起来人们会以为这是一个球状星团。它包含 50 颗以上的大质量恒星和几千颗小质量恒星，由于过于朦胧而不能逐个看清。星团中的一颗成员星 Sher 25 濒临死亡。这颗

↗ 图 9.10　年轻的银河星团 NGC3603，那里有 50 颗以上的大质量恒星在几百万年前产生（ESO/VLT）

庞大的蓝色超巨星曾经脱落了一个气体环，并朝着与环成直角的方向发射外流。有朝一日，当它作为超新星爆发时，将照耀南天。玫瑰星云是另一个壮观的巨泡结构，它是由以年轻的大质量 OB 恒星构成的星团产生的（图 9.11）。

大麦哲伦云是环绕银河系旋转的小卫星星系，其中的剑鱼 30 区域是大质量恒星形成的更加剧烈的场所（图 9.12）。这个复合体包含了整个本星系群里最大尺度和最大质量的恒星形成区。它的纤维状星云的直径几乎达到 1000 光年。因此，如果它位于猎户座的距离上，它将布满几乎半个天空，它的星云将像满月一般照亮我们的夜空。在它的中央星团内，在直径仅仅几光年的区域内包含着几百颗大质量恒星，此外还有几十万颗质量更小的新生恒星。

↗ 图 9.11 玫瑰星云是一个巨大的气泡，它由一群年轻的大质量恒星发出的紫外光所激发（T. A. Rector，NOAO/AURA/NSF）

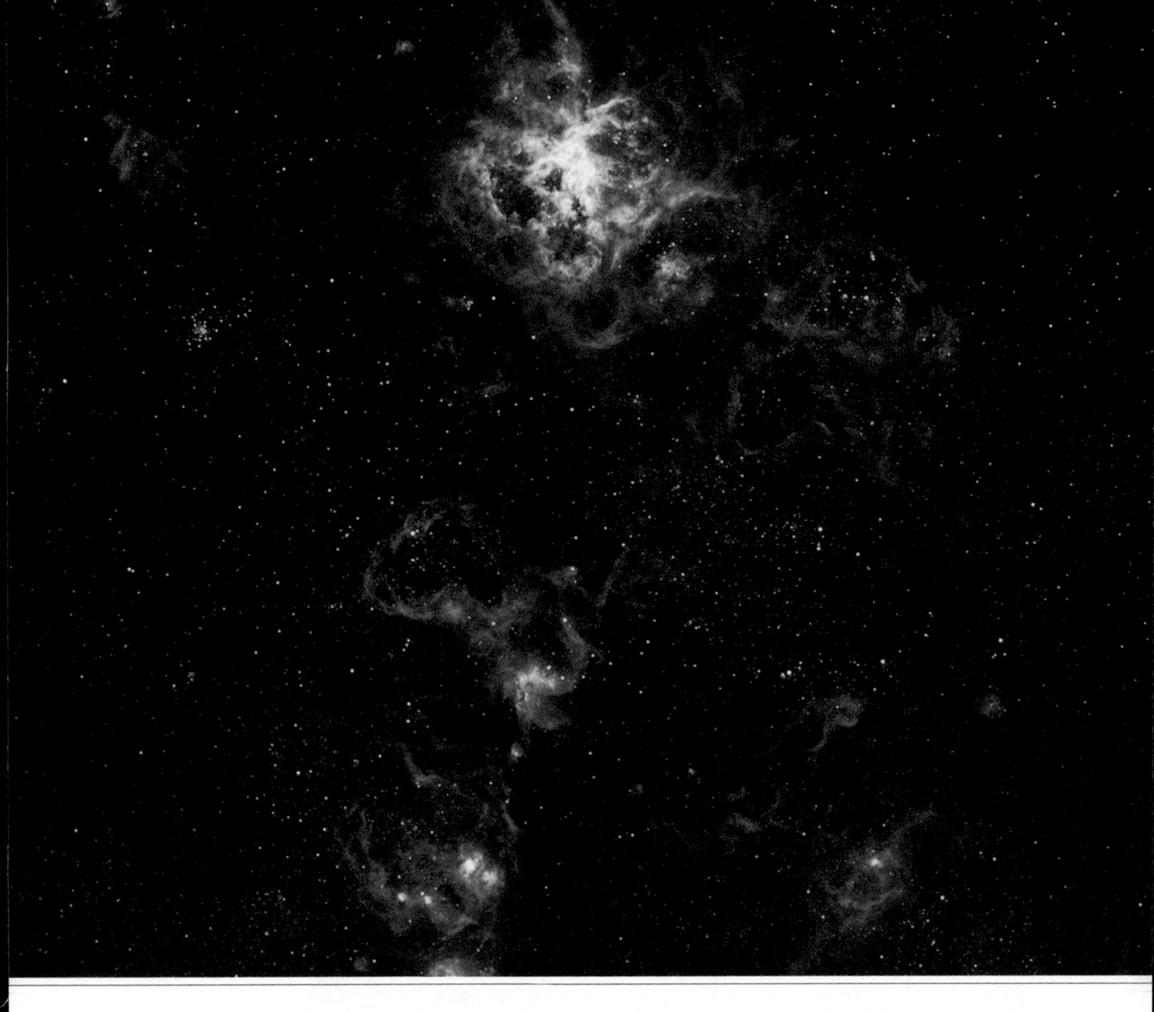

↗ 图 9.12 在可见光波段观测到的剑鱼 30 恒星形成复合体，它位于最邻近的河外星系大麦哲伦云（Nathan Smith）

第2篇　行星系

第 10 章 | 太阳系的形成过程

了解我们的后院：太阳系

无论从哪一方面来看，太阳真是一颗毫不起眼的恒星，只是碰巧它是我们的太阳，成为我们一切光明和能量的源泉，没有这些我们无以生存。太阳并不特殊这一点是重要的，因为这提示了形成太阳所经历的任何过程，看来是普遍的，从而适用于大多数恒星。太阳诞生后不久，一队行星扈从随之形成，这说明行星的形成可能是恒星形成的天然副产品，而且行星系可能是普遍的。近来接二连三地发现了许多近旁恒星周围的行星，增强了这个观点的可信度。

任何关于太阳系形成的理论应能说明它的一般性质，那么这些性质是什么呢？看来太阳系已经过了长时间的演化，所以我们不能肯定它今天的一切特征反映了在遥远的过去它形成时占主导的条件。然而，若只考虑太阳系最一般的特征，我们就能够确定反映其起源的基本性质。

首先，我们的行星系包含 3 类行星。小型、大密度、岩石壳层的天体，称为类地行星，因为它们与地球相仿，占据着太阳系的内部。巨行星的密度低得多，也称为气态巨行星，位于较外缘。木星（图 10.1）和土星是气态巨行星。最后，冰态巨行星（天王星和海王星）是离太阳最远的。

其次，所有行星都在同一方向环绕太阳运行，而且或多或少都在同一平面上，这一平面也近似地是太阳的赤道平面。

其三，行星在与公转相同的方向上自转，但是它们的自转轴对于公转轨道面的倾角差别很大。

其四，太阳包含太阳系 99.9% 的质量，但是行星包含太阳系 98% 的角动量。

其五，所有巨行星都有许多卫星，其中较大的在相应行星的赤道平面上公转。

↗ 图 10.1　木星是太阳系内最大的行星，图中的小星是木卫一，它是伽利略卫星之一（NASA/Cassini）

其六，海王星轨道之外的外太阳系之内有一群小天体，它们由水冰、各种冻结的气体、尘埃颗粒和较大的岩态天体组成。

其七，太阳系天体的化学成分随着与太阳的距离的不同而改变。

几百年以来，人们提出了多种理论试图解释太阳系的起源和一般特征。18

世纪，德国哲学家伊曼纽尔·康德（Immanuel Kant）和法国数学家皮埃尔·西蒙·拉普拉斯（Pierre Simon Laplace）（独立地）迈出第一步，他们两人都设想原始太阳星云是一个扁平的、自转的气体尘埃盘，行星正是从其中凝聚出来的①。

这个关于扁平自转的太阳星云的早期观念，在人们发现了金牛 T 型星往往被星周盘包围着之后而得到越来越多的认同。对于早期盘 / 星云的动力学演化和化学成分的积极研究，显著地增加了我们对支配太阳系形成的基本物理过程的了解。然而，仍有许多悬而未决的问题，而尽管近些年来取得了很大进展，我们仍然未能很好地了解行星的形成。

冰、尘埃、岩石和星子

当太阳星云从分子云的收缩核形成之际，它受到几种过程的加热。随着物质落入环绕原太阳而形成的盘，引力势能转化为热能。转动盘内随之而来的黏性耗散和放射性元素的衰变释放出额外的能量。当这些来源把能量储存进盘的内部深处时，新生的太阳终于辐照并加热盘的表面各层。计算表明，在离太阳几天文单位之内的内盘，温度达到 2000 开以上。在这个区域，尘埃粒子蒸发了，以至于内盘完全是气态的。但是离原太阳越远，温度越低。在太阳星云的外部区域，距中心数十至数百天文单位处，星际分子、颗粒甚至冰都存在。

随着时间的推移，太阳星云逐渐冷却，并使得分子和固体颗粒重新形成。每一种分子和每一类颗粒都有其形成和凝聚的特征温度。受到的束缚力微弱的分子和冰只能在盘较冷的外缘部分形成。但是颗粒较大的类型，比如硅酸盐和若干种含铁化合物，能在较热的内盘形成。在存在温度梯度的情况下发生凝聚，其结果是太阳星云内的化学成分随着与年轻太阳的距离不同而有系统性的变化。

冷却盘内固体颗粒的逐渐形成对太阳星云随后的演化产生了深远影响。在星云内部，首要的凝聚物是硅酸盐和铁化合物。在外部，较冷的区域，大量的二氧化碳、水和其他类型的冰积聚起来，并与小量原本存在的星际颗粒相混合，后者是通过收缩而形成太阳及其盘的原始星云的留存物。行星形成的结果反映了这些变化。类地行星主要由岩石类物质，比如硅酸盐和金属组成，而木星及其外的气态巨行星和冰态巨行星则包含大量的氢、氦、水和其他更少量的难熔化合物。

颗粒之间轻微的碰撞最终会形成小的、蓬松的、微粒状的团块，依靠电磁力相结合。在盘的较冷区域，与这些颗粒碰撞的原子和分子黏附其上，并促使它们变大。随着凝聚物增大，它们最终掉落到盘的中央平面上。由于不同大小和密度的颗粒以不同的速度下落，碰撞就制约了粒子的演化。轻微的碰撞促使颗粒增大，然而猛烈的碰撞则使脆弱的粒子四分五裂。但是，平均说来，颗粒的增大和破裂两相抵消，最终还是增大占上风。计算表明，在很可能曾经存在于内太阳星云里的这些条件下，形成厘米大小的颗粒是很快的，大约只需 10000 年。最后卵石大小的颗粒积聚在盘的中央平面上，于是固体的丰度足以与气体相比拟，比在典型的星际云内高出多个量级。

随着中央平面内的颗粒增大至厘米和米的尺度，它们开始向正在形成中的太阳移动，并面临着可能落入其中的毁灭性命运。为了理解这一令人惊奇的结果，我们必须考虑在盘里大颗粒和小颗粒与气体怎样相互作用。原行星盘里的气体以比开普勒速度稍慢的速度环绕中央恒星旋转。这是因为压力梯度在引力与轨道运动之间起了折中作用；但是直径小于 1 厘米的颗粒的运动与周围气体强烈耦合。犹如雪花随风飘扬，小物体与原子和分子的碰撞导致它们随同气体一起运动。另一方面，就像大的冰雹块通过暴风骤雨下落一样，大于几厘米的颗粒的质量和惯性都相当大，它们能独立于气体而运动。比 1 千米更大的物体，只响应引力作用，严格地按开普勒定律环绕太阳运动，实际上不受压力梯度的影响。

颗粒在增大并与气体解耦，开始趋近于与至太阳的距离相适应的开普勒速度的时候，它们遇到了一股顶头风，这是由于气体和尘埃的环绕速度更慢产生了压力。这股顶头风消耗着轨道角动量，并促使物质向着年轻太阳的内向移动。这一效应对于厘米至米级的石块最为显著，它们以每年 100 万千米的速度落向太阳。一些大块的岩石能以这种速率从 1 天文单位的轨道上在约 100 年内被拉入太阳！结果，大小为在几厘米至几米的岩石就有从太阳星云里消失的趋势。

这些盘旋着向内的固体块的命运怎样呢？有些注定会掉进太阳里去，而另一些则积聚在内盘的边缘。但是这些物质的大部分留存下来形成了类地行星。怎样形成的呢？我们确实还没有明晰的答案。一种可能性是这些物质很快就增大至千米尺度，还来不及落进太阳，于是留存下来形成了类地行星。以某种形式存在的千米大小和更大的天体称为*星子*。

行星的产生

星子是构成行星的砖块，其大小从 1 千米至 100 多千米不等。在这些天体环绕年轻太阳旋转的过程中，它们的演化有两种最重要的过程，即引力相互作用和物理碰撞。远距离相遇之际的相互引力拖拉扰动了星子环绕太阳有序的圆轨道运动，导致它们在更扁长的轨道上运行。如果星子在完美的圆形轨道上运行，则永远不会碰撞，然而在椭圆轨道上运行的星子则会碰撞。轨道越扁长，碰撞就越剧烈。如果星子碰撞的相对速度很小，它们会结合起来。但是如果相对速度太大，结果是灾难性的，一个甚至两个天体都粉身碎骨。之后，又重复发生着这种或者长大或者粉碎的碰撞过程。

较大的天体有较强的引力场，因此能更有效地清扫其前进道路上的碎块。随着它们增大，它们抗拒碎裂的能力增强，并能经受住大的撞击。计算机模拟显示，当增大着的星子以更大的力猛击它们的同族弟兄时，便会发生一系列更剧烈的碰撞。碰撞促进增大，导致几百个大星子从几百万个小天体之中脱颖而出，终于达到约月球般的大小。但是一个包含那么多引力相互作用天体的系统是不稳定的。在 1000 万～1 亿年之内，星子之间的碰撞导致它们结合成为几个行星胎，大小约相当于地球（图 10.2）。太阳系历史的起初几亿年是极其剧烈的时期。

水星、金星、地球和火星等内行星自然被认为经历了上面描述的过程，那么太阳系的巨行星又怎么获得它们巨大的质量呢？巨行星主要由氢和氦组成，并包含大量的冰。它们的成分更接近于太阳，而不同于只含少量氢和氦的太阳系内层的石态星子。当类地行星通过结合岩石物质增大的时候，巨行星一定从早期的太阳星云里收集额外的物质，不论是轻质气体还是固体颗粒。关于这一过程如何进行，在研究人员之间有两种旗鼓相当的观点。

大多数研究者赞同“标准模型”，巨行星的核在星子的碰撞、增大过程中形成，正如内行星所为。但是一旦这些核增大到足够大，它们便开始吸积富含氢、氦和冰的周围气体。在太阳星云的内层，氢、氦之类的轻质气体太热，难以吸积到正在形成的石态行星胎上去。它们的引力作用不够强，所吸积的气体达不到有意义的数量。此外，在行星胎增大到足以吸积气体的过程里，气体已烟消云散。气体或者已被太阳吸积，或者因年轻太阳强烈的星风而从太阳星云内层被吹出。但是在较冷的太阳星云外层，轻质气体很丰富。此外，高丰度的冰增

↗ 图 10.2 早期太阳系内的碰撞是形成星子和行星的关键（Dan Dunda 绘制）

强了行星胎的成长率。它们的质量明显增大，足以吸积大量星云外层丰富的氢和氦。随着被吸积气体的质量超过石态核，行星引力场日益增大的强度导致称为失控吸积的过程。在巨行星轨道近旁的可利用气体都被扫清之前，行星的增大不会停止（图 10.3）。在太阳系的外层，开普勒轨道运动速度较低，这意味着邻近轨道之间的剪切作用也较低。这样，给定质量的行星胎会从比太阳星云内

↗ 图 10.3 巨行星形成过程的计算机图形，它正在清扫气体并在周围的盘中形成缝隙（W. Kley）

层更大的区域吸积更多的质量。

这个模型解释了巨行星的最重要性质：它们的成分。木星、土星和天王星或海王星与太阳相比，包含更多重元素，分别是 5 倍、15 倍和 300 倍。只要可利用气体的数量随着离年轻太阳的距离增大而减少，那么紧随轻质气体的失控吸积之后形成的冰核或石核能够稳当地解释这一模型。

对于标准模型的批评认为，通过碰撞来积聚物质以形成行星胎并在随后的失控吸积阶段成长为巨行星，这需要极长的时间，长到不足以聚集成行星胎。在许多与猎户星云类似的那种有大质量恒星存在的恒星形成环境里，远在行星胎能够增大至足以从周围环境中吸积气体之前，星周盘外部的气体会因各种过程在不足 100 万年的时间之内消散。

于是就有另一种关于巨行星形成的模型应运而生。在这种所谓的“引力不稳定性”的模型里，巨行星在几千年内直接从盘形成。由于原行星盘很年轻而且质量很大，它的质量密度极高，以至于天文单位尺度的区域内的自引力超过了开普勒运动的剪切力。这样一个区域会响应自引力而收缩，形成质量大致为巨行星的受束缚天体。图 10.4 展示了计算机模拟的从非常稠密的原行星盘里气

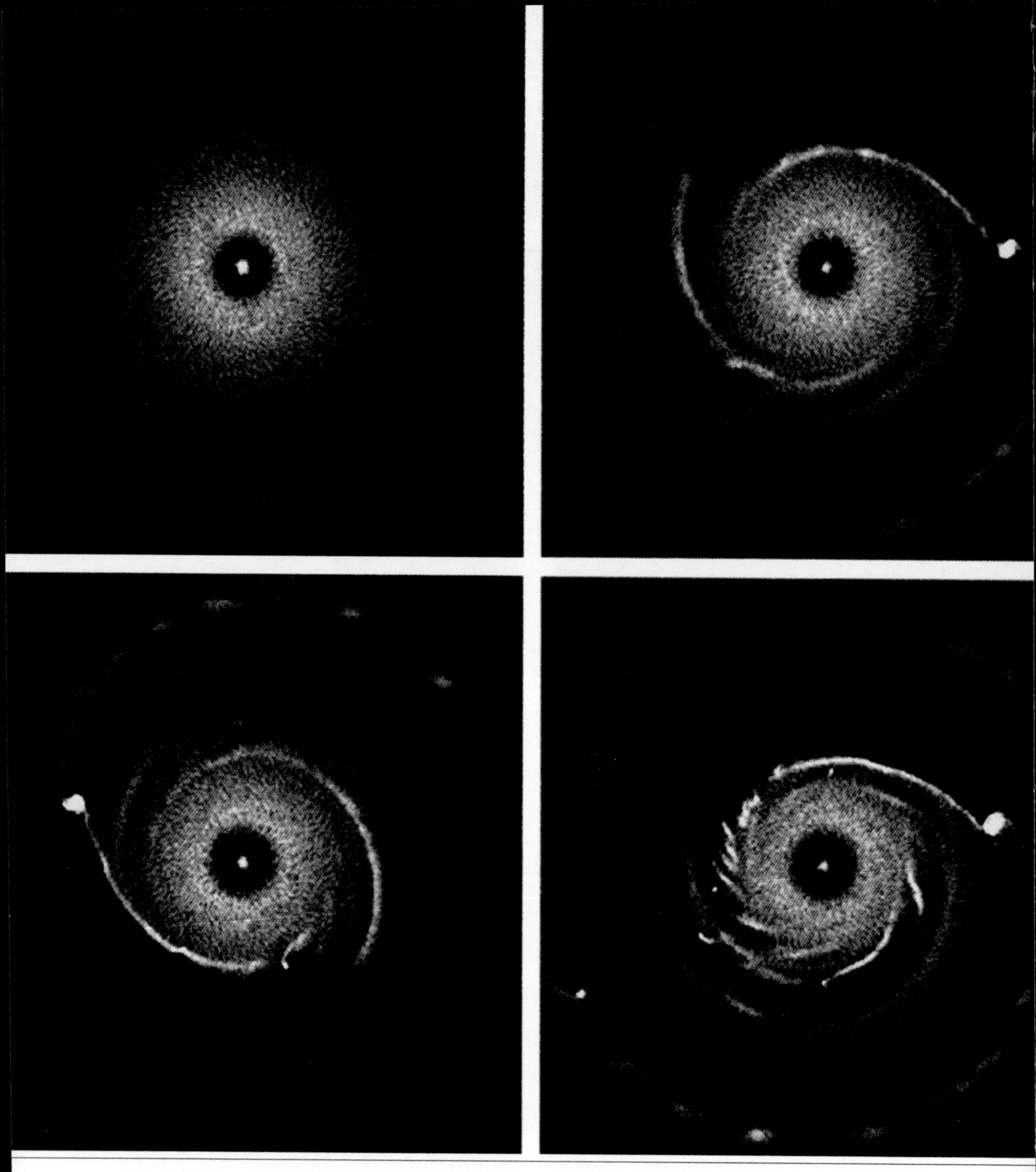

↗ 图 10.4　4 张图像展示了稠密盘的收缩导致巨行星的形成（P. Armitage & B. Hansen）

态巨行星收缩形成的 4 个不同阶段。

这个模型的第一个困难是它不容易解释太阳系内巨行星观测到的成分。引力不稳定性是不偏不倚的。一切物质，不论何种成分，都会被吸引到正在形成的天体里。冰、岩石、氢、氦和盘里其他各种各样的组分都会被吸积。这样，作为最终产物的行星应反映盘的初始成分，它接近于通过凝聚而形成行星的星际云，并类似太阳的成分。于是，引力不稳定性模型不容易解释在木星、土星、天王星和海王星探测到的元素丰度。为了克服这一困难，理论的倡导者必须说明在盘经历引力不稳定的同时，它已经消耗了氢和氦，而且这种消耗在离原太阳的距离越远的地方越严重。一种可能的消耗机制将在第 12 章讨论。

第二个困难是，如果巨行星在盘的演化过程中形成太早，就会导致它们盘旋着落进原太阳。巨行星突然形成会导致在盘里激发旋涡波动，从而引起行星的轨道角动量流失，使其向内移行。如果巨行星到达盘内巨大的缝隙，这种径向移行可能停止，人们认为这类缝隙就像中央空洞一般，存在于许多原恒星的周围。也许这是形成“热木星类行星”的一种方式，这将在第 13 章讨论。

无论在巨行星形成的何种场景里，一颗年轻的或尚在吸积中的巨行星比今天的木星要远大得多。模型显示，木星在其形成之初直径一定达到过接近 1 天文单位。收缩到今天的大小要求耗散热量和角动量，一颗年轻的巨行星大概要耗费 1 亿年才能达到其成年期的尺度。即使今天，木星还在辐射一些其内部能量。人们预期非常年轻的巨行星具有若干意义深远的性质。首先，由于它们向外辐射引力势能，它们发射大量红外辐射。其次，它巨大的体躯会使它们反射较大量的来自其母恒星的光线。有鉴于此，在恒星际距离上探测年轻巨行星可能比探测成熟行星容易得多。我们将在第 13 章讨论目前正在进行的、对环绕其他恒星运行的行星的探索。

无处不在的卫星和环

1610 年，伽利略把他的望远镜指向木星，发现了木星有 4 颗卫星环绕。当他观察土星时，他发现了它的美丽的光环[①]。这样他开创了太阳系研究的丰富多彩的新领域。4 颗伽利略卫星木卫一、木卫二、木卫三和木卫四在许多方面就像一个小型的行星系，最内部的木卫一是岩态的，最外面的木卫四是半岩态半水冰型的。它们在接近木星赤道平面的轨道上，顺着这颗巨行星自转的同一方向运行。这说明在木星本身形成后不久，伽利略卫星从在木星赤道平面上旋转的盘里通过吸积而形成。

现在知道木星另外还有几十颗卫星，但是都小得多，许多只有几千米大小。这些卫星轨道偏心率一个比一个高，大部分在木星自转的反方向运行。这些小卫星可能是星子的孑遗，它们被木星早期的巨大大气层[②]所俘获，或可能是更年轻的小行星在与已经存在的卫星在各个方向上偶然相遇时被俘获。太阳系的全部巨行星都有类似的两组卫星，一组是规则卫星，另一组是被俘获的不规则卫星，图 10.5 是土卫九的像，它是土星的一颗小卫星，由环绕土星的卡西尼号探测器拍摄。沿着一些环形山壁出现的白色条纹表明广泛地储藏着水冰。这看来很像是出自巨行星区域的冰态星子的典型形态。

所有巨行星都有环的系统。土星诸环是最大和最著名的（图 10.6）。它们所包含的颗粒范围甚广，从尘埃颗粒到小卫星般的巨大砾石。即使土星环的宽度达到几十万千米，它们都在从上到下不过几十米厚的单一平面内旋转。环系的这种极度扁平源自颗粒连续不断地碰撞，失去能量并重新分布角动量。行星环由于靠近它们的巨行星，受到强烈的潮汐力的剪切，所以它们可能是由于一颗卫星移行时过于接近行星而破裂所形成的。确实，环系不像是原生的，而像是在行星产生后很久发生的一次灾难性事件的结果。

内行星水星、金星、地球和火星一共只有 3 颗卫星。这 4 颗行星之中，地球有 1 颗卫星，火星有 2 颗。显然，小的类地行星未曾被自己的星周盘所环绕。火星的卫星称为火卫一和火卫二，都很小，可能是被火星俘获的星子。我们的卫星月球，其起源要神秘得多。相对于它的母行星，它的质量很大，比太阳系的其他卫星（除冥王星外，参看下文）远大得多。人们提出了多种假说来解释它的起源，但是困难在于它的成分，除了缺乏挥发性物质外，它的成分与地球的幔相似。以原行星的碰撞解释这一点，已逐渐获得广泛认同。

大约 44.5 亿年前，地球已几乎达到现在的大小，它遭受了一次与另一个大小约等同于火星的行星或行星胎的猛烈碰撞。碰撞摧毁了撞击者，同时也几乎击碎了地球。白炽蒸汽的羽状物和熔融的岩浆因撞击而被抛出。一些物质散逸出去，另一些落回到地球，剩下的留在轨道上。大部分挥发性物质因撞击蒸发掉，并散失在行星际空间。计算机模拟显示，这样一种撞击能投掷大约一个月球质量的物质到环绕地球的轨道，而且这些碎块迅速地结合成一个单一的天体。在原行星碰撞的场景里，月球产生于相撞行星的幔，其中的挥发性物质（例如水）散失到太空去了。这样就能很好地解释为什么月球的成分与地壳相似并缺失挥发性物质了。

年轻的地球遭受另一个行星胎的撞击的可能性看来很小。但是在年轻的太阳系里，当许多准行星争先恐后地增大并支配着一大群星子时，剧烈的碰撞是普遍发生的。模型显示，在行星生成的最后几亿年里，有几千次碰撞发生在几百颗大小类似于月球甚至火星的原行星之间。只是在这些天体结合成为 10 来

图 10.5　土星的小卫星土卫九是一个富冰的天体，覆盖着一薄层岩石物质。很可能它十分类似外太阳系的星子（NASA/Cassini）

↗ 图 10.6　土星光环，宽达数十万千米，但其厚度仅约 10 米（NASA/Cassini）

个相距甚远的行星后，碰撞才停止了。当长程的引力相互作用导致椭圆轨道相交、碰撞以及碎裂或并合时，任何拥有相当大数量行星的系统就会继续演化。

来自这个剧烈活动时期最后阶段的疤痕保留在许多太阳系天体的表面上。月球覆盖着大大小小的陨击坑，小到几乎难以察觉，大到直径数百千米（图 10.7）。最大的撞击形成了海，即月面上暗黑的部分，这是我们肉眼能见的特征。极其猛烈的撞击致使月球的地壳断裂，深度达几十至几百千米，于是形成了这些盆地。炽热的岩浆向上涌出，带着玄武岩的熔岩泛滥在盆地上，形成了暗黑的海。

图 10.7 地球的卫星月球，由克利门汀宇宙飞船从一个陌生的角度拍摄（NASA/Clementine）

月球没有大气，它的表面几乎没有遭受侵蚀，不具备地球的特征。自从月球的地壳固结以来，远古撞击产生的疤痕实际上毫发无损地保留了下来。这样，月球提供了一个关于太阳系从其形成以来撞击历史的比较完备的记录。根据对月球着陆器和阿波罗号航天员带回的岩石样品的实验室分析，我们能够测定某些月球地形的年龄。此外，通过统计各种大小的环形山的数量，我们能够估计相对年龄。月球上最古老的区域，完全被陨击坑覆盖，年龄约 44.5 亿岁。月海的陨击坑数量远小得多，年龄略大于 30 亿年。

月球的陨击记录表明曾经有过一个重度轰击的时期，它与行星生成的最后阶段有关。当行星达到了它们的最后质量时，太阳系内还充满着剩余的星子。在随后的 10 亿年里，这些残块接连不断地撞击行星表面，并产生了我们今天在月球上和其他太阳系天体上所见的大多数陨击坑。但是，随着它们被较大的行星几乎清扫干净，内太阳系里小天体的数目急剧下降。与过去相比，今天偶发的撞击虽然还有，但其数量已大幅度降低。夏夜的满月显得十分宁静，这掩盖了在太阳系早期扰动的日子里它的悲剧性起源。

冥王星和柯伊伯带

太阳系里最外缘的行星是冥王星，这是一个只有月亮 2/3 大小的小天体。它也有一个大卫星——冥卫一，其大小约达冥王星的一半。光谱显示，冥王星和冥卫一都覆盖着冰，主要是氮冰和水冰。近 10 年来有许多新发现，表明在海王星外的行星系边缘有许许多多这样的小天体，大部分是千米大小的星子，聚集成巨大的脏雪球。冥王星可能是这类天体中最大的，而不是真正意义上的行星。数百万个冰态的星子，大部分都很小，存在于我们现在称为柯伊伯带的区域里，这是 20 世纪 90 年代早期由戴维 · 杰维特（David Jewitt）和简 · 陆（Jane Luu）发现的。一个新的明亮的柯伊伯带天体——夸欧尔（Quaoar）于 2002 年被发现，它的直径达 1250 千米，是特别巨大的冰型星子。还有更多，甚至更大的天体一定存在于这个距离遥远而我们知之甚少的区域里。尽管为数众多，但是柯伊伯带天体的总质量看来不会超过地球质量的 1/10。

柯伊伯带从行星系的边缘伸展到大约离太阳 50 天文单位处。但是并非所有柯伊伯带天体都起源于这个区域。起初在木星和海王星之间的原行星盘里形成了大量的冰态星子，后来由于与行星产生了轻微的动力学交会过程，它们被向外散射到了现在的轨道上，看来至少一部分柯伊伯带天体是它们中的成员。

偶然的引力摄动会把柯伊伯带天体驱向内太阳系。随着这类天体接近太阳，它们的表面层受到加热而蒸发，脏雪球便出现一个尾巴。它们成了可见的彗星，也许这是太阳系内最壮观的天体（图 10.8）。起源于柯伊伯带的彗星周期不长，一般小于 200 年。

↘ 图 10.8　海耳-波普彗星是近来出现的最壮观的彗星（Wei-Hao Wang）

最原始的物质：彗星和奥尔特云

周期大于 200 年的彗星称为长周期彗星，人们认为它来自太阳系最遥远的部分。荷兰天文学家扬 · 奥尔特（Jan Oort）通过研究长周期彗星的轨道和数目，提出存在一个巨大的、大致球形的彗星仓库（奥尔特云）环绕着我们的行星系，延伸 50000~100000 天文单位，或约 1 光年的距离。长周期彗星的不断回归表明奥尔特云包含约 10 万亿颗半径大于 1 千米的彗星型天体。这些彗星在其深空的长周期轨道上以冰冻状态存在大部分时间，花几十万年甚至几百万年环绕太阳一周。奥尔特云总是受到银河系潮汐的推动，偶尔也会受到从旁边经过的恒星或巨分子云的摄动。结果，一些彗星就会进入内太阳系。

由于太阳加热了彗星的结冰表面，它们抛射出发光的等离子体－尘埃云，从而形成了彗尾。太阳风的压力推动等离子体，而太阳光的压力驱动释放出来的尘埃颗粒，这样便形成了薄纱般的尾巴，彗星便由此现形。地球偶尔会穿越彗星经过后甩出的尘埃－大颗粒流，我们便会经历流星雨（第 11 章）。

奥尔特云是太阳系形成时的天然副产品。奥尔特云的彗星并非形成于它们当前距离太阳极为遥远的地方，人们认为它们是起源于巨行星寒冷区域的冰态星子。随着行星增大，它们强大的引力推动留存着的星子的集群，把其中一些猛烈地推出太阳系到恒星之间游荡。但是并非所有星子都达到了脱离太阳的逃逸速度。有一些终于进入奥尔特云，只受到太阳系极微弱的引力束缚。长周期彗星提供了构成巨行星核的几乎最原始的建筑材料的样本。

黄道光和环绕其他恒星的碎块盘

行星之间的空间包含无数微小的尘埃颗粒，它们不断地从太阳系里消失。它们或者盘旋着落入太阳，或者受到辐射压的排斥。这样，行星际尘埃一定通过行星带内天体之间的碰撞和当彗星接近太阳时气化引起的尘埃丢失，连续不断地得到补充，在天空极度黑暗的地方，我们能够看到由这些微小颗粒反射的太阳光，呈现沿黄道的微弱光带，这就是*黄道光*（图 10.9）。过去，太阳系里的尘埃比今天更丰富，黄道光一定亮得多。我们也能在其他恒星周围检测到与黄道光类似的亮光，只要这些恒星足够年轻。

这类尘埃盘已在几颗邻近的恒星周围发现。最著名的例子是南天的恒星绘架 β（图 10.10），它的质量比太阳略大。绘架 β 的年龄约 2000 万年，是太阳 45 亿年年龄的 1/200。它被一个大的、边缘朝向我们的尘埃盘环绕着，从恒星

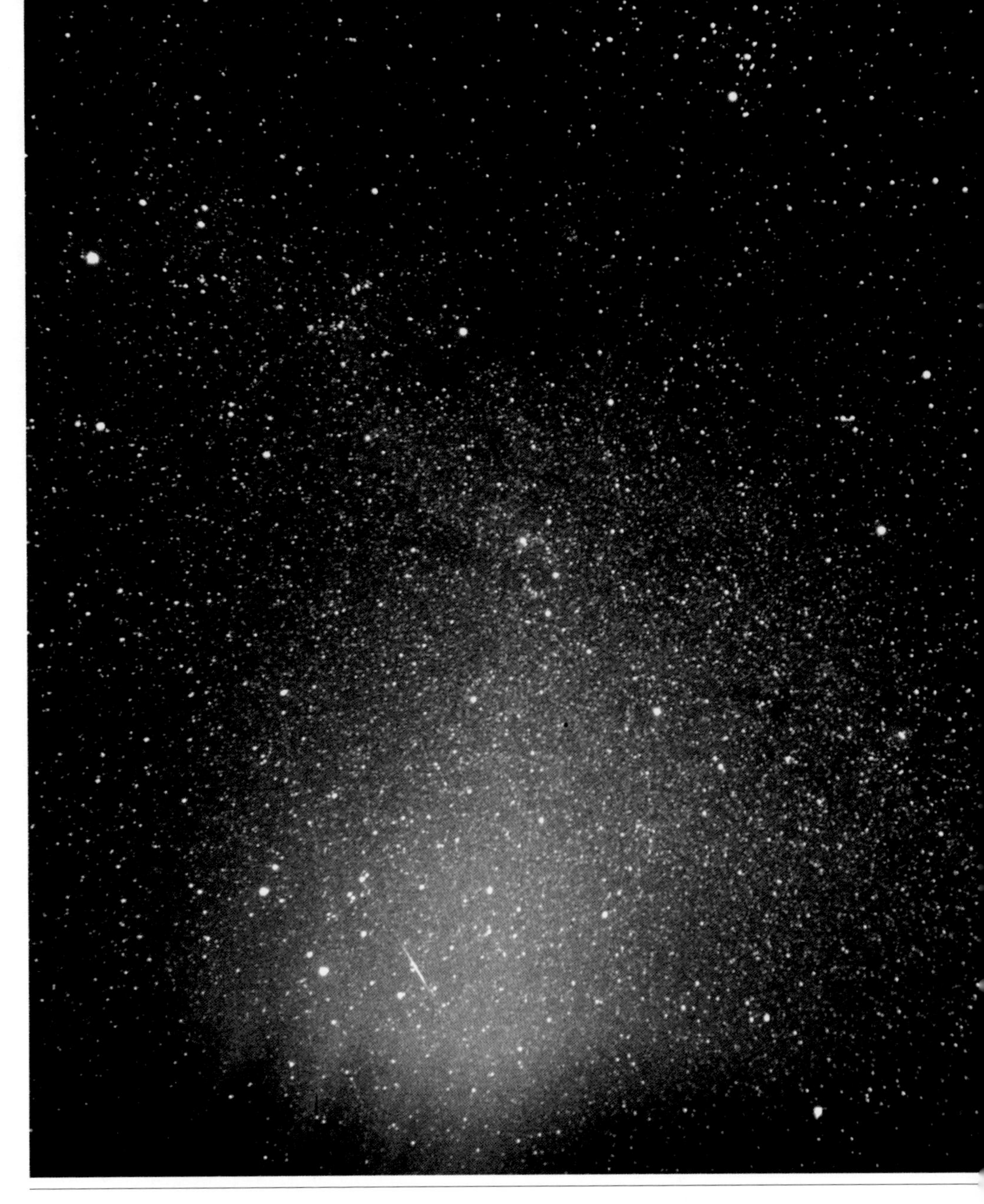

↗ 图 10.9 黄道光，从下端往右延伸。这一微弱的光线源自行星间的尘埃颗粒所反射的阳光（Wei-Hao Wang）

向外伸展超过 1000 天文单位。这个盘里的尘埃可能是由于冰态和岩态星子之间的碰撞和彗星的蒸发而产生。绘架 β 的光谱观测表明向恒星下落的气体产生了有变化的吸收，这可能是巨型彗星解体的证据。盘里奇怪的绞缠和密度的起伏说明在绘架 β 周围行星已经形成，并正在对盘施加摄动。类似的碎块盘也已

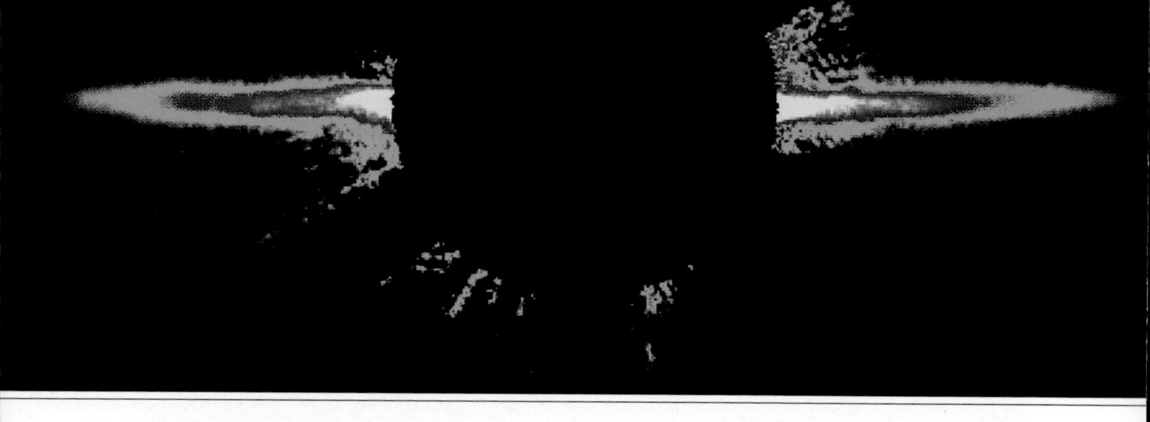

↗ 图 10.11　环绕年轻恒星显微镜 AU 的尘埃盘。现在盘内可能正在形成行星系。这个像的宽度为 100 天文单位。暗黑的部分遮掩了中央恒星的强烈光芒（M. Liu/Keck）

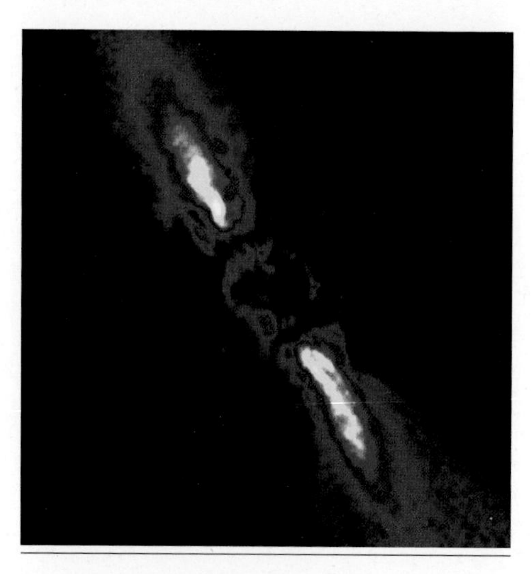

↖ 图 10.10 环绕年轻恒星绘架 β 的尘埃发出微弱光芒，明亮的中央恒星被盘所遮掩（ESO）

在另外几个恒星周围发现，例如年龄为 1200 万年的“显微镜 AU”有一个尘埃盘围绕着恒星（图 10.11）。这个盘略显不规则变化，并有簇聚，这可能是由守护行星的引力效应引起的。

我们所看到的环绕绘架 β 和显微镜 AU 的这类碎块盘，代表了被大质量星周盘环绕的新生金牛 T 型星与行星已完全形成的成年恒星之间的中间阶段。对于带有碎块盘的恒星的研究，可以为洞察主导太阳系行星形成的过程提供线索。

译注

1 这里作者的叙述与史实不符。发现土光环的是荷兰物理学家兼天文学家惠更斯。1656 年 3 月，他在观测土星时发现土星周围有环状突出物，但不能确认。于是他用字谜宣布这一发现：aaaaaaa ccccc d eeeee g h iiiiiii llll mm nnnnnnnnn oooo pp q rr s ttttt uuuuu。1659 年，经用更大的望远镜观测后确认发现：Annulo cingitur，tenui，plano，nusquam cohaerente，ad eclipticam inclinato。意思是：有环围绕，环薄而平，没有一处与（土星）本体相连，而与黄道斜交。

第 11 章 | 来自远古的信息

构建我们行星的原始建筑材料的碎片，为洞悉我们的早期历史带来了唯一的信息。我们已经成功地从月球收集了材料，并正在规划以从小行星和彗星采回样品为目的的宇宙探测。但是，我们正不断地免费从行星际空间获取材料，其中大部分由微小的尘埃组成，而且大部分消失在海洋中。然而，这些材料中的体积较大者在燃烧着通过地球大气并落到地面之后仍能残留下来，它们就是*陨星*。

在寒冷和炎热的荒原搜寻陨星

每天有大约 50 吨的地外物质倾泻在地球上。这些碎片原则上能被找到，但是困难在于区分陨星与普通岩石。鉴别陨星对于专家甚至也是一种挑战。然而，由于潜在的科学价值十分巨大，人们已经进行了许多对于这些宇宙来客的系统搜索。陨星猎手们选择了地球上的荒原作为收集陨星的地方。

许多世纪以来，人们已经发现了成千上万颗陨星，收录编号保存在全世界的博物馆里。它们中小的只有几克重，大的重量达 50 吨。大部分陨石是碰巧发现的，只有一小部分是人们在看到它们从天上落下以后收集的。但是陨星收集上的真正突破发生在 1969 年，那一年日本的冰川学家们在南极洲考察，他们对浮现在晶亮的蓝色冰盖上的几块小的黑色石块迷惑不解（图 11.1）。深入的考察表明它们是陨星，而且不是单个天体经受撞击后形成的碎片。那么不同的陨星怎么会落在同一个小小的区域里呢？

研究人员后来认识到这些陨星其实掉落在南极洲不同的地方，但是后来因冰的运动而被搬运并集中到这一地点。掉落在南极洲的陨星逐渐被冰雪覆盖，埋在下面并被保存。随着积雪场逐渐增厚，雪转化为冰川冰，它慢慢地向大陆的外边缘滑动。一旦它们到达海洋，冰山破裂、融化并终于把陨星沉积在海底。

在冰川前进受海岸山脉阻挡的地方，陨星受压趋向表面。随着冰川在强风

↗ 图 11.1 陨星积聚在南极洲的蓝色冰场上，装配特殊装备的考察队能够收集这些陨星（R. P. Harvey，NASA/NSF）

和日照下升华，它们所裹挟的陨星就显露出来。几千年过去了，陨星集中在山背的晶莹冰面上。这些黑色的石块与蓝色的冰川冰有鲜明的对比，望去一览无余，研究人员不畏严寒，勇迎风雪，克服孤单，把它们一一收集起来。

在过去 30 年里，研究人员在南极洲蓝色的冰原上收集到了超过 15000 块的样品。许多陨星碎裂成几块，或者是由于与地球大气撞击，或者是由于受到冰层的挤压。因此，这些收藏品代表了大约 3000 块或更多的不同的陨星母体。这些收获，比以往几百年里全世界搜集到的陨星总数的 2 倍还多。

南极洲是十分干燥的，蒸发量很低，是一个寒冷的荒原。最近，人们认识到炎热的荒漠，例如北非、西澳大利亚和智利，也都是藏满陨星的百宝箱。这些天外来客受到的主要威胁之一是水渗透进裂缝里，最终它们会碎裂成粉末。干燥的气候有利于保存陨星，所以为了搜寻陨星，人们正在孜孜不倦地考察世界上几个最荒凉的沙漠（图 11.2）。

图 11.2　智利阿塔卡马沙漠上的一块陨星，它已在这里静静地躺了 6000 年，被本书作者之一的波·雷波斯发现

陨星的种类

分析表明，这些人们多年来收集的陨星能够分为几个宽泛的类型。最熟悉也最易识别的是陨铁，它们由铁镍合金组成。由于大多数人会注意到地面上的一块金属，所以陨铁的收集比例超高。实际上，被观察到落向地面而被收集的这些陨星里，只有 5% 才是铁质的。比例更小（约 1%）的是石铁陨星，它们由铁、镍和硅酸盐的混合物组成。

天外来客中最普通的是*陨石*，在密度和外形上它们酷似地球上的岩石。几乎所有的陨石都是*球粒陨星*，之所以这么称呼，是因为它们包含大量毫米级称为球状体[①]的球形夹杂物，埋置于岩质的基体内（图 11.3）。球状体并不存在于地球的岩石内，所以一旦它们在一个样品里出现，就表明该样品是天外来客。球粒陨星中罕见而极其珍贵的亚类是*碳粒陨星*。顾名思义，它们包含碳和各种其他复杂的有机分子。它们的另一个非同寻常之处在于它们的矿物之中含有水分，在有些情况下，它们含有的水分多达 20%。大多数碳粒陨星是很脆的，如果它们着地后没有马上被发现，就会化为一堆灰色的粉末。最后，还有一小类陨石并不含有球状体，它们称为*无球粒陨星*。

行星际流浪者——陨星

大多数陨星的年龄约为 45 亿年，这是通过分析它们当前几乎熄灭的放射性[②]而测定的。天文学家正是据此推断了太阳系的年龄。所以陨星是来自远古的信使，为我们带来了关于行星生成时代宇宙条件的信息。但是陨星在悠远岁月里经历了改变。分析表明，除了球粒陨星以外的一切陨星都曾经熔融并改变了。各类陨星有助于我们把行星系形成和演化的各个片断串接起来。

陨星学家们普遍认为碳粒陨星是最原始的物质，几乎保持了原来的状态，这是行星形成时期的物质。在球粒陨星里人们偶尔可以发现星际尘埃颗粒，它们从分子云里奇迹般地留存下来，而太阳和早期太阳星云正是从分子云中集聚而成的。球粒陨星里的球状体曾经是早期太阳星云里飘浮的熔融的岩石液滴。它们的加热和冷却都很快，保持了球体的形状。球状体的形成是早期太阳系形成中的一个未解之谜，它可能起源于早期太阳系里大规模的电闪雷击，受太阳巨大耀斑的加热或受强烈的激波冲击以及星子之间碰撞形成的熔岩喷溅。不论它们的起源如何，球状体一定是逐渐黏附在太阳星云里的其他固体上，最终形成了球粒陨星的物质。大多数球粒陨星始终保存完好，它们的藏身之所看来是

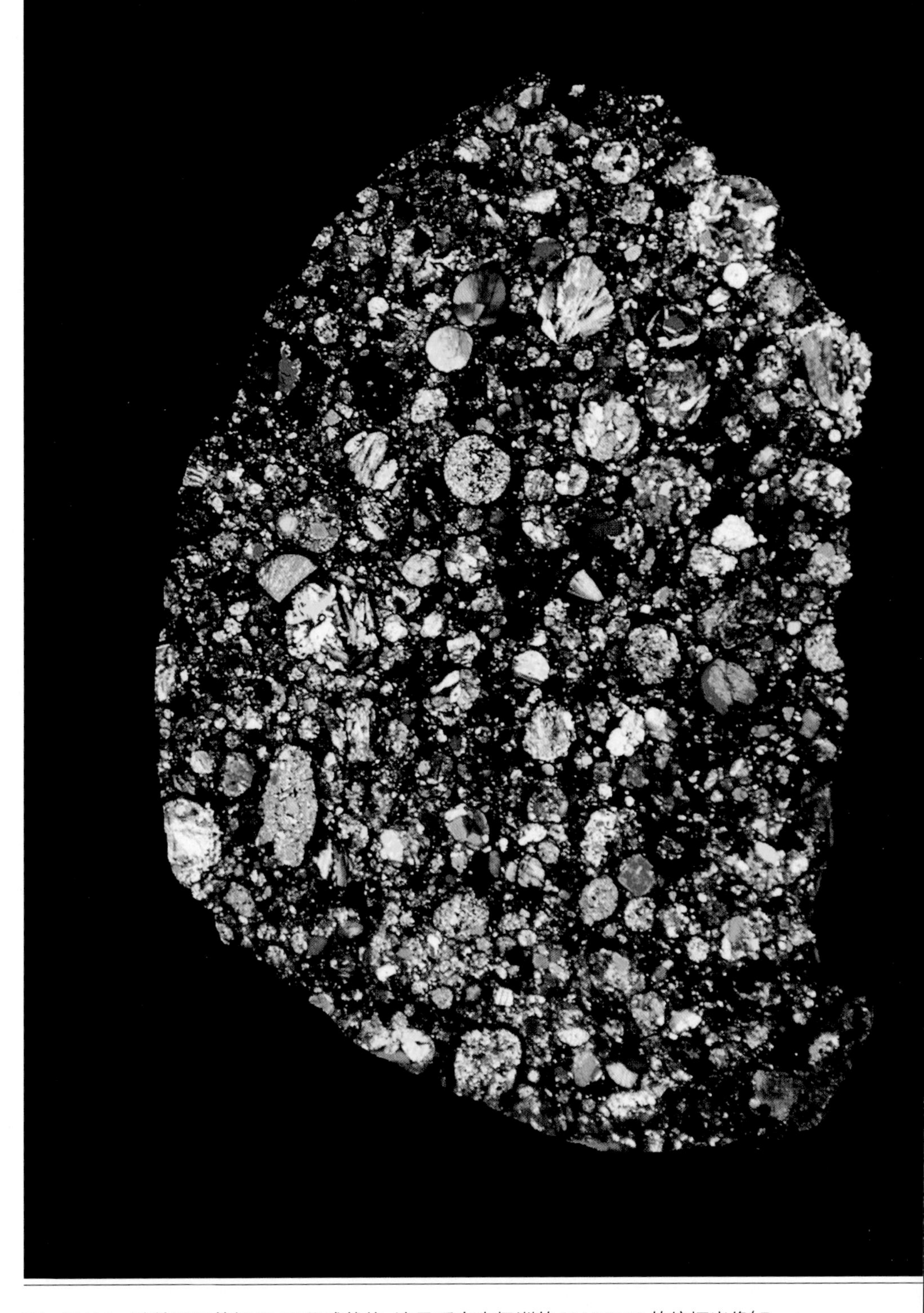

↗ 图11.3 球粒陨星的切面，可见球状体。这是采自南极洲的ALH78119的偏振光像（Dante Lauretta）

在星子的上层，埋藏在几千米厚的碎块之下。随后，猛烈的碰撞把一些球粒陨星物质释放出来，终于使它们走上前来地球之路。

球粒陨星、不含球状体的陨石与地球的火山岩相似。它们可能是因经受撞击而熔融的星子里的球粒陨星物质。结果星子的顶部熔化，在固结之前像熔岩流般短暂地流动。非球粒陨星，像深处的球粒陨星物质那样，最终被随后的碰撞抛向太空。

在星子增大的同时，年轻的太阳系从濒死恒星承袭的放射性衰变加热了它的内部[3]。但是加热到能从星子内部逃逸要花很长时间，因为上面有厚厚的隔热层。较大星子的内部因此而熔化，诸如铁和镍之类的较重的元素下沉，形成了固态金属核。随着太阳系年龄增大，放射性下降，星子固结。铁陨星很可能来自这类星子的内部深处，在灾难性的碰撞中脱颖而出。罕见的石铁陨星可能来自于上部的石质层与铁核之间的交界区域。

母体与留存的星子

大部分陨星来自火星轨道与木星轨道之间的小行星主带，那里已鉴别出 10 万颗以上的小行星，大小在几千米至上千千米。但是小行星的起源是什么？人们认为小行星是最后一批星子，即行星的建筑材料。或者不如说是星子的遗迹，因为从形成以来的 45 亿年里，它们与绕行碎块交会，经历了一次又一次沉重的撞击。当两个大小相当的星子相撞时，会造成严重的损伤甚至灾难性的碎裂。小行星就是星子在这种屡遭猛击之下的孑遗，从太阳系的溟始之初留存至今。宇宙飞船拍摄的小行星的近距离像证实了它们历经剧变的身世（图 11.4）。大多数陨星是这类剧烈交会抛出的碎片。

但是为什么这些星子不被吸积以形成另一个行星呢？详细的计算机模拟表明，原木星会阻止在小行星带上形成另一颗行星。木星的强大引力，甚至在星子还没集聚成整体之前，就在冲击它们，把其中一些抛入将与刚形成的内行星相交的轨道。另一些星子则被扔出太阳系，剩下的一些幸存下来，遭受强烈摄动，以至于不能相互结合，在遭遇交会时这些星子就开裂和破碎。木星曾经阻止了另一颗行星在今天的小行星带上形成。

正如第 10 章所讨论的，在今天的太阳系里还有另一个星子的仓库，这就是柯伊伯带，位于海王星轨道之外。这一遥远的区域处于永久的深度冻结之中，星子大多数由雪片与尘埃混合而成，由此产生的天体就像巨大的千米大小的脏

↗ 图 11.4 小行星艾达及其小卫星艾卫的近距离像，由伽利略号宇宙飞船拍摄（NASA/JPL/ Galileo）

雪球。估计大小超过 1 千米的这类冰质星子在柯伊伯带内有 1 亿个。引力摄动偶尔把这类天体送入内太阳系而形成彗星。

彗星每环绕太阳一次便会丢失质量，最终完全蒸发。但是从彗星的冰雪基质中释放的尘埃颗粒和岩石会沿其轨道散布开来。当地球穿越原彗星的轨道，我们便会遭受流星雨。在每年最佳的流星雨时段，高峰时每小时可见数百颗流星，但一般只延续几小时。在很难得的场合能见到流星暴雨，每小时有几十万颗射向四方的星星照耀天空（图 11.5）。最近的一次大流星暴雨发生于 1966 年 11 月。然而，2000 ~ 2002 年的狮子座流星雨也形成了显著的暴雨，每小时有几千颗流星。

也许埋藏在彗头里的大多数尘埃和小石子类似于脆弱的碳粒陨星，所以看来不会在通过地球大气层的熊熊火焰中幸存下来。不久以后的空间探测将直接从彗星获取样品，并将从太阳系边缘冻结的星子上取得太古的物质。

靶子中心与幸免于难

我们一般会认为陨星是拳头般大小的岩石或者更小些。确实，绝大部分陨星是很小的，虽然偶尔也有更大的天体进入地球大气，但非常罕见，以至于我们试图确定较大天体的撞击率时，历史记录帮不上任何忙。但是月亮上没有空气和活跃的地质活动，是估算撞击率的理想场所（图 11.6）。通过统计月面不同

↗ 图 11.6 遭受严重陨击的月球表面以及直径达 93 千米的哥白尼环形山，由阿波罗 17 号拍摄（NASA）

大小的陨击坑的数量并估计它们的年龄，天文学家估计了地球邻近空间较大天体的流量。米级大小的天体的撞击每年发生数次，直径 100 米的天体每千年冲撞地球一次。千米大小的天体每 100 万年冲击地球一次。虽然这么巨大的撞击是罕见的，但一旦发生便能导致严重破坏。

地质学家发现了至少 15 处巨大的环形结构散布在地球各处，它们的直径大于 30 千米，源自陨星的撞击。这些陨星撞迹的年龄从 4000 万年至几乎 20 亿年不等（图 11.7）。更多的陨星撞迹已经由于侵蚀、天气、海洋和地质过程而湮灭了。最著名的撞击发生在 6500 万年以前，它导致了恐龙的灭绝。

↖ 图 11.5 每年地球都要穿越一些原彗星的轨道，并与无数尘埃颗粒相遇，很偶然会发生流星雨。本图为狮子座流星暴雨（Tony and Daphne Hallas）

↗ 图 11.7 澳大利亚的沃尔夫–克里克结构是陨星撞迹，它是由约 30 万年前的一次巨陨星的撞击而形成的（L. Stougaard Nielsen and K. Bucka-Lassen）

即使在较近的历史时期里，猛烈的撞击也发生过。1908 年 6 月 30 日的清晨，一个直径估计达 30 ~ 60 米的天体在西伯利亚森林上空 6 千米处爆炸。400 千米以外的观察者报告说看见一个火球，并听到震耳欲聋的隆隆声。在 60 千米以外的一个贸易站，一阵灼人的热浪吹破窗户，而且大地震动。30 千米以外扎营的牧人们仓皇醒来，因为他们的帐篷被吹向空中。一位老人被扔出 15 米，随后撞在一棵树上，受伤而死。炽烈的高温导致森林熊熊燃烧。由于这个天体在大气内爆炸，所以没有留下陨击坑。但是从地面上的爆心投影点向外的半径 15 千米的范围内，树木会被吹倒。

幸运的是，1908 年的西伯利亚属于地球上人口最稀少的地区之一。但是在 1972 年灾星几乎袭击了美国。4 月 10 日，估计一幢房屋大小的一个天体进入美国西部各州上空的地球大气层，速度为每秒 15 千米。幸好它以极低的角度来到，只是作为一个明亮的火球穿越犹他州、爱达荷州和蒙大拿州上空，没有低于离地面 50 千米。几千人在大白天看见了它，并拍下照片和录像。最后它在加拿大某地上空离开了地球大气层。现在，这个天体正作为一个烧焦和黑糊糊的天体在环绕太阳运行。未来有朝一日，它还将回来。

几十年来，防卫卫星网监视着地球上的核爆炸和敌意的火箭发射。每年它们的传感器都记录下了大气中由很脆弱、松散物质组成的大陨星引起的爆炸。这类爆炸往往释放相当于一个中等核弹头的能量。

有几个天文学家群体正在从事对近地空间的系统搜索，以获得关于地球与巨型天体每隔多久交会一次的更准确的信息。这些方案中最前沿的是美国宇航局林肯近地小游星计划（LINEAR）。每个晴朗之夜，天文学家用专用仪器和软件对天空自动拍照，并记录快速穿越天空的天体的位置，这是它们接近地球的标志。目前已经发现了大量这类“越地”天体。这些计划和将来的计划将逐步累积资料，我们也将更清楚地了解我们面临的来自天空的危险。

第 12 章 | 行星形成中的偶然因素

猎户座内的大星云（已在第 9 章介绍）是天空中研究恒星形成的最佳区域（图 12.1）。它的跨径只不过几光年，但是这个恒星的产房已经在最近的 100 万年间孕育了几千颗恒星（图 12.2 和 12.3）。其中至少有五六个是大质量的，因而光度极高。猎户星云在这些光芒四射的 O 型星和 B 型星的照耀之下，沉浸在强烈的辐射之中，又受到星风的剧烈扰动。氢云薄纱似的鲜艳夺目，尘埃呈羽片状反射微光，它们以弥漫的光幕裹住了这片区域。猎户星云为研究恒星产生、星周尘埃云的演化和新生的行星系面临的各种情况提供了许多重要的线索。

猎户座里的年轻恒星和盘

1993 年，哈勃空间望远镜以约 0.1 角秒的极高分辨率拍摄了猎户星云的像。在这一尺度上，可见到猎户星云的许多恒星包围着由发光气体形成的小的彗星状星云，从这一天区内质量最大的恒星径直指向四方（图 12.4）。以 C. 罗伯特 · 奥代尔（C. Robert O 'Dell）领衔的研究小组对这些图像进行了研究，发现了猎户星云内围绕低质量恒星的星周盘。研究小组提出的论文解释了小的明亮结构，认为它们是稠密的盘与它们环境之间的相互作用区域（图 12.5）。这篇创新性论文提供了前所未有的成果，即环绕年轻恒星的原行星盘的第一批直观图像。

“原行星盘”这个术语用于指称这些泪滴状的等离子体云和其中潜藏着的盘。盘已不再仅仅是富有想像力的理论工作者的设想，它们已经在高分辨率图像中直接可见！

可惜，1993 年像的质量因哈勃空间望远镜主镜形状偏差而受损。1994 年航天飞机执行了首次修复任务，把一个新的照相机装上哈勃空间望远镜，其光学系统能改正因望远镜镜面缺陷引起的像差。新的、更清晰的猎户星云像揭示

图12.1 猎户腰带以南的区域，包括大猎户星云、马头星云和大的云状结构（M. Bissell & R. S. Sutherland）

↗ 图 12.2 猎户星云明亮的中心部分，在光学波段所见（R. O'Dell，NASA/STScI）

了几十个新的环绕低质量恒星的盘（图 12.6）。迄今为止，哈勃空间望远镜已对大约 500 个猎户星云的年轻恒星进行了深入探测。人们发现，其中 200 多个有泪滴状的原行星盘环绕。人们还在至少 60 个明亮的原行星盘内直接看到了盘。在星云的背景上检测到 20 个没有电离气壳环绕的裸露盘。这些"暗原行星盘"，或称"背景盘"，一定位于前方，离猎户座的大质量恒星相当远，从而避免了被电离。

从早年的地基观测已然可知存在这种原行星盘。20 世纪 70 年代，在大气宁静度最佳条件下用大望远镜拍摄的照片和电子像揭示了猎户星云核心内几颗小质量恒星周围延伸的氢云。大约 10 年以后，位于新墨西哥州的甚大阵发现了

↗ 图 12.3　猎户星云的内部，在红外波段所见（M.McCaughrean，ESO）

↗ 图 12.4 猎户四边形的恒星，其中最明亮的成员是使猎户星云电离的主要原因（J.Bally，NASA/STScI）

几颗猎户星云的年轻恒星，它们被新月形的等离子体云包围着，这些云面对着星云内质量最大、光度最强的恒星。哈勃空间望远镜发现的盘，由明亮的氢辐射的新月形云包围着，正是在 10 年以前甚大阵探测到的位置上。

早先关于某些猎户座内金牛 T 型星周围的延伸结构的看法仍迷雾重重。这些云的角直径已知（大约半角秒，相当于 250 天文单位），它们的中央恒星的引力不足以把 1 万开高温的等离子体保持在原地。云一定会膨胀，因为离子的典型速度远超过恒星在那个距离上的引力。20 世纪 90 年代的光谱观测表明，氢气体正在从这些天体流出。气体从这些云流失持续了一个多世纪，必定有一个不可见但十分稠密的仓库给予补给。由于尘埃遮蔽中央恒星，这些仓库不会是球形的。

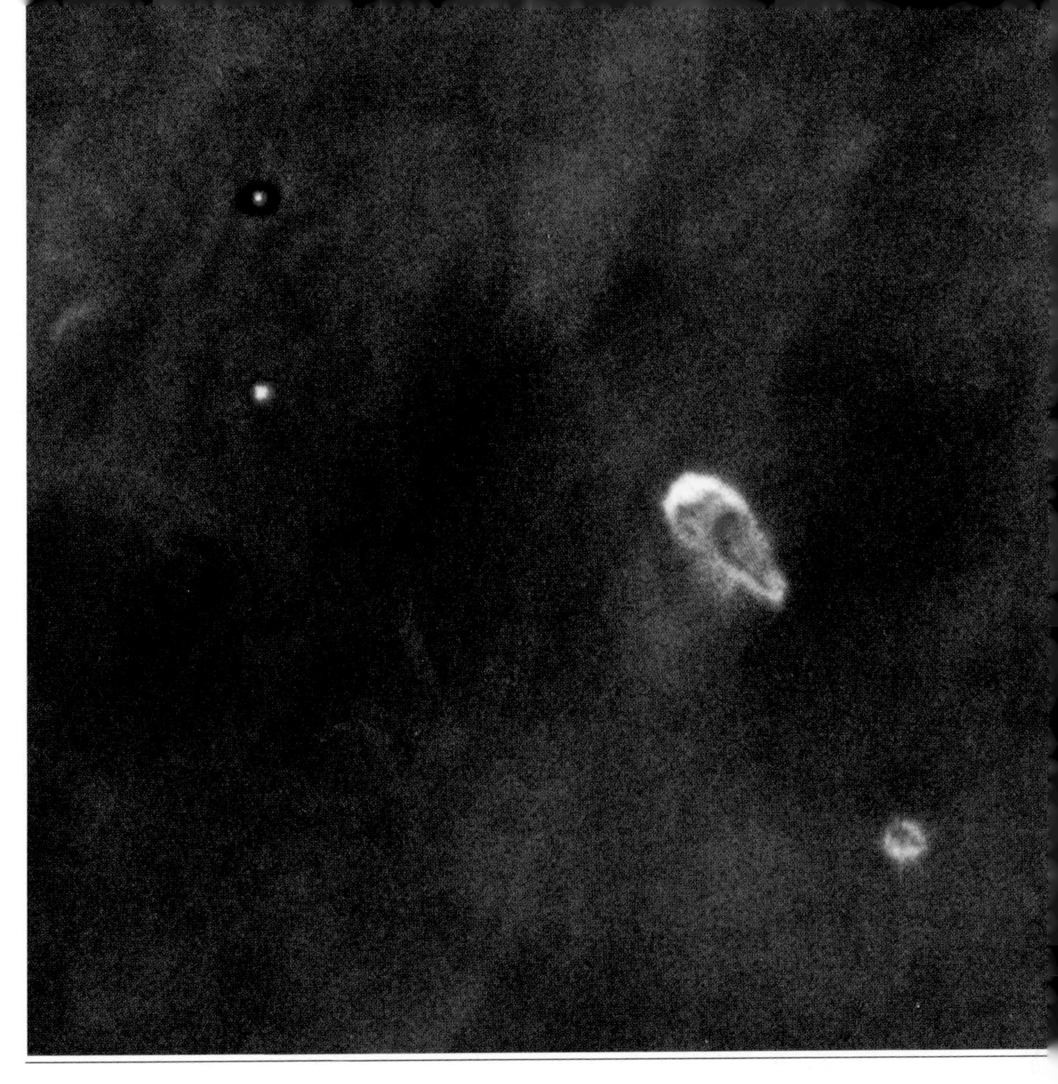

↗ 图 12.5 在泪滴状等离子体云内潜藏的两个盘（HST 10 和 HST 17）以及只能在背景上可见的几乎正向的盘（HST 16）。在正向盘的中心可见中央恒星，而在侧向盘内恒星则完全被遮蔽（J. Bally，NASA/STScI）

根据这些看法，人们曾经预测，在猎户座内观测到的许多恒星都有盘包围着。当哈勃空间望远镜以其超高的分辨率研究猎户星云区域时，确实发现了这一切。

正在蒸发中的盘

为什么原行星盘有扩展的气壳和彗星般的形状，尾巴指向与光源相反的方向？因为紫外辐射加热了星周盘的表面。在盘的外部只有很微弱的引力把物质束缚在母恒星旁，受紫外辐射加热的气体便逃逸到周围的 HII 区里去。例如，离 1 个太阳质量恒星 100 天文单位处的粒子的轨道速度每秒约 3 千米。如果这

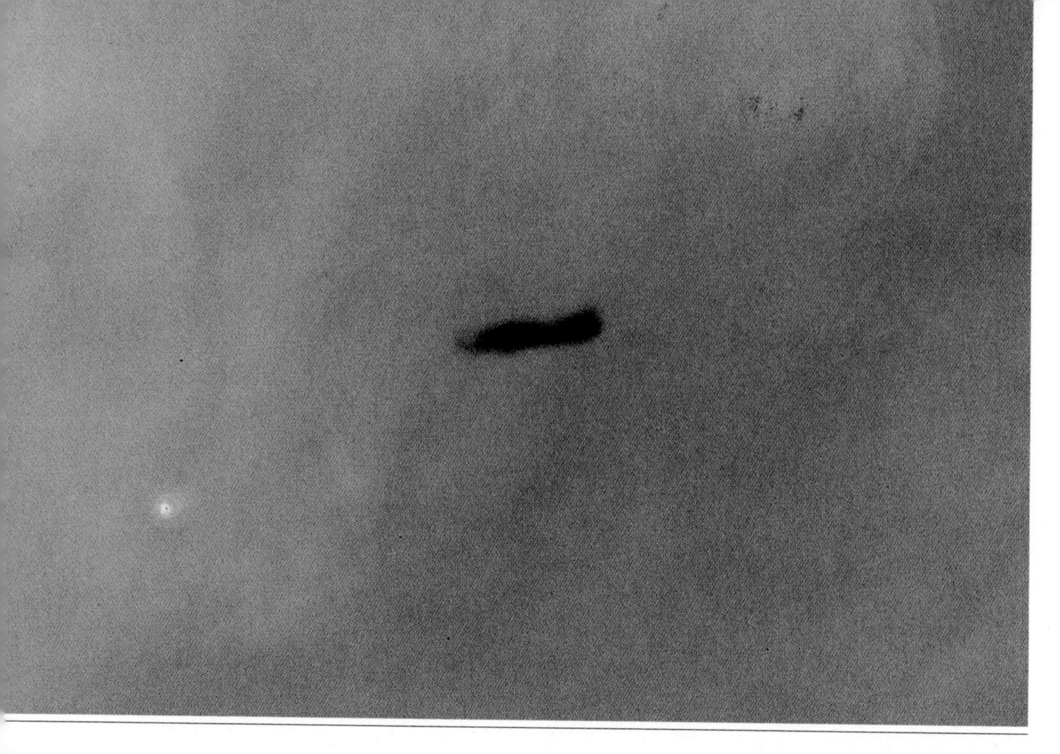

图 12.6 单个原行星盘飘浮在猎户 HII 区。恒星被一个暗黑的背景盘包围着（J. Bally，NASA/STScI）

一区域的原子另外受到每秒 1.5 千米的加速，它们就能逃逸。

紫外辐射的效应取决于波长。波长小于 91.2 纳米的高能“硬”紫外辐射能把氢电离[1]，波长大于 91.2 纳米的低能“软”紫外辐射却不能。然而，软紫外光能离解分子并电离诸如碳之类的痕量元素。但紫外辐射最重要的效应是加热。软紫外光加热气体至几千开，而硬紫外辐射则加热到近万开。受辐照的气体升温、膨胀，在它的速度超过引力逃逸速度的区域，它就从盘内逃逸。

随着气体膨胀，气流变得比较稀疏，使得硬紫外辐射容易渗入并电离气体。因此在几倍于盘的半径处，风流过“电离锋面”，那里的温度跃升到近万开，等离子体加速到超过每秒 10 千米。星周盘及其风、电离锋面投射出影子。这样，在影子里的气体在荫蔽之下就避免了光照，并形成了原行星盘的尾巴[2]。

图 12.7 是两个带有巨大电离锋面的原行星盘。一些年轻的潜藏恒星为高速喷流提供能量，它们产生的穗状辐射突现在这些原行星盘上。

猎户星云里的大原行星盘每年损失几乎百万分之一的太阳质量。如果这一质量损失率稳定地保持不变，那么起初具有 1% 太阳质量的盘（这一质量是形成类似我们行星系的原行星盘必须具有的最低质量），将在仅仅 1 万年之内彻底

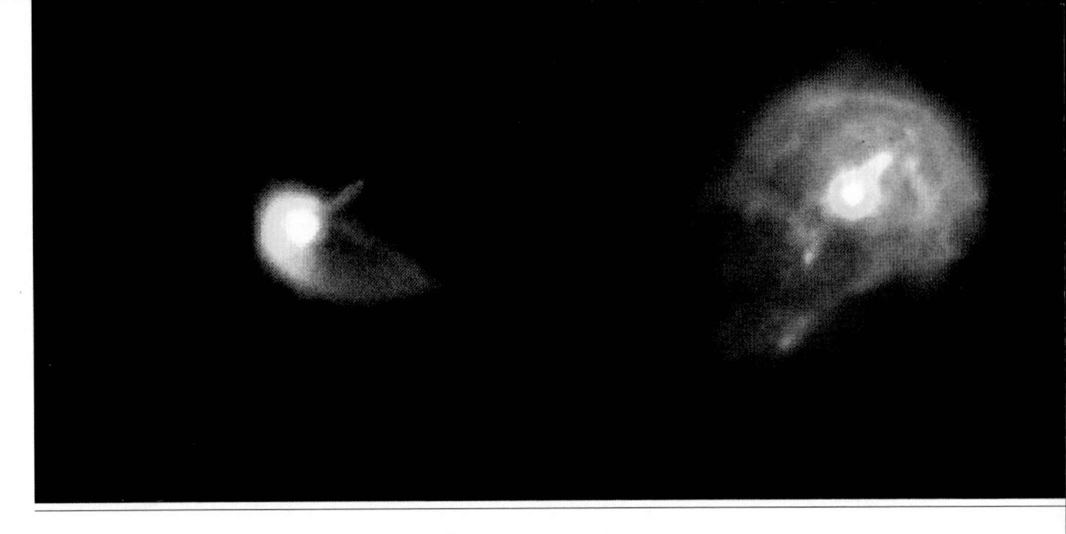

↗ 图 12.7 两个原行星盘，都显示有从它们的中央恒星发射的定向喷流（J. Bally，NASA/STScI/HST）

消失。但是随着盘的收缩，它的质量损失率会下降。它会在 100 多万年里收缩到外半径为 10 天文单位。这样，小盘就能存在很久，足以形成行星。

随着盘的外半径收缩到大约 40 天文单位（对于 1 个太阳质量的恒星而言），受软紫外辐射加热的气体不再能离开这个系统。由于已没有风去吸收硬紫外辐射，电离锋面便落到盘的表面。当完全电离的风销蚀着盘，直到它的外半径小于 4 天文单位时，质量损失又开始了。然而，这类小盘即使在哈勃空间望远镜所拍的图像里也不能与普通恒星区别开来，因为半径为 40 天文单位的盘在中央恒星的光芒下隐没了。

大约一半猎户星云恒星潜藏在大的原行星盘里，经受着软紫外光主导的质量损失。但是超量的红外辐射表明其余恒星的大部分也有盘环绕，它们太小，难以在星像里看到，而且它们可能正处于硬紫外光主导的质量损失阶段。

大质量恒星是紫外辐射的主要来源，不过小质量恒星也产生一些紫外光。一颗典型的金牛 T 型星的紫外光光度比一颗大质量恒星的紫外光输出的百万分之一还小。不过，这些辐射对于盘的演化还是有比较大的冲击。如果说大质量恒星从外部销蚀盘，那么自辐照则从内部销蚀盘。硬紫外光产生的自辐照从一个离中央恒星 5～10 天文单位的环形区域推动质量损失。在更接近于恒星的地方，引力能保持住受硬紫外辐照的等离子体。从这些环形区域刮起的风散射恒星的紫外光，并辐射出自己的软紫外光。这些辐射照耀在盘更靠外的部分，在超过 40 天文单位的范围内推动质量损失。这样盘就从内、外两边销蚀着。

盘里的黏滞性③导致物质径向散布。盘的外边缘趋于向更大的半径膨胀，内边缘的气体趋向于向较小的半径移行，而缝隙就有填满的倾向。这样黏滞性就促使气体进入紫外辐射能够消除它们的区域。

来自邻近的大质量恒星的紫外辐射和来自中央T型金牛星的自辐照能在几百万年的时间尺度内消除所有氢和小尘埃颗粒。如果行星系很多，星子和富氢巨行星一定会在不到几百万年的时间里形成。

星团和碰撞

因为大多数恒星是在星团里成群地形成的，因此大盘还面临着恒星形成环境里的另一种偶然因素。由于恒星在星团引力作用下会移动，它们偶尔会遇到密近的交会。在恒星擦肩而过时，盘会相互猛烈地碰撞，从而四分五裂。

星团在形成时可能密度极高。猎户星云的中心密度为每立方光年约3000颗恒星，这比太阳系邻近空间的恒星密度高了将近1000万倍。太阳邻近空间的恒星之间的典型距离约为3光年，然而猎户星云核心处恒星间的平均间隔只有百分之几光年。

虽然当前在猎户星云里恒星形成已经停止，但是在OMC1云的核里恒星形成仍在继续，OMC1云位于猎户星云后部的电离波前的后面不足1光年处。在OMC1云内，我们看到几个很大质量的恒星，彼此相距不到1000天文单位。由于严重的遮蔽和干扰，我们还没有能力看到更暗淡的、质量更小的恒星。我们预期有大量这类未见的小质量恒星潜藏其中，恒星密度足可达到每立方光年3万颗以上。由于恒星如此拥挤，就不再有更多的空间留给星周盘。这与聚星的情况类似。聚星系统各成员星之间典型的平均距离小于几百天文单位，并不比猎户座内原行星盘之内的星周盘的尺度大多少。

诸如OMC1云之类的大星云核产生着由更小的核、盘和原行星组成的完美的集群，它们在短时期（小于10万年）内能猛烈地相互作用。核、盘和恒星群彼此绕转，上演着宇宙中的狂舞。相互的引力作用导致密近交会、一些俘获型双星形成、少数恒星受到猛烈排斥，甚至还可能导致并合事件。模型显示，留存的盘的外半径将被砍削到近似于恒星交会时彼此间的最近距离。

当两颗恒星彼此迎面而过，它们的盘会受到潮汐力的作用而扭曲。盘的外周部分会被加速并被抛出系统，很像一块石子用弹弓弹射出去。相互作用的模型显示，入侵恒星的近距离通过会产生强烈的旋涡图像，甩出由盘内碎块形成的尾巴，造成盘内的混沌运动。只有很紧密地束缚着的内盘才得以幸存。相互作用的混沌状态和猛烈程度足以摧毁原行星盘并把原已形成的天体抛射进星际空间。动力学抛射是产生自由游荡的行星和褐矮星的一条途径（第 5 章和第 13 章）。

如果一个盘确实存在了很久，从而产生了行星系，在母星团仍保持着自身的引力束缚并作为疏散星团或球状星团而存在的情况下，那么这个行星系也会被其孪生恒星摧毁。哈勃空间望远镜曾经在两个球状星团 M22 和杜鹃 47 里搜寻过巨行星，检测当行星经过其绕行的恒星的盘时所引起的光线的些微变暗（第 13 章）。这些实测给出了否定的答案：没有发现行星。事后人们认识到，这个结果在情理之中。这些星团在形成过程中，一定包含了几十颗甚或几百颗大质量恒星。强烈的紫外光对年轻的盘产生了光侵蚀作用，几十亿年过去了，这类星团仍存在，孪生恒星之间继续相互作用，制造额外的偶然因素。即使行星确实有机会形成，它们也极有可能从自己的母系统里被抛射出去。

超新星和盘

OB 星协产生几十颗大质量恒星，它们的结局是作为超新星爆发。所有大质量恒星在诞生后 4000 万年之内死亡，这个时间尺度相当于岩态行星通过碰撞成形而集合成系统经历的时间。当第一批大质量恒星死亡的时候，大部分年轻恒星在膨胀着的星协里仍将留在其出生地附近。

在恒星向超新星爆发演进的最后阶段，许多大质量恒星在红超巨星和蓝超巨星两个状态之间摇摆不定。在长达几十万年的时间里，蓝超巨星的紫外光光度能够达到太阳的 1000 万倍，超过了猎户四边形恒星的光度 100 倍以上。这些超巨星终于爆发了。在几星期到几个月之内，由超新星产生的紫外光是猎户四边形恒星所产生的紫外光的几百万倍。超巨星和超新星巨大的紫外光光度能极大地增强近旁星云和原行星盘的光侵蚀和质量损失率。

一个超新星的膨胀中的遗迹能包含多达太阳在其一生中产生的能量。这个遗迹清扫周围的 HII 区，并吹向过去的原恒星和它们的盘。超新星爆震波，犹如猛烈而短暂的飓风刮过恒星、盘和孕育恒星的星云核。受束缚较弱的外盘会再一次损失质量，超过因紫外辐照产生的损失。然而，超新星爆震波看来不至于摧毁留存下来的盘。

另一方面，超新星爆震波通过之际，给原恒星云和盘带来了大质量恒星爆发过程中刚刚合成的元素和放射性同位素。这些原子按各自的方式结合成星际和原行星尘埃的颗粒。当它们凝结起来形成星子和行星时，因放射性元素衰变产生的热量使它们的内部液化。这样，在直径大于 100 千米的固态天体内，镍和铁等重物质下沉到中心，而硅酸盐矿物等轻物质则上浮到表面。

我们的太阳系曾经被超新星产生的爆震波刮过。对陨星的分析揭示了短寿命同位素的次生产物[④]。这可能是一种证据，表明在太阳系形成后的几百万年之内，爆发的邻近超新星曾经给原行星物质造成了污染。

在原行星盘里能形成行星系吗

在行星形成的“标准模型”里，行星的形成要经历几百万年（第 10 章）。然而，对猎户座原行星盘的观测显示它们的质量损失率很大，以至于其中大部分在不足 100 万年的时间内就已缩小到不复可见。由于外部辐照和自辐射，星周盘的内部会发生质量损失，这一过程的时间尺度正是要考虑的核心问题。

在诸如猎户座那样的环境内行星能否形成，对于了解在所有恒星周围是否存在行星具有深远意义。天空中的大多数恒星在 OB 星协里形成，并受强烈的紫外辐射的辐照。如果行星能在其盘产生后不久即蒸发殆尽的恒星周围形成，那么大多数恒星终究会具有行星系。另一方面，如果紫外光和恒星交会阻止了行星形成，大部分恒星会没有行星。紫外辐射会在很大程度上冲击木星等气态巨行星的形成，因为它们主要由氢和氦组成，这是最容易从盘里散失的气体。

在标准模型里，要形成气态巨行星，就要通过更小的星子的碰撞集聚成一个大的、岩质的原行星核，这已在第 10 章讨论。一旦核达到地球质量的 5 ~ 10 倍，它的引力便能从周围的盘里吸积氢和氦等轻的气体。在类似于猎户座的环境里，盘外部的轻气体很容易被紫外辐射驱散。自辐照也会在几百万年之内从 5 天文单位之外驱散这类气体。如果原行星核的形成长于几百万年，那就不会再有任何气体留下来以供吸积了。因此，巨行星一定要在短于几百万年的时间之内形成，否则气态巨行星就不能在富紫外光的环境里形成。

巨原行星从它们的母盘内吸积气体，半径能达到 1 天文单位。在外盘内形成的原行星暴露在紫外辐射下，因此遭受质量损失。但是一个直径 1 天文单位的天体在诸如猎户座的辐照环境里能存在几千万年。氢的消耗很缓慢，导致土星和木星这类完美的气态巨行星的成分十分接近于太阳。另一方面，氢的严重损耗将造成诸如天王星和海王星的世界包含更为丰富的重元素。

在猎户座里，盘的外半径会在几十万年之内收缩到它们不再能承受软紫外辐射推动的质量损失。但是对盘来说，它演化到以电离主导的质量损失阶段则需几百上千万年。虽然物质从内盘向外边缘的黏滞性移动会缩短盘的寿命，但是盘的彻底消失需要几百万年。即使在辐射强烈的严酷环境中，在 10 天文单位之内的盘的内部也能长期存在，足以形成行星系。

辐射场实际上会加速行星形成的早期阶段。在紫外辐射引发的质量损失之后，留下了大的尘埃颗粒和冰粒子。这些粒子包含较重的元素。如果粒子在暴露于紫外辐射下之前有充分的时间增大几百微米，在这样的盘里，盘的蒸发将使得盘内一定种类的重元素丰度增大。正如在第 10 章所讨论的，大小在几厘米至几米范围内的固体向盘的中央平面掉落。这些粒子趋向于以当地的开普勒速度环绕中心恒星运行，而气体的绕行则稍微慢些。这样，岩块会遭受顶头风，从而逐渐向中心恒星偏移。当盘旋着向内的固体遇到盘内没有气体的缝隙（例如由恒星磁场产生的内盘缝隙或由迅速形成中的行星的进一步向外造成的缝隙）时，固体的径向移动就会停止，而粒子将堆积起来，增加了行星在那里形成的可能性。

4 种过程——氢和其他气态物质的消除，颗粒增大并向盘中心平面沉积，大固体颗粒和冰的径向移行，以及固体的移动就在缝隙外缘停止——将把大量富“金属”固体集中在盘的某些地方。千米大小的星子在自引力的影响下，能在仅仅几百年的时间内从盘里凝聚出来。紫外辐射确实能以这种方式推动行星形成的启动过程。

进入各种行星系

正如我们所见，年轻恒星的环境与它离大质量 OB 型星的距离和邻近空间的恒星密度有密切的关系。孕育行星系的环境的多样性能够导致行星系统结构的极度差异。

一个十分年轻又质量较小的盘，如果在巨行星的大岩质核心形成之前，其中的固体还来不及增大就已暴露在强烈的紫外辐射之下并失去它的大部分氢，那么后来形成的行星系终究不能拥有诸如木星这样的气态巨行星。但是如果在氢丢失之前这样的盘已有了足够的时间增长出大的原行星，气态的巨行星就会按“标准”核吸积机制形成。而且如果盘以充分大的质量形成，从而引力不稳定性开始出现，那么许多气态巨行星会很快形成。

行星系的早期演化取决于环境。尤其是，行星不总是保持在原来的轨道上。气态巨行星的产生会在原来的盘里触发旋涡波的形成，这能有效地转移轨道角动量。在这种盘里的内行星会不可避免地掉落进母恒星之内，而外行星则移行到更大的轨道半径上[5]。但是如果经过行星形成期之后留存下来的气体盘能够很快消散，轨道迁移就会停止。当原来的盘消失后，某些巨行星只能向内迁移，以致永久驻留在封闭的轨道上。如果从一个大质量盘里有太多的行星产生并驻留在半永久的轨道上，它们之间的引力相互作用将或迟或早地把几个成员抛射出去。计算机模拟表明，在包含十余个或更多行星的系统里，有几个行星将受引力相互作用的抛射。

在类猎户座的区域，早在大质量恒星的吸积停止并开始让盘受到光致蒸发之前很久，大多数小质量恒星就开始形成。尘埃颗粒已经在 100 万年期间积聚冰幔，并结合成直径几厘米或更大的岩块和脏雪球。即使千米大小的星子也会在紫外辐照（第 10 章）开始之前很久就已形成。大的固体块相对而言不易受到紫外辐射的破坏。如果每一次入射的紫外光子把一个暴露着的直径为 1 米的固体块中一个原子敲击出来，那么在离典型的大质量恒星 3 光年处，这个固体块将存在 100 万年以上。结果，小行星、彗星和岩态行星能在富紫外辐射的环境中留存下来。

没有大质量恒星的暗星云里的盘不会遭受它们外周盘的光炽燃。孤立产生的恒星的盘的外缘部分会原封不动地保存下来，存在的时间比在紫外辐射丰富的环境里远长得多。这些气体积聚在巨行星里或类彗星的天体里。然而，这类盘的内缘部分还会遭受强烈的自辐射。我们的确还不完全了解暗星云里盘演化的不同可能结果。

我们的太阳系究竟是在诸如金牛座里那样孤立的暗星云核心内，还是在诸如猎户座里那样的 OB 星协内，抑或是在更加奇特的环境内形成的呢？我们不能从我们所在的银河系一角的邻近恒星说出答案。如果太阳系起源于一个富星团或者类猎户座的环境，太阳的孪生小质量的恒星可能已完全消散，并在 45 亿年期间移行到银河系内另一个遥远的角落。任何大质量恒星可能早已死亡。最大的希望寄托于陨星和彗星提供的线索。陨星的记录提供了一些太阳系产生于 OB 星协的证据。陨星里存在着短寿命元素和同位素的次级产物，表明曾经有超新星的残余物注入形成太阳系的物质之中。某些陨星包含着少量从红巨星大气里产生的尘埃颗粒。越来越多的证据表明太阳和太阳系在一个复杂的环境中形成，其中有多个合成新同位素和新元素的源，正如古老的类猎户 OB 星协。向地球回归的彗星的样本会随时提供关于孕育我们的太阳系的环境属何种类型的额外线索。

第 13 章 | 环绕其他恒星的行星

我们的太阳系是唯一的吗？是否有类似地球的行星也在环绕其他恒星运行？我们关于恒星形成的日益增长的了解和近来对于 100 颗以上环绕远距恒星运行的巨行星（称为“太阳系外”行星）的间接探测，正在开始提供答案。

探问其他世界

正如第 12 章所讨论的，稠密的吸积盘（这是天文学家认为行星能在其中形成的一种环境）在许多正在形成的和年轻的恒星周围被探测到。它们的质量和大小大致适合于产生类似于我们太阳系的行星系。虽然行星形成所需的条件看来是普遍的，但是行星是否必然在这类盘里形成，这还远未明白。正如我们在第 12 章所见，恒星的产生是一个剧烈的过程，而行星形成会经常受阻。只有直接的观测才能探明在银河系内的恒星周围行星是否普遍存在。

环绕其他恒星的行星是极其难以探测的。我们在可见光波段看到的行星的光亮，其实是行星反射它所环绕的恒星的光线。一颗典型的类地行星至多只截取母恒星光线的约十亿分之一。这样，这类行星看上去比它所环绕的恒星暗淡 10 亿倍！即使如木星般的巨行星，由于它的表面积更大，它反射的光线要多数百倍，也是极端暗淡的。此外，行星与其母恒星之间的距离与它们离我们的距离相比，小得微不足道，因此微弱的行星光完全淹没在恒星的光芒里。因此，至今还没有望远镜直接看到太阳系外行星的光线就不足为奇了。事实上，太阳系外行星的成功探测要应用间接的方法。

巨行星和摆动的恒星

1995 年年底和 1996 年年初，两个天文学家小组宣称发现了环绕邻近恒星的巨行星。米歇尔 · 迈约尔（Michel Mayor）和迪迪埃 · 科洛斯（Didier Queloz）发现一颗质量与木星相当的行星环绕着飞马 51 运行。不久以后，保罗 · 巴特勒

(Paul Butler)和乔夫 · 马西(Gekff Marcy)宣布发现了另外几颗[①]。几年以来，这两个小组检测类太阳恒星的光谱，搜寻绕行行星可能引起的细微的周期运动。

太阳系内质量最大的行星木星以每秒 13 千米的速度，每 12 年绕行太阳一周，它的速度接近航天飞机绕行地球速度的 2 倍。太阳的引力拉住木星使之环绕太阳运行，但是木星也拉着太阳。这样，两个天体环绕着它们的质心运动。由于太阳的质量比木星大 1000 倍，它响应木星引力环绕质心的速度只有每秒 12.5 米(每小时 28 英里)，相当于城市里行驶的汽车的速度。质量第二大的行星土星，引起太阳的运动的速度只有约每秒 2.7 米。

大质量的太阳系外行星的引力，也会以同一方式对它所环绕的母恒星产生反应运动，恒星运动改变着它的外层发射或吸收的光线的观测波长——这是先前说明过的多普勒效应。虽然远距恒星的多普勒位移是极其微小的，但是它们无论如何还是能用安装在大望远镜上的摄谱仪测量出来。

探索反应运动需要极大的耐心。为了检测类木星行星环绕远距离类太阳恒星的运动，天文学家必须对历经轨道大部分的恒星多普勒位移作反复的精密测量。要知道，就太阳和木星而言，这就需时 12 年。这种分光方法已经用于探索几千颗最亮的单个类太阳恒星周围的行星。通过母恒星的摆动式的反应运动，人们已经发现了 100 多个远距离巨行星的候选者。

对太阳系外行星的大部分探索集中在类太阳恒星上。质量更大的恒星，能用于精确测量径向速度的谱线太少。此外，这些恒星的自转往往快于太阳，导致谱线加宽，这也限制了径向速度的精确测定。质量比太阳小得多的恒星往往十分暗淡，这使得精确的多普勒测量很困难。

大多数这类远距行星系与我们的太阳系相差很大，这让天文学家大惑不解。恒星飞马 51 被一颗约木星一半质量的行星环绕着，每 4.23 天绕行一周。[②]这意味着这颗行星离飞马 51 比水星离太阳近得多。与母恒星的距离如此之近，以致在它的外层温度达到了超过 1000 ℃。迄今为止，用分光反应运动法发现的所有行星的质量都与木星相当，而且往往都在作短周期的轨道运动。这些巨行星在与太阳系内类地行星相似的小轨道运行，却主导着整个行星系。显然，大自然能以与我们的太阳系截然不同的构建方式产生行星系。看来所有类太阳恒星中，至少有 5% 有近距离巨行星环绕。由于它们与母恒星距离太近，这些天体被冠以“热木星”的称谓。

虽然大部分太阳系外气态巨行星的轨道周期很短，然而人们已发现少数几个的轨道周期达几年，这表明它们的轨道类似木星。人们已发现几个行星系包含 2 颗甚至 3 颗巨行星。

我们在大多数单个类太阳恒星周围只能检测气态巨行星，这在很大程度上反映了检测方法的缺陷，即存在选择效应。接近母恒星的气态巨行星产生最容易检测的径向速度信号，具有比较大的振幅和短的周期。相同的行星如果轨道更大，将产生周期更长、幅度更小的径向速度信号，那就更难以检测。假想一下，生活在遥远行星上的天文学家若以我们现在的径向速度测量仪器来研究我们的太阳系，会发现要检测木星和土星十分困难。类地行星产生的信号比当前能检测到的要低几个量级。要发现类地行星，我们需要不同的方法。

映衬在背景上的行星

在我们的太阳系里，有时能看到地内行星水星和金星穿越太阳前面，这种事件称为行星*凌日*。

几世纪以前，凌日对于地理学家很重要。凌日是在地球上不同地区之间实施时钟精确同步的少数几种方法之一，由此来测定地理经度。[③] 然而，太阳系里行星的轨道并不严格地重合于同一平面，当地内行星在其环绕太阳的轨道上经过地球前面时，凌日并不总会发生。对水星来说，凌日每 10 年大约只发生 1 次，而对金星来说，凌日每世纪才发生几次（图 13.1）。当月亮遮掩太阳表面时，我们能感受日全食的壮美，这时太阳光在几分钟之内被全部遮挡。但是当远距离的水星和金星凌日时，它们只能遮挡十万分之几的太阳光。

位于热木星的轨道平面几度之内的观测者会看到凌星现象。对于像飞马 51 这样的行星系，接近于轨道平面的观测者每隔几天就会看到一次凌星。在凌星过程中，这类巨行星遮挡约 1% 的母恒星的光线，用现代的电子照相机很容易探测到。

考虑一颗假想行星在一颗类太阳恒星周围每 10 天绕行一周。若轨道指向是随机分布的，那么从对我们有利的方向看上去，只能有百分之几的机会看到凌星。原则上，人们需要检测将近 100 颗拥有这类行星的恒星的亮度，才有可能检测到 1 个其中的巨行星偶尔穿越母行星的前面的系统。由于全部恒星中有百分之几看来包含近距热木星，持续不断地检测上万颗随机选择的恒星的亮度，将足以发现许多这类系统。

天文学家应用凌星法，迄今已检测到几颗行星环绕着远距恒星。20 世纪

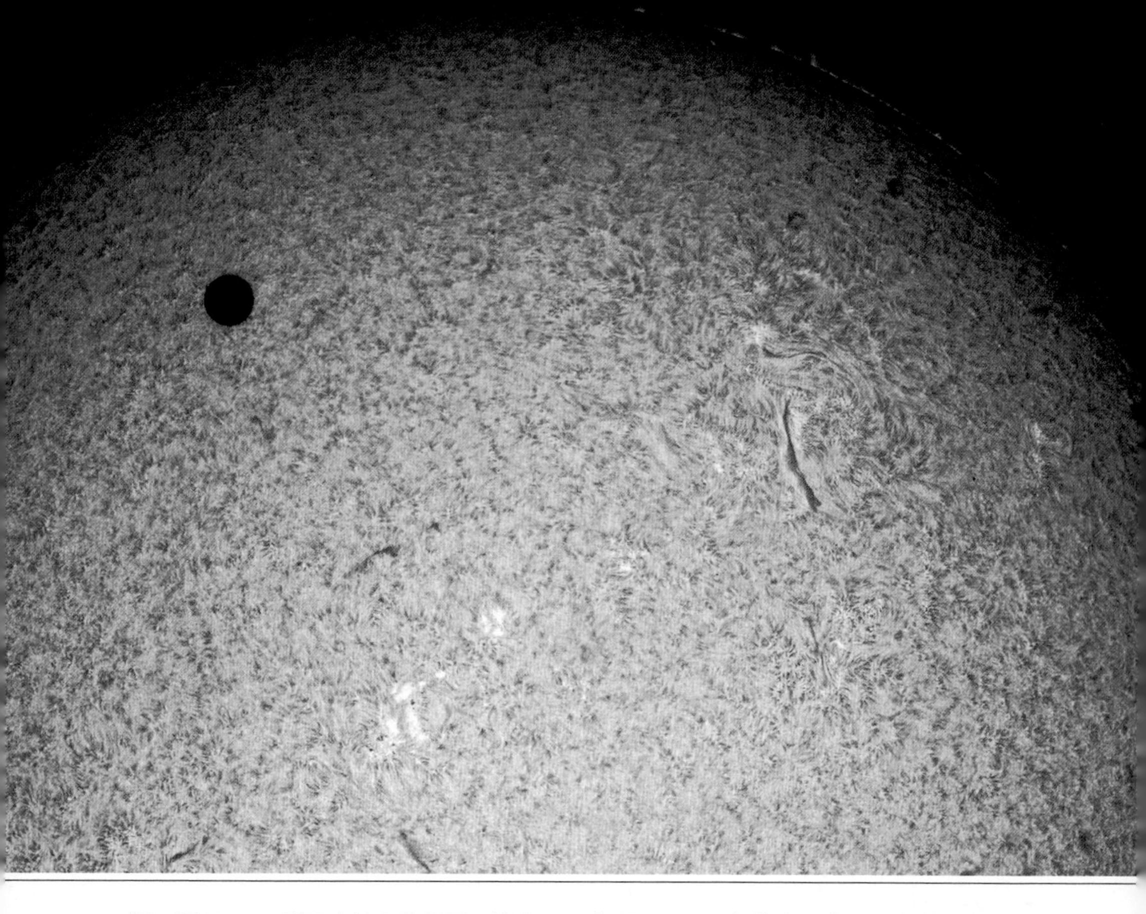

↗ 图 13.1 一颗正在凌日的行星。这张 Hα 像展示 2004 年的金星凌日，当时金星正在经过太阳前面（承蒙 Stefan Seip 惠予刊用）

90 年代末，有几组天文学家制订了方案，要去搜寻已用视向速度法发现的行星中的凌星现象。对于这类行星，轨道周期和凌星将要发生的时间都是已知的。当恒星离地球最远时（在恒星显示其对视向速度平均值偏离最小之前或之后的约 1/4 轨道周期），期望发生凌星。这些知识保证了对凌星信号比较有效的搜寻。1999 年，蒂姆 · 布朗（Tim Brown）和戴维 · 恰波诺（David Charbonneau）在一颗标为 HD 209458 恒星的光度曲线上发现了第一个清晰显示的、人们搜寻已久的凌星信号。他们发现这颗恒星的光有微弱下降，每 3.5 天重复一次：这正是预期行星的轨道周期。[4]

然而，不是每次凌星都是行星产生的。正如前面几章所讨论的，大多数恒星存在于双星系统中。如果轨道平面相当接近我们的视线，这些系统将经受相互交食。英仙座肉眼能见的恒星大陵五可能是这类食双星中最著名的。在许多双星系统里，成员星有非常不同的性质。例如，双星系统中的一颗成员星是一颗类太阳恒星，而另一颗成员星可能是绕行它的、暗淡得多的红矮星、褐矮星、白矮星甚至中子星。这类天体与典型的主序星相比要暗淡得多，因此它们不会贡献易于察觉的光亮。它们也可能比另一颗成员星——明亮的类太阳恒星小得多。这样，当它们凌星时，它们的信号与行星的信号极其相似。结果，用凌星法搜寻行星就可能真假难辨，必须十分小心地剔除矮星或已坍缩的伴星。幸好，这些天体比行星的质量大得多，而且它们对另一颗成员星——类太阳恒星的引力作用很强，使之呈现大幅度的反应运动，从而能与行星区别开来。随后将是非常重要的工作——对预期的凌星行星的候选者作分光观测。

一旦确定了候选的行星凌星，我们就要加强对远距的行星系的观测，从而获得许多信息。例如，连续两次行星凌星之间的时间间隔能用于测定行星的轨道周期。凌星的延续时间和凌星光变曲线的形状反映了行星遮掩了多少光线、行星的大小和轨道倾角。从对凌星的持续不断的计时，人们能够测量轨道形状，也许还能检测其他行星或环绕这颗行星的卫星产生的摄动。既然行星在其母恒星的背景中能被看到，那么在行星凌星过程中仔细地观测恒星光谱就能揭示大气的存在，进而通过由大气各组分产生的披露实情的分光信号测定其性质。

由于凌星只能发生于轨道面接近我们视线的系统，检测凌星就能消除视向速度的主要模糊性：行星轨道面的定向。如果一颗行星凌星了，这一定向即被决定，它一定十分接近于我们的视线。于是恒星的光谱型、视向速度的幅度和轨道周期就能确切无疑地用于测定行星的质量。这种分析方法首次应用于凌星的行星 HD 209458，揭示了它的尺度是木星的 1.27 倍（91000 千米），质量是 1.2×10^{30} 克（木星质量的 2/3）。这些参数表明环绕 HD 209458 的凌星行星的平均密度只有每立方厘米 0.38 克。如果有一个足够大的海洋，这颗行星将像软木塞一样浮在上面！

现代的大规格 CCD 照相机原则上能检测数百万颗恒星的光线。因此，大规模的恒星光度联测有希望发现成千上万颗行星。即使是典型的业余天文望远镜，以商业 CCD 照相机装备，只要坚持不懈，就有足够的灵敏度去搜寻并发现热木星。

如果到太空中应用凌星法，有可能发现更小的、类似地球的行星。美国宇航局正在准备发射一颗命名为开普勒的卫星，用凌星法去搜寻类似地球的行星。

引力透镜

爱因斯坦的引力理论为我们提供了用于探寻环绕其他恒星的行星的另一种强有力的工具。爱因斯坦预言光线在引力场里弯曲。光束在经过一颗恒星或行星时，不再循直线前进，而会向星体弯曲。1919 年，亚瑟 · S. 爱丁顿（Arthur S. Eddington）爵士证实了这个预言，他拍摄了日全食时太阳附近可见恒星的照片。他把日全食恒星的位置与大约 6 个月前对同一星场拍摄的照片中测定的位置作比较，那时太阳正位于天空相反的位置。爱丁顿发现在日全食时，恒星视位置以太阳为中心向外偏移约 1.5 角秒，大致相当于从 3 千米之外去看一个拇指的宽度。当来自遥远恒星的光线经过太阳边缘附近时，引力把光线稍稍拉向太阳。从对地球上的观测者有利的方向看去，这些恒星的视位置偏离太阳，偏转的程度正如爱因斯坦所预言。

大约 20 年前，天文学家认识到前景恒星对来自远方恒星星光的引力弯曲，在很偶然的情况下，能造成背景天体的视亮度极大地增亮。无论何时，当一颗恒星移行到我们对更遥远恒星视线的约 1 天文单位之内，这颗前景恒星的引力就会折弯背景恒星的光线。虽然我们不能感知背景恒星位置微小的视偏移，但却很容易察觉它的增亮。

如果两颗恒星与地球正好在一条直线上，未来空间望远镜很高的分辨力将显示背景恒星的像被扭曲成一个光环。这个所谓的“爱因斯坦环”的视角直径只有几毫角秒：3000 千米以外一个拇指的视大小。这个扭曲的环形像太小了，现在的任何望远镜都无法看清。由于引力弯曲光线就像透镜使背景恒星的视亮度增强，“引力透镜效应”这个术语就这样创造出来了。

引力透镜效应已在许多天文探测中观测到。大质量星系团会扭曲并增强遥远背景星系的光线，有时产生这些天体多个和高度扭曲的像（图 13.2）。在一些十分罕见的场合，前景天体与背景天体之间的直线度极高，我们确实看到了直径达许多角秒的爱因斯坦环。由于恒星对恒星的引力透镜效应产生的爱因斯坦环比星系之间的环小得多，它们通常称为微引力透镜效应事件。

人们怎样去搜寻微引力透镜效应事件呢？由于这类事件十分罕见，人们必须坚持多年在每个晴夜对同一星场用专用的望远镜和照相机拍照。由于恒星环绕银河系运行，它们通常会花费几星期通过星光增强的区域，在那里，微引力透镜效应把背景恒星的光增强到约 2 倍。即使这种排成一线的机遇是稀少的，

↗ 图 13.2 这是一张哈勃空间望远镜拍摄的像，展示一个前景星系团对一个蓝色背景星系产生的引力透镜效应。背景星系的多个像被放大并高度扭曲，成为以星系团为中心的同心圆弧（NASA/STScI/HST）

但是还能以足够的频率发生，如果检测 100 万颗恒星，那么每年就能看到约 5 次微引力透镜效应事件。对于某一特定恒星看到微引力透镜效应事件的机会，比彩票中奖大不了多少。

大约 10 年以前，波丹·帕钦斯基（Bohdan Paczynski）和安德烈·古尔德（Andrew Gould）认识到微引力透镜效应事件也能用于搜寻行星。正如我们已经指出的，若要微引力透镜效应事件发生，我们的视线必须在离前景恒星约 1 天文单位的区域之内穿过。值得庆幸的是，这正好是所要寻找的行星环绕前景恒星的区域。

如果我们的视线也相当靠近地经过行星（对于巨行星约 0.1 天文单位，对于类地行星约 0.01 天文单位），环绕产生微引力透镜效应事件恒星的行星将在恒星的光度曲线上引发一个额外的极短暂的脉冲。帕钦斯基和古尔德证明了对于类似于太阳系的行星系，有百分之几的机会至少有一颗行星会在母行星的微透镜效应信号顶端产生自己的透镜效应信号。恒星的微引力透镜效应事件延续几星期，而由类地行星产生的透镜效应信号预计只延续几小时，由木星之类的气态巨行星产生的透镜效应信号也只延续 1 天左右。因此，为了检测行星，由微透镜效应恒星产生的光变曲线必须约每小时取样一次。到目前为止，只有少数几个恒星的微引力透镜效应事件是以这样的耐心细致的方式被检测到，而且迄今为止只有一颗行星以这种方法被发现。

尽管存在种种困难，行星产生的微引力透镜效应终将成为我们探索外部世界所应用的最强有力的工具之一。无论在地面通过中等口径望远镜的网络，还是在空间更有效地通过专用的直径 1～2 米的望远镜，都能鉴别并检测到透镜效应事件。通过把当前的探测目标扩展到数亿颗背景恒星，我们每年能够鉴别几百起恒星的微透镜效应事件。通过竭尽全力地检测每一起这类事件，我们就掌握了检测只有水星甚至冥王星大小的行星的手段。尽管存在种种困难，透镜效应使我们看到了未来 10 年之内检测环绕其他恒星的岩态类地行星的希望。在下一代行星探测空间望远镜升空之前，微透镜效应可能用于测定银河系内环绕随机场星的行星的丰度。

奇异的脉冲星行星

在太阳系外发现第一个真正行星质量的天体，实际上是在梅约尔和科洛斯检测到第一个热木星之前的 3 年。1992 年，射电天文学家宣称发现了环绕脉冲星旋转的 3 个“行星”。脉冲星是高速自转的中子星，它们向我们周期性地发射射电波段的脉冲。它们是大质量恒星死亡时超新星爆发剩余的产物，是一个极度致密的（尺度约为 10 千米）球体，质量相当于太阳，大部分由中子组成。脉冲星的自转周期通常不足 1 秒。脉冲星像灯塔的照明灯旋转着向四周发射光束一般，以自转速率发射射电脉冲。对脉冲到达时间的精确计时，为检测绕行伴星产生的反应运动提供了非常灵敏的方法。这个称为 PSR B1257+12 的脉冲星的复杂的反应运动，只能理解为至少有 3 个质量与类地行星相当的天体环绕它运行。

关于这些天体的实际存在毋庸置疑。但是它们究竟是不是行星呢？任何行星型天体在前身星爆发后仍能在原来绕行的轨道上留存下来，这太令人难以置信。很可能这颗中子星在与其他恒星密近交会时“偷”了几颗行星。然而，更可能的是在爆炸后的直接产物中，当中子星从大质量恒星的坍缩核形成并开始演化之际，从死亡恒星的余烬中留存的物质掉落下来，形成了环绕年轻中子星旋转的吸积盘，于是这个盘演化并形成了行星质量的天体，其方式类似于普通行星系的产生。看来大自然在产生脉冲星的大质量恒星坍缩核的周围，也在重复着自己的杰作。

太阳系外气态巨行星及其寄主星

在研究太阳系外气态巨行星的寄主星时，出现了一个令人惊奇的现象：它们所含有的重于氦的元素的丰度往往特别大。这样，利用母恒星中重元素的丰度，就增加了检测到气态巨行星的概率。说到这里，我们注意到一个有趣的事实：太阳中“金属”的丰度大于平均值。天文学家称比氦重的元素（也就是碳、氮、氧等）为“金属”，即使其中许多从化学角度来说并不是金属。

关于太阳系外行星与“金属度”之间的相关性有几种解释。既然我们知道行星含有丰富的重于氢和氦的元素，那么行星可能更容易从高金属度的云里形成。另一种说法是，被行星系环绕的恒星可能受到下落碎块的污染。成熟的太阳质量的恒星并不会把倾注在其表面的物质混入到内部去。这样，如果彗星、小行星或岩态行星被吸积到恒星表面，受污染的恒星表层就保留着比恒星的其余部分过度丰富的金属。这样，高金属度就成了标志受到从行星系掉落的碎块污染的间接证据。

拥有接近其母恒星的气态巨行星的行星系，可能预示在类地球的轨道上存在类地行星。巨行星所作用的大范围的引力拉曳，将排斥可能在其附近形成的岩态行星。在由近母恒星轨道上的气态巨行星主导的行星系里，这类岩态行星可能存在于更遥远的轨道上。但是从生命演化的可能性着眼，远离母恒星的岩态行星绝非首选之地。它们过于寒冷，不能在表面保持液态水，而液态水正是维持生命的众所周知的基本要素。

未来的空间望远镜和对太阳系外行星的探索

发现类似地球的行星的前景如何？美国宇航局已为未来数十年制定了雄心勃勃的计划。在 20 世纪 90 年代中期美国宇航局当时的局长丹·戈尔丁（Dan Goldin）在制定“起源”（Origins）计划时，提出了制造一系列前所未有的空间望远镜的宏伟目标，旨在能拍摄近距太阳系外行星系的图像。他向科学家们提出挑战性的建议，要求在 20 ~ 30 年内构思和设计出先进仪器，以拍摄环绕其他行星运行的类似地球行星的表面特征。没有一架已有的望远镜足以胜任这一任务。然而，美国宇航局已为实现这一壮志凌云的目标迈出了第一步。

正如在第 2 章所讨论的，*詹姆斯·韦伯空间望远镜*（JWST）⑤是一台直径 6 米的宏伟仪器，主要为在红外波段的观测而设计。虽然科学工作者主要利用詹姆斯·韦伯望远镜研究第一代恒星和星系的产生和演化以及邻近空间内恒星和行星的形成，但是它所具有的灵敏度和角分辨率足以区别环绕邻近恒星的类似木星的行星。

接下来将是一系列新概念望远镜，设计目的很明确，即搜寻环绕邻近恒星的类似地球的太阳系外行星。美国宇航局正在积极地开展一个名为类地球行星发现者（TPF）⑥的探索计划。已经提出的用于发现行星的仪器是一种红外波段的干涉仪，它能把几台相距几十米甚至几百米的小望远镜的光线结合起来，综合成一台远大得多的望远镜所具有的分辨率。模拟实验表明，它可能正好能检测到由类地行星和气态巨行星发射的微弱的热红外辐射。虽然这类辐射的强度不及中央恒星发射的红外辐射的百万分之一，但是由协同操作的几台直径 1~2 米的望远镜组成干涉仪，以宇宙飞船运载至太空观测，会有足够的灵敏度去发现环绕邻近恒星运行的类似地球的行星。然而，为了根据红外干涉仪原理制造“类地球行星发现者”，我们必须学会驾驭一群自由飞行的望远镜在空间保持队形，并在单个组元彼此相距几百米的情况下精确定位的误差小于十分之几微米。这是一个令人望而生畏的技术挑战。

发现行星的另一种设想是应用在空间的单面大口径（6~10 米）望远镜，它为拦截母恒星的光线而设计，以便让天文学家在可见光波段辨认绕行行星微弱的反射光。但是为了检测远比母恒星暗淡的光点，要求光学表面极其精密。望远镜必须高度避免源于镜面不规则性和镜体支架散射的杂乱光。镜面若相对于 10 厘米左右有大于 1 个原子大小的偏差，便是不能接受的。工程师们认为他们能够制造这种具有极高精度的空基望远镜，他们将应用“可形变镜面”，经过调节以去除连最精密的光学器件也不可避免的微小的固有误差。天文学家驾驭着一台装备着可形变镜面和遮光设备的 6~10 米直径的空间望远镜，就能对距我们约 30~100 光年类似地球的行星拍照，并分析其光线。只要资金到位，这种光学的“类地球行星发现者”就能在 2015 年左右发射升空。

在红外波段和在目视波段检测太阳系外行星，哪一种更容易呢？在红外波段，母恒星与行星间光线的反差较小。行星在红外波段发射光线，其强度约为其母恒星的百万分之一；它们在目视波段反射光线，其强度只及母恒星的十亿分之一。但是红外空间干涉技术不如目视波段的技术成熟。虽然就恒星与行星间的光线反差而言，目视波段处于劣势（相差 1000 倍），但是就人们所了解的类地行星的各种性质看来，目视波段的观测更有希望。在大部分红外波段，地球大气是不透明的，这就是我们必须到空间去从事灵敏的红外观测的原因。红外“类地球行星发现者”将主要探测这类行星的平流层，然而目视波段的“类地球行星发现者”将能看清楚这类行星表面的各个方面。即使一颗远距行星可能只是一个青蓝色的光点，光谱分析会揭示氧、水汽、液态水和表面各种成分所呈现的征兆。从反射光的光变曲线，我们能测定它的日长以及是否有季节变迁。如果这样一个类似地球的行星上也像我们地球一样有生命存在，就能从行星的反射光中检测到叶绿素的光谱的迹象。

虽然用地基干涉仪检测类地球行星不太可能，不过这类仪器能用于探测来自在类似木星的轨道上的气态巨行星的更明亮的近红外辐射，尤其是当它们很年轻时候。年轻的气态巨行星（年龄小于 1 亿年）与成熟的行星相比，更大更热。位于夏威夷莫纳 · 凯亚火山顶上直径 10 米的两台凯克望远镜，相距约 100 米，被设计用来构成一台干涉仪。还有，欧洲南方天文台在智利北部建成了由 4 台直径 8 米的望远镜组成的甚大望远镜。这 4 台望远镜收集的光线与由几台更小的“悬臂”望远镜收集的光线一起，在一个隧道网络里集合，这样就构成了被称为甚大望远镜干涉仪的望远镜阵列。这个巨大的仪器最终具有的分辨率与几百米直径的单台望远镜的分辨率不相上下。

是不是有任何机会去迎接丹 · 戈尔丁的挑战呢？要获得能分辨离太阳 30 光年的行星上 100 千米地物的像，相当于在往太阳的半途上看清一个拇指，或者在 5000 万千米的距离上看清报纸的大字标题。为了获得目视波段上这种令人难以置信的分辨率，仪器必须拥有约 2000 千米长的基线！人们也能换种方式建造空间干涉仪，它在波长大 20 倍的红外波段上工作。行星在接近 10 微米的波长上产生热辐射。这样一台仪器要有 40 000 千米的基线才能达到看清遥远行星上 100 千米地物的分辨率。也许在下个世纪，一组精密望远镜终将建成。这样一台仪器的造价是多少？有人估计，“戈尔丁之梦”至少要花费 5000 亿美元，这相当于许多国家的年度预算。

我们生活在行星天文学与时俱进的时代。天文学家已经发现了行星环绕 100 余颗恒星运行的间接证据。随着我们建造更强有力的仪器，我们将会发现拥有行星的恒星占有更大的比例。根据发现的情况来看，银河系内至少 5% ~ 10% 的恒星拥有行星系。那么在我们的银河系内就会有几十亿个行星系！

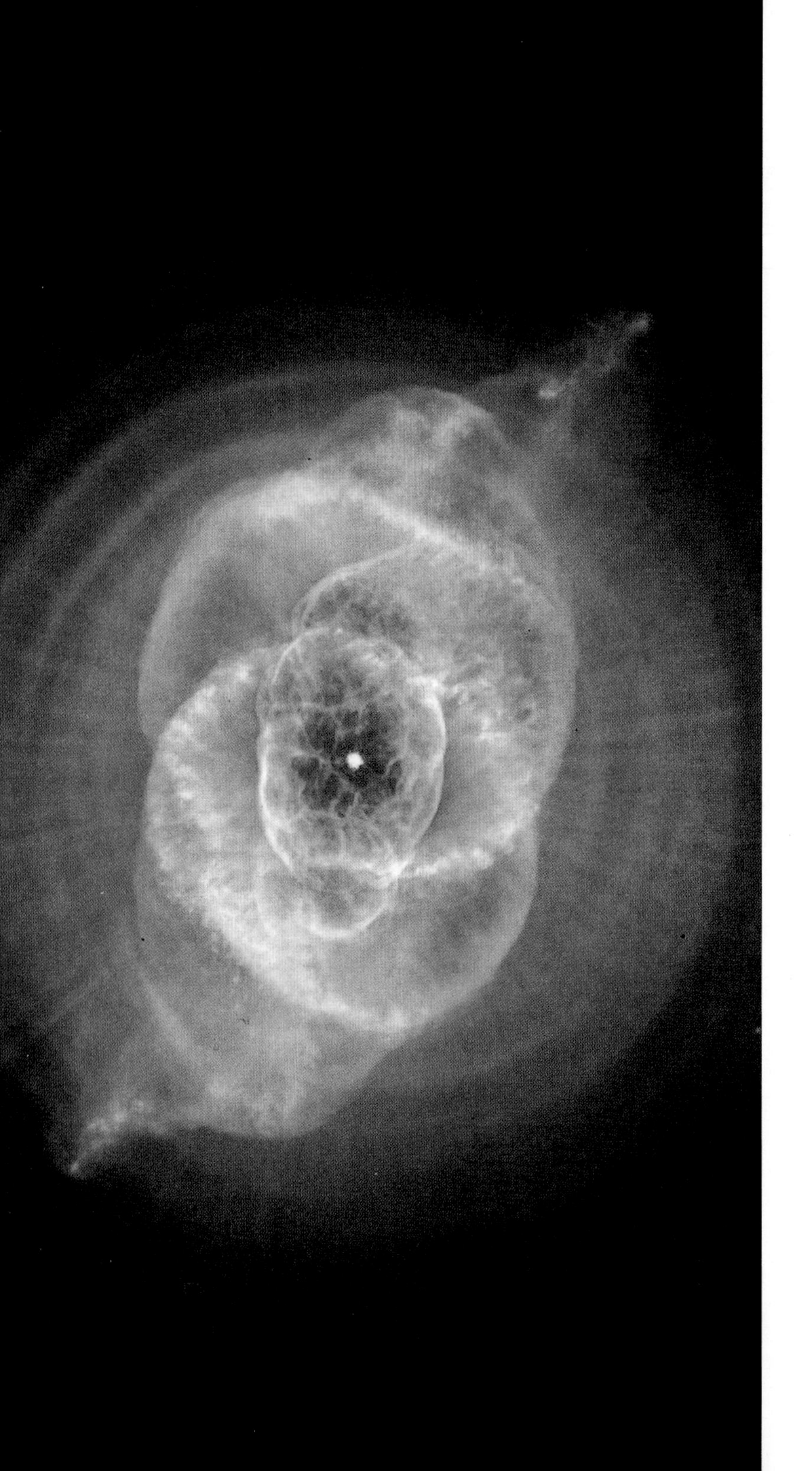

第3篇　宇宙的组成

第 14 章 | 宇宙的循环

恒星的死亡在新一代恒星的诞生中起着根本的作用。恒星在其核心的热核聚变反应中制造出大部分比氢重的元素。在恒星演化和死亡的过程中，许多这类物质被排放到星际空间。结果，星际介质所含的元素越来越丰富。恒星也以光线、星风和爆发的形式释放大量能量。星际介质的物理状态在很大程度上受到这些能量过程的调控。在这一章里，我们将首先回顾长寿命的小质量恒星和短寿命的大质量恒星如何演化和死亡，然后我们将讨论恒星如何把它们的物质再循环、它们怎么会引发新分子云的形成。

光线、星风、爆发

正如我们在前几章中所见，大质量恒星产生 HII 区，它能有效地摧毁星云并深深地冲击低质量恒星及其行星系的形成。大质量恒星也能触发恒星的产生。OB 星协内大质量恒星星团爆发的遗迹产生了巨泡，它能把几百万太阳质量的、相对低密度的星际物质清扫进巨大的外壳和环内，它们的直径达到几百甚至几千光年。在几亿年之内，这些外壳减速、碎裂，有时收缩成为新的星云。计算表明，在太阳附近，在引力作用下第一批收缩的碎块的质量与巨分子云相当。存在着一个恒星形成→星云摧毁→大质量恒星演化→超新星爆发中的灾变性死亡→巨泡膨胀→气壳酝酿→星云凝聚→更多的恒星形成这样一个 5000 万年至 1 亿年的大循环。这就是恒星产生、生存和死亡的宏伟的“星系生态学”。

小质量到中质量恒星的演化和死亡

恒星核心内的氢逐渐向氦转化而耗尽[①]。积累起来的氦受引力压缩和加热，终于，一轮新的称为 3α 过程的热核聚变反应点燃氦燃烧为碳[②]。恒星进入这一阶段后产生超量的能量，导致自身膨胀。恒星变得更加明亮（它有更大的表面积向外辐射），而它的表面层则在某种程度上降温（它变得更红）。处于这一阶段的恒星称为演化到红巨星阶段。

所有质量低于 8 个太阳质量的恒星最终会演化为红巨星。它们吹出强大但是速度较低（每秒 10 ~ 50 千米）的星风，能在几百万年内把红巨星的外包层大部分吹散。有些红巨星把它们的外层抛入略显不规则的包层内，另一些把它们的大部分物质排斥到一个赤道上的圆环内。随着红巨星耗尽它们的热核燃料，而且表面层变得稀疏，它们稠密的核心作为一颗炽热的白矮星成为可见的了。白矮星并不比类地行星大，但是包含了大部分恒星的初始质量。

像大质量 OB 星一样，年轻的白矮星在光谱的紫外波段发射它们的大部分能量。它们也驱动高速星风，冲散在早期红巨星阶段抛出的缓慢膨胀的碎片。这些包层的内部因辐射成为电离状态，并受到高速星风的冲击（图 14.1）。由死亡的小质量恒星的耗尽核形成的白矮星产生 HII 区，它们就是已在第 8 章提到的行星状星云。有时白矮星的辐射和星风会呈现偶极图像。由此产生的定向外流使人想起正在形成中恒星产生的外流。有些行星状星云甚至有高度定向的喷流，它们的内部激波酷似第 6 章讨论的赫比格－阿罗天体。行星状星云标志着白矮星的产生，然而，它们也代表小质量到中质量恒星比较平缓的死亡（图 14.2 和图 14.3）。

在 50 亿年之后，太阳将成为一颗红巨星。它将膨胀到接近火星轨道，这一过程将吞噬地球，太阳的光度将达到约今天的 1 万倍。它的大部分外层将抛掷出去，它热核反应中的一些产物将进入星际介质参与再循环。它的核心将最终坍缩形成一颗白矮星。紫外辐射和星风将电离并冲击红巨星包层的内部，形成一个行星状星云，它将照耀约 10 万年。太阳将留下一颗白矮星的遗迹，在几十亿年里向太空辐射掉它的剩余热量而暗淡下去。

宇宙中还没有一颗其产生时质量小于 0.8 个太阳质量的恒星因自然的原因死亡[③]。因为这类恒星的寿命大于 140 亿年，至今它们还没有一颗耗尽了热核燃料的补给。

白矮星的最大质量约 1.4 个太阳质量。更大质量的恒星，维持已坍缩的恒星核平衡的电子压力将被引力超过。正如在前面几章所讨论的，许多恒星诞生在双星系统或聚星系统里。小质量双星系里质量较大的成员星将首先成为红巨星，形成一个行星状星云并产生一颗白矮星。天空中最亮的恒星天狼星有这样一颗白矮星伴星。最终，在质量较小的恒星成员星的生命末期，它也将经过相同的演化阶段。随着包含一颗白矮星的密近双星系统里的质量较小的恒星（次

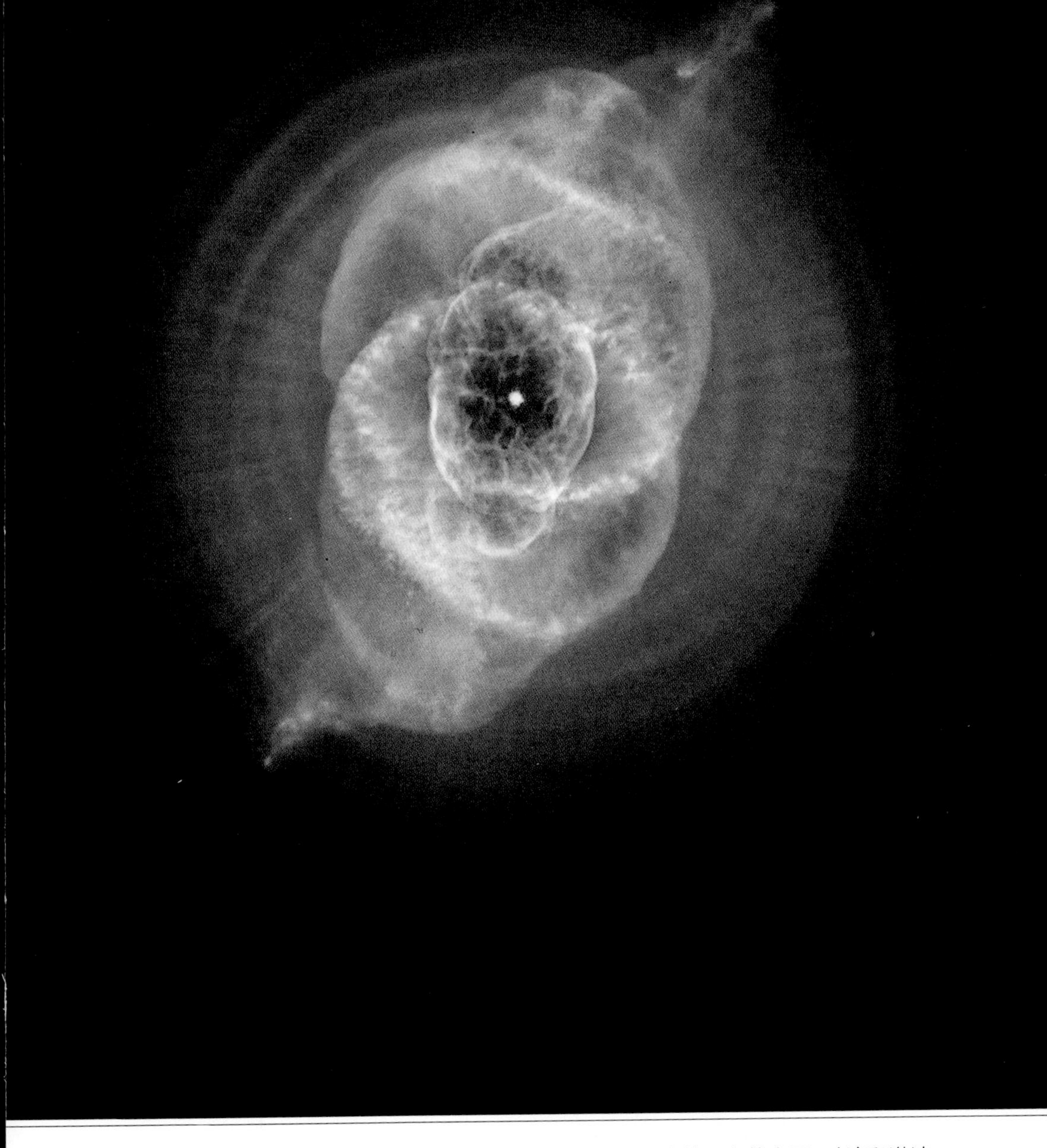

↗ 图14.1 行星状星云NGC6543，也称“猫眼星云”，显示有着同心的壳层、喷流和激波，结构复杂。这个星云的年龄约1000年，是一颗死亡中的恒星的标志（NASA/STScI）

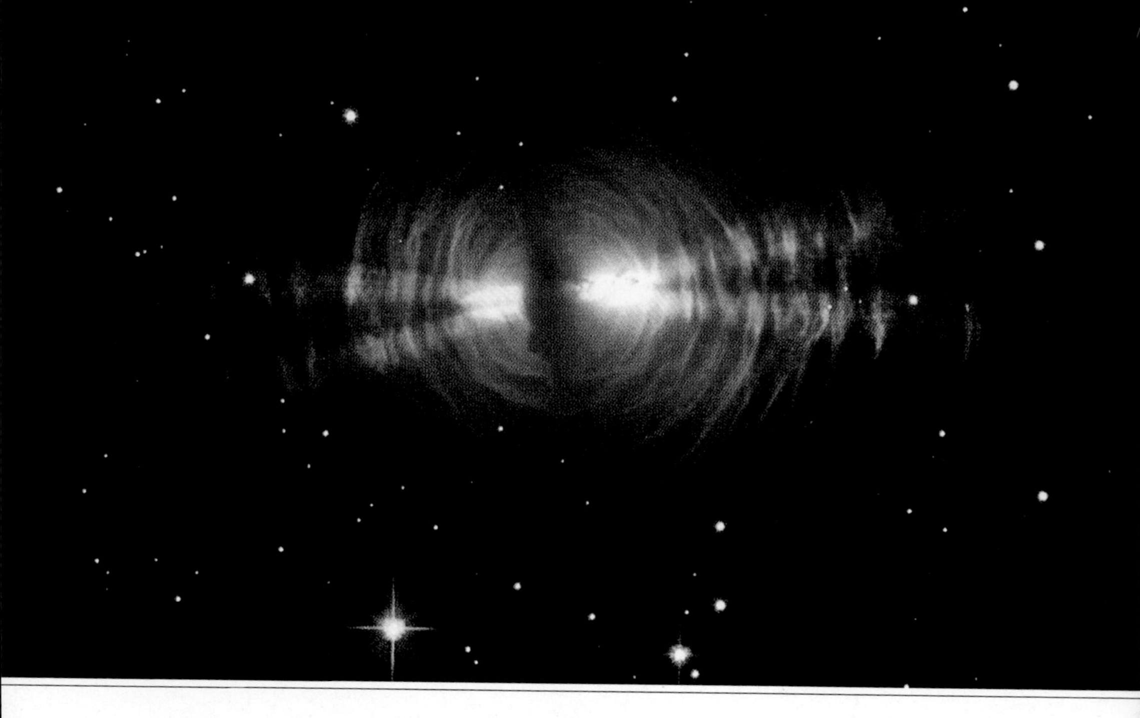

图 14.2　天鹅座里的蛋状星云是一颗类太阳恒星，正在向行星状星云的阶段演化（NASA/STScI）

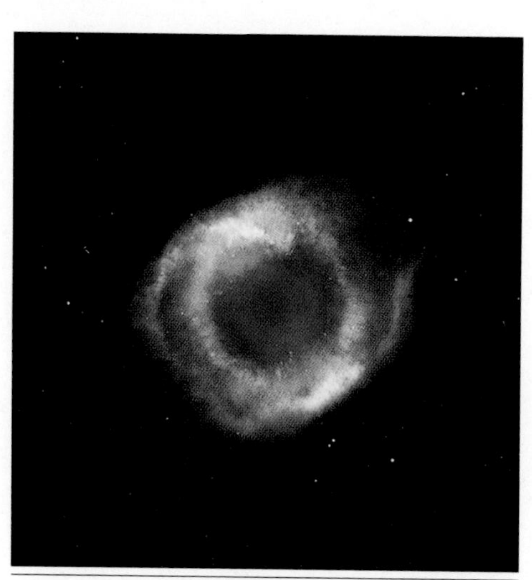

图 14.3　螺旋星云是最近和最大的行星状星云之一，在天空覆盖超过半个月亮的天区（NASA/ESA/STScI/NOAO）

星）向红巨星膨胀，它会把大量质量转移给白矮星。

质量转移中的双星也是天空各种变星中的一种，这些变星包括亮度偶尔增强的灾变变星、在几星期内一次亮度增加几千倍的新星爆发和 Ia 型超新星爆发（其中白矮星在一场灾变性的热核爆发中爆炸）。来自伴星的吸积物把白矮星的质量提升到 1.4 太阳质量以上，引力超过了支撑恒星的电子压力，从而导致坍缩。剧增的密度和热量点燃了碳、氮和剩余的氢的热核燃烧，在瞬间把白矮星炸得四分五裂。

大质量恒星的演化和死亡

大质量恒星是短命的，但是能量很大，这是我们在前面几章已经看到的。大质量恒星与它们的小质量兄弟一样，在诞生时也产生喷流、星风和爆发。但是大质量恒星的形成和演化快得多。在青年时期，大质量恒星产生的外流比它们的小质量兄弟远为强大。随着这些恒星长大到超过 8 倍太阳质量，它们产生强烈的紫外光，把周围环境照得通亮。电离辐射产生致密的 HII 区，它在周围的云里刻蚀出巨大的空腔。大质量年轻恒星通过破坏使原子联结在一起形成分子的价键，把许多孕育它们的分子云转化为炽热等离子体的膨胀气泡。这些明亮的大质量恒星摧毁着它们的母星云。膨胀的电离星云的产生、演化和冲击已在第 9 章和第 12 章讨论。

从小质量恒星发出的原恒星外流，随着恒星向主序星演化而减小，然而大多数大质量恒星继续吹出强烈的星风，速度达每秒数千千米，进入由它们的紫外辐射产生的电离了的星云。虽然小质量恒星也吹*星风*，但是与大质量恒星产生的星风相比显得微弱。例如，猎户座里猎户四边形星团中最明亮的成员星吹出的星风，比与之相当的太阳风④强 100 万倍。就像沸腾的水壶里升起的蒸汽使得壶里的水逐渐消失，星风也能把大质量恒星在其一生中的大部分物质清除掉。这些星风猛烈地刮向周围电离的星云，并塑造出*星风巨泡*。

当星风遭遇更稠密的气体或小星云等其他障碍物时，强烈的激波促使形成稀薄的等离子体，其温度达*几百万开*，几乎与正常恒星的内部一样炽热。这样，在星风巨泡内的受冲击气体发射 X 射线辐射。这类高能辐射被地球大气吸收，而且只能被*钱德拉* X 射线天文台之类的卫星探测到。如果星风巨泡传播途中的介质足够稠密，前进的激波有时能在光学像中看到，呈现为发光的氢和二次电离氧的游丝状的纤维。图 14.4 和图 14.5 是星风巨泡在可

↗ 图 14.4　巨泡星云是由大质量恒星的星风刻蚀的气体和尘埃的壳层（D. Williams，NOAO/AURA/NSF）

↗ 图 14.5 蛾眉星云 NGC6888 是一个星风巨泡，它由位于星云中心的大质量恒星通过质量损失刻蚀而成（T. A. Rector，NOAO/AURA/NSF）

见光波段的两个实例。

类太阳恒星没有足够的质量去充分地压缩它们的星核以点燃产生比碳更重的元素的热核反应。然而，质量更大的恒星则能这么做。与它们的小质量的兄弟一样，大质量恒星在度过它们主序的生涯时，在热聚变反应里把氢燃烧成为氦。不同的是大质量恒星所用的时间少得多。当一颗大质量恒星向红超巨星阶段（相当于小质量恒星的红巨星阶段）演化时，它的以氦占主要成分的核心在氢外层的下面发育。由于受压缩并加热，氦核启动反应形成碳，随之有后继的热核反应来消耗碳。星核内的碳与剩余的氦原子核反应形成氧，氧又与氦反应产生氖，氖与氦反应形成镁，镁燃烧生成硅，依次递进直至生成铁。在氦核开始反应之后的各步中，生成了比铁轻的各种化学元素。大质量恒星的核变得像一个包含一个套一个壳层的洋葱头，每一层内以一种重元素为主，这是由相邻的外壳层的热核燃烧合成的。

就像小质量恒星一样，红超巨星也失去质量。但是它们却踩着狂热的步伐这样做。质量最大的恒星能完全失去它们外面富氢的包层，并把它们富氦的核心暴露出来。有些甚至暴露它们富碳和富氮的内部。这些超巨星的光度能达到太阳的 1000 万倍，从而成为星系内最明亮的恒星。随着演化的进行，这些亮星在冷红超巨星和热蓝超巨星[⑤]阶段之间变换。强烈的辐射场向它们的外层作用强大的力。偶尔辐射压超过引力，恒星的外层便被猛然抛掷出去。这种爆发的遗迹产生壮丽的膨胀等离子体的巨泡和巨大的环状星云。

船底座 η 星是银河系内质量最大的恒星之一，在 19 世纪 40 年代经历了一次巨大的爆炸。在大约 10 年的时间之内，它曾经是全天第二亮的恒星，它曾向太空以超过每秒 600 千米的速度抛射达几个太阳质量的物质，只是在这些抛射物作为尘埃凝聚起来遮挡视线之后它才显得暗淡下来（图 14.6 和图 14.7）。今天，这些膨胀的包层在一些红外波段是空中仅次于太阳的最明亮的光源。比约 8 个太阳质量更重的老龄恒星的热核反应的进程，一直要进行到铁元素在恒星核的正中合成之后才停止。

铁核的终于形成，标志着一颗大质量恒星热核反应生命的结束。铁位于核束缚能曲线[⑥]的最低点。从轻元素生成较重元素的热核聚变反应能够产能，直到形成铁为止。要形成更重的元素则要消耗能量。这样，当在大质量的核心内铁核积聚成形，这颗恒星就面临着能量危机。当来自恒星外层的剩余核燃料都消耗殆尽时，它就再无核能产生。由于恒星的表面向外辐射内部的热能，它的富铁的核心在超负荷的重量下收缩。在大质量恒星生命的终点，星核坍缩，而恒星在灾变性的超新星[⑦]爆发中死亡。

在坍缩过程中，剧增中的压力和密度把电子挤压进包含于铁（和其他元素）原子核内的质子里去。结果是形成令人难以置信地致密的中子的海洋，致密到仅仅 1 立方厘米的物质就比一艘巨轮还重。

大质量恒星铁核的坍缩只持续几秒钟。在这短短的时间里，中子星的形成释放出巨大的引力势能，比太阳在其整个一生的 100 亿年内释放的全部能量还大。

与白矮星的情况类似，中子星也有一个质量上限。中子星的质量超过太阳质量的大约 5 倍，它是不稳定的。即使中子星也不能支撑这样一颗恒星巨大的质量。如果坍缩的恒星核的质量超过大约 5 个太阳质量，它会形成一个黑洞。

随着恒星向它的终极状态演化，它们失去大部分质量。初始质量小于约 8 个太阳质量的恒星最终作为白矮星而死亡时，质量小于约 1.4 个太阳质量。初始质量在 8 个太阳质量与 40 ~ 50 个太阳质量之间的恒星作为超新星而爆发，它

↗ 图 14.6 船底星云包围着一群银河系内的最大质量恒星，它的强烈的紫外辐射照耀着周围的气体（N. Smith & J. Bally）

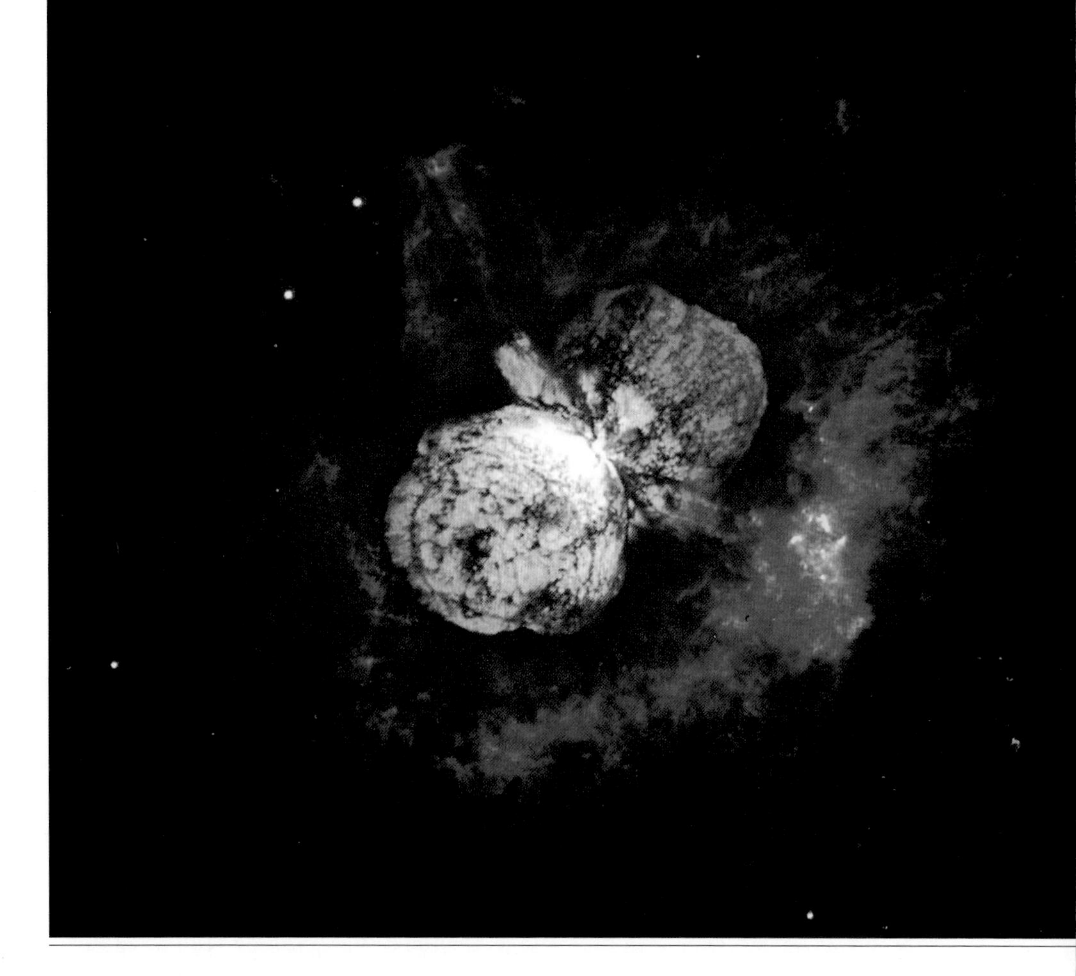

图 14.7　在船底星云的中心蛰伏着恒星船底 η，它被膨胀的气体云包围着，那是 1841 年的爆发形成的，当时恒星船底 η 是天空排第二位的亮星（N. Smith，NASA/STScI）

留下的中子星遗迹的质量小于约 5 个太阳质量。人们认为如果恒星诞生时具有更大质量，那么它将在其终极的超新星爆发中形成黑洞。

由于形成中子星或黑洞引起的引力势能的巨量释放，恒星的外层被抛射出去。恒星核的坍缩又使得恒星的外层向内回落。然而，由于这些物质遇到的是极度致密的铁核或中子星遗迹，它们被“反弹”出去。暴缩变成了受形成中的中子星所释放的能量加速的爆发。起先由下落运动，然后由反弹后的膨胀物质形成的激波产生的加压和加热传入死亡恒星的外层，驱动了制造重于铁的元素的消耗能量的热核反应。由于这些激波突破了恒星表面，死亡恒星的外层能加速到接近光速的 10%。几小时之后，爆发的残块达到了千亿倍太阳的光芒！死亡恒星能在几个星期之内以过量的光芒照耀拥有上千亿颗恒星的寄主星系。

超新星对它的周围环境产生猛烈的冲击。爆发产生的恒星残块猛然冲向它在超巨星阶段抛射出的壳层、它的星风巨泡和电离云的遗迹。膨胀的残块横扫周围气体，并形成一个超新星遗迹，它的大小能增大至几百光年。超新星爆发提供了一种最重要的机制——热核聚变的产物反过来使得星系的星际介质内比氦更重的元素更加丰富。

超新星遗迹、超巨气泡、大质量壳层和巨环

OB 星协内的第一个恒星爆发将吹出一个空腔，并扫除气体–尘埃的稠密壳层。但是随着超新星遗迹清扫它的周围，速度逐渐减缓。在它们达到光年级的大小时，大多数观测到的超新星遗迹都已减速到每秒几百千米的速度。由于它们的激波使电子和低能宇宙射线加速，并激发原子和离子，于是激波在整个光谱成为可见的了。荷电粒子在微弱的星际磁场内回旋，而磁场则寄附在膨胀着的超新星的碎块上。高能电子发射射电波，超新星遗迹是这类同步加速辐射的强源。被清扫的星际气体和超新星的喷出物的光谱中通常有受激波影响的发射线。超新星的激波[8]本质上类似于与赫比格–阿罗天体相关的激波，这已在第 6 章讨论，但是它会更快和更大。

银河系内最为人熟知的超新星遗迹是金牛座里著名的蟹状星云。在蟹状星云所在的位置，1054 年曾有一颗超新星爆发，被中国天文学家记录下来。今天发亮的氢纤维和亮结的网络勾勒出膨胀着的四分五裂的恒星碎块（图 14.8）。这些碎块隐没在同步加速辐射的帷幕之内，辐射的波长从 X 射线延展至射电波段。在它的中心，有一颗*脉冲星*发射探照灯似的射电波，从我们看去每秒闪耀 33 次。一个更年轻的超新星遗迹位于仙后座，它是在 17 世纪的一次爆发中形成的。那时人们没有看到这次爆炸事件，因为那一天区被浓密的尘埃阻挡。超新星遗迹内炽热的等离子发射巨量 X 射线辐射。图 14.9 展示了在射电波段获得的图像。射电天文学家已在银河系内发现了几百个超新星遗迹，大部分是直径达几百光年的气壳。天鹅座里的帷幕星云是古代大质量恒星在大约 1 万年之前爆发的遗迹，由发光的氢、电离氧和硫的纤维构成花环状的网络（图 14.10）。

天文学家根据超新星遗迹的数量、膨胀速度和大小，估计它们在银河系里的产出率约为每 50 年 1 个。这是超新星爆发率（银河系里大质量恒星的产生率和死亡率）的下限，因为不是所有超新星都产生可检测的遗迹。有些遗迹可能掩埋在稠密的分子云里。另一些超新星可能在极其稀薄的环境里爆发，以至于

↗ 图 14.8 蟹状星云是 1054 年爆发的超新星的遗迹，当时它变得月球那么明亮（ESO/VLT）

它们不能产生可见的激波或射电气壳。

随着超新星遗迹扫过星际物质，其膨胀速度逐渐慢下来了，同时它们的射电辐射、光学辐射和 X 射线辐射也暗淡下来。虽然它们通常在约 10 万年之内变得黯然无光，但是被它们扫过的尘埃和氢气的壳层则在几百万年内仍然像爆发的路标一样起提示作用（图 14.11）。猎户座的北部包含一个尘埃和原子氢辐射的环，直径达 6 度。这个环以猎户 λ 为中心，标志着猎户座北部一颗大质量恒星在约 100 万年前的死亡（图 9.4、图 9.5 和图 9.6）。

有 10%~30% 的大质量恒星是低速的逃逸星，它们的速度只有每秒几十千米，可能是由于星团里或聚星系里剧烈的相互作用而被抛掷出来。另外 5%~10% 是快速逃逸星，它们是由于密近双星里质量更大的成员星爆发、双星系解体而产生的。这类快速逃逸星以每秒几百千米的速度运动，能移行到离爆发前的产生地几千光年之外。因此，尽管大部分大质量恒星在其驻地附近爆发，然而快速逃逸星却分布于超新星遗迹杂陈其间的星际介质之中。在 I 型超

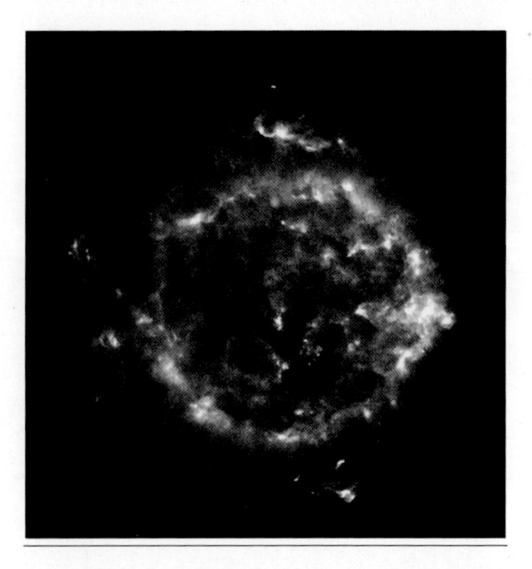

↗ 图 14.9 这幅射电像展示了由 300 年前爆发的超新星遗迹仙后 A 的同步加速辐射（NRAO/AUI）

新星爆发中死亡的白矮星，也掺杂到杂乱分布的爆发背景之中。

大质量恒星最普遍的类型（大约 8 太阳质量的天体[9]）在爆发前生存约 3000 万 ~4000 万年。大多数恒星以每秒几千米的速度从它们的出生地离去。一颗恒星若以每秒 3 千米的典型速度运动，在它爆发时，它将到达离出生地约 300 光年远的地方。质量更大的恒星寿命更短，它们更可能留在原地附近。

OB 星协内的第一颗超新星很可能标志着其中最大质量恒星的死亡。随后，更低质量恒星的爆发向第一个爆发后留下的空洞内注入新的恒星残块。由于这些残块赶上了老的壳层，它们的碰撞会激活老的遗存物，使它进一步膨胀。这样，在 OB 星协内死亡的大质量恒星便集体吹胀了巨大的气泡，由许多单个超新星爆发为其提供能量。在剑鱼 30 这类更大的恒星形成区里，这些超巨气泡是由几百个大质量恒星的联合作用驱动的。它们在电离辐射、星风和超新星的作用下被吹胀，直径能增大到几千光年。由于年龄超过 3000 万 ~4000 万年的壳层不再有额外的爆发提供能量，因此它们会减速，内部冷却下来。

超巨气泡也像单个超新星遗迹那样扫过恒星间的低密度物质，很像暴风雪过后扫雪铲车清扫街道。由此形成的巨型气壳称为超巨气壳，能聚集几百万太阳质量的星际物质。银盘和其他星系的盘内遍布成百上千个这类周边围着超巨气壳的超巨气泡。

最邻近的 OB 星协位于南天的天蝎座和半人马座。肉眼可见的几十颗大质量恒星散布在 50 多度的天空中，位于约 450 光年远处。有几千颗暗淡得多的小质量年轻恒星伴随着大质量的明亮天体。与已在第 9 章讨论过的猎户 OB 星协相似，天蝎－半人马星群内的最大质量恒星已在最近的 1000 万年内死亡。它们的超新星爆发吹胀了一个超巨气泡，从对我们有利的位置看去，就像一个原子氢形成的巨环，其视直径超过 100 度。天蝎－半人马 OB 星协实在太近，这个

图 14.10 帷幕星云是超新星遗迹的一部分，是天鹅座内的恒星在约 1 万年前爆发所形成的（T. A. Rector，NOAO/AURA/WIYN）

巨泡的最靠近的壁面已经吹到太阳系。这个超巨泡内部的碎片以每秒 20 千米的速度吹过太阳，形成了一股炽热的、密度很低的等离子体星际风，它就来自天蝎-人马星座的方向。

另一个 O 型星和 B 型星的星群当前正在英仙座形成一个比较小的超巨气泡。英仙 OB2 星协位于约 900 光年远处，它在其所在天空散布了一个视直径为 20° 的原子氢的环。前面章节已提及的英仙分子云标志着这个星协里正在进行的恒星形成的位置。

也许研究得最深入的超巨气泡是猎户 OB 星协内产生的那一个，它离我们 1500 光年，已在第 9 章讨论。以往 1000 万~1500 万年内，在猎户天区已经产

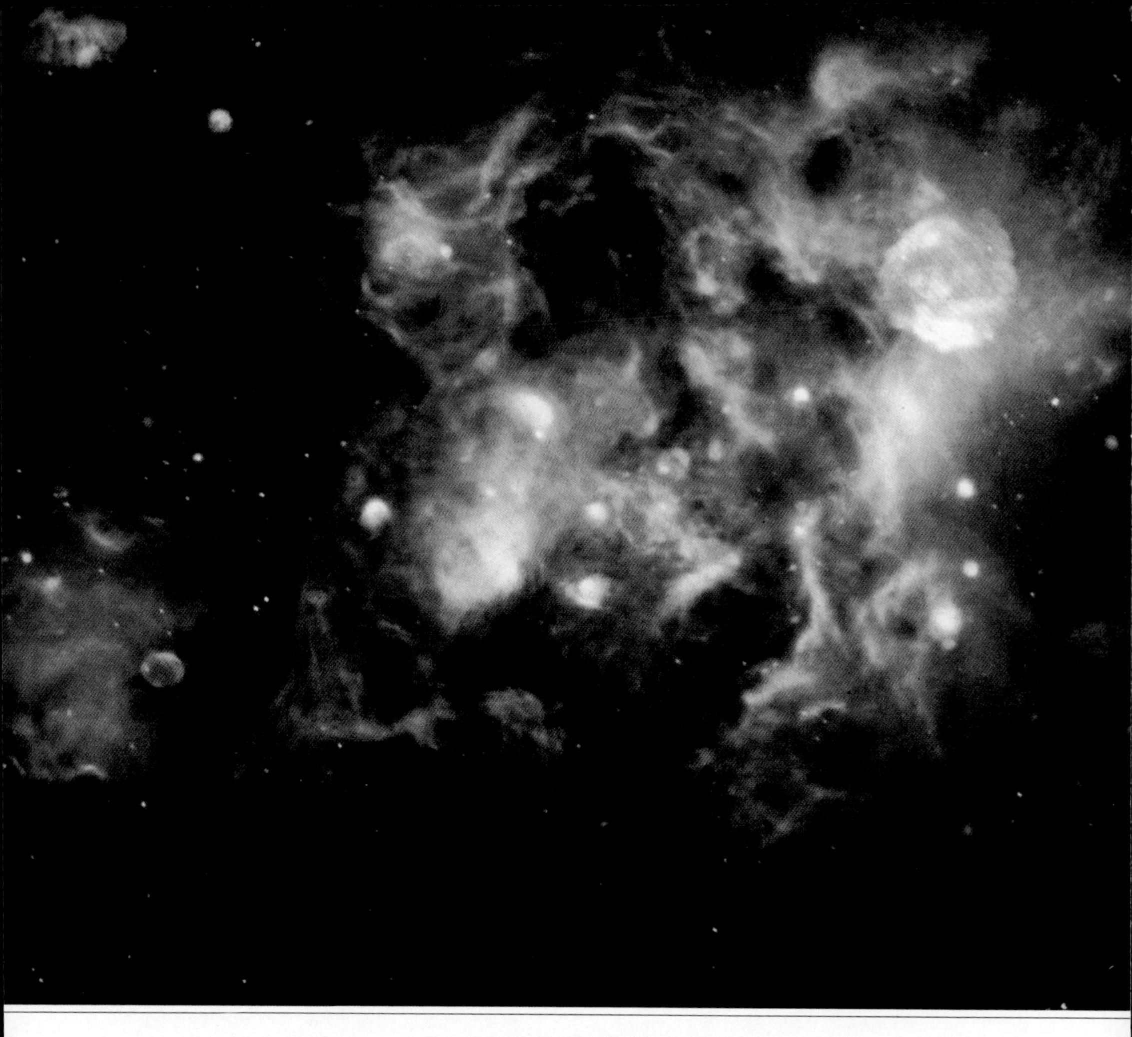

↗ 图 14.11 天鹅座内一个恒星形成区的射电像和远红外像的合成图，展示了新生大质量恒星周围受热气体的茧和膨胀的超新星遗迹，后者促进了这一区域星际介质的再循环（J. English & R. Taylor，DRAO/IRAS）

生了几十颗大质量恒星，其中许多已经成为超新星爆发。猎户超巨气壳的内边缘由仍在猎户座内闪耀的剩余的大质量恒星照亮着（图 9.8）。这个特征的最明亮部分呈现为氢的发光的红色新月形，它包裹着猎户座的东边缘，称为巴纳德环。猎户座内受超新星加热的等离子体就像在火炉里升起的炽热气体，从银河平面向外膨胀，直到位于猎户座以西 40° 的波江座 —— 这一部分的猎户超巨气壳有个明显标志，即有一个暗淡的名为波江环的氢的结构，它距离猎户座中恒星形成的活跃场所超过 900 光年。猎户超巨气泡也吹向我们，它的靠近的壁面距离我们不到 500 光年。冷尘埃和原子氢发出的 21 厘米射电辐射是猎户超巨气壳的外壁标志。红外望远镜和射电望远镜显示猎户超巨气泡的广度超过

1000 光年，大部分从银河系稠密的中央平面吹出。

超巨气泡能够胀大到比银盘内的气体层更厚。随着它们的激波快速冲入银道面上下密度较低的介质，它们炽热的内部变形，而且最大的气泡像火山一般从银盘爆发。它们从其内部向近处银盘上下的真空中排放炽热的、受激波加热的等离子体。但是就像间歇泉一般，银盘的引力最终把大部分这类物质向回拉。这样，在超巨气泡形成后的 3000 万~6000 万年，从银盘内射出的碎块又落回中央平面。

虽然超巨气泡能够向银盘的上下方排放，但是它的侧向膨胀却在银道面内受到稠密气体的阻滞。在这个方向，超巨气泡扫出一个由缓慢膨胀的物质形成的稠密环，它包含几百万太阳质量的气体。在其自身引力的作用下，其中某些稠密的环状结构会碎裂成为新的巨分子云。

分子云的形成：新的开始

在尚未了解分子云的形成、演化和解体之前，我们所揭示的恒星形成的图景是不完整的。在前面的章节，我们看到由低质量、年轻的恒星类天体产生的喷流和外流如何剧烈搅动分子云。但是最大的损害来自大质量恒星，它们的紫外辐射、星风和终极的超新星爆发能裂解、电离和摧毁分子云。这样，分子云的死亡和解体是恒星形成的直接后果。然而，我们对分子云的形成及其演化仍所知甚少，而这也是研究的活跃领域。在本节中，我们将探讨分子云形成和演化的一些观点。

分子云是如何产生的？这个问题已困扰了天文学家几十年。有些人认为低密度的星际介质在自身引力下慢慢凝聚，形成新的分子云。计算机模型显示，星际气体的冷却会导致形成中空的巨洞，它们被由较冷和较密气体构成的纤维状网络包围着。这类纤维的最稠密的部分会受到周围较热介质的压缩直到自引力占优势，尘埃遮蔽着云的内部，避免紫外辐射，于是分子在其中形成。然而，正如我们所见，在前几代的星云产生的 OB 星协创造的超巨气泡把大量星际气体扫除到银盘面内的稠密气壳和环内。这样，由 OB 星协产生的超巨气泡就干扰了星云原本从星际空间有条不紊的凝聚过程。

另一种看法认为星云是在银河系的旋臂（将在第 15 章讨论）清扫并压缩星际气体时形成的。在 M51 和 M81 这类旋涡星系的宏伟的旋臂里，这个观点获得了强有力的证据。在这些星系里，年轻的蓝星、电离的星云和与之关联的暗分子云紧密地集中在清晰的旋涡图像里。这一机制固然可以解释某些星云的形成，然而却不易说明太阳周围的星云和恒星的图像。

还有另外一种观点认为巨原子氢云从银河系之外向里的掉落可能触发某些分子云的形成。在银道面上下的远处，有一个稀薄的原子氢云的网络包围着银河系。许多这类云以超过每秒 100 千米的速度趋近银道面。这类高速云的一个来源是从离我们最近的河外星系——大小麦哲伦云里撕裂出来的潮汐尾巴中的物质，这两个星系能在南半球看到。这两个小的不规则星系就像卫星一样环绕银河系旋转。其余的高速云可能是起初由超巨气泡抛出的残余物质。但是银纬最高的星云的来源仍然不明。这些氢云偶尔也碰撞银道面。不过这类碰撞非常稀少，不足以触发最大的巨分子云的产生。

最后，在太阳邻近空间以往 5000 万年内恒星形成的历史表明，我们附近的分子云是由古老的超巨气壳的壁碎裂形成的。在引力作用下，被老的超巨气泡扫过的大质量气体环碎裂成为单个星云。这一过程的模型显示，这类环的碎块的质量与观测到的巨分子云相当。

所有这些不同的过程都可能同样地对分子云的形成起作用。但是我们又怎样去理清这些过程所起的作用呢？一种方法是在太阳周围恒星新近形成的化石记录中去寻求线索。

古德带：恒星形成的化石记录

在整整 1 个世纪以前，人们观测到许多蓝色亮星（今天我们知道它们质量较大、高温，因而与太阳相比寿命更短）分布在相对于银道面倾斜的特殊条带上。这些蓝色亮星所在的条带环绕天空，所确定的平面相对于银道面倾斜成 15°～20°。这一蓝色年轻恒星的系统称为“古德带”[⑩]，在冬季的天空以猎户座年轻恒星为主，在夏季的天蝎座和人马座里，以最邻近的 OB 星协即天蝎-人马星协为主。最遥远的猎户 OB 星协在银道面下大约 15°，而天蝎-人马星协高高地位于银道面的上方。

20 世纪 50 年代，人们用射电望远镜在 21 厘米谱线上探测，获得了首张高质量射电波段的原子氢分布图[⑪]。这些观测揭示了正在膨胀的原子氢环，它与古德带的蓝色恒星大致符合。附近冷气体分布上的这一奇特特征，被称为林德布拉德环。大约 35 年之后，在 20 世纪 80 年代，对一氧化碳的波长更短的射电研究显示，最邻近的分子云也与林德布拉德氢环和年轻恒星的古德带相关联。

太阳位于环内，但偏离中心。环是椭圆形的，长轴的长度约 1800 光年，短轴的长度约 900 光年，而且正从英仙座距我们约 500 光年处以每秒 3 千米的平均速度向外膨胀着。

比在猎户座、天蝎–人马座和英仙座的那些恒星稍微年老的恒星，已在林德布拉德环和古德带的几乎空虚的中心发现。20 世纪 40 年代，阿德里安·布劳乌（Adrian Blaauw）发现一群恒星，它们集中在距离我们 500 光年处，在太空中做共同运动，而且有几乎相同的年龄。由于它们位于仙后座、英仙座和金牛座方向，他称这些恒星为“仙后–金牛群”。一个与之密切关联的疏散星团——英仙 α 星团位于这个星群的中心。今天，在这个星群里质量最大的恒星的质量小于 7 倍太阳质量。但是大量小质量恒星表明起初在这个星协里一定有过几十颗大质量恒星，它们全部都已死亡。对现存恒星的研究显示，这个星群的年龄为 4000 万~9000 万年。由于所有质量大到足以作为超新星爆发的恒星都已经死亡，布劳乌戏称仙后–金牛群为 OB 星协的化石。

在英仙 α 星团的上方和下方，有极少量的星际气体和尘埃。这可以证明由布劳乌星群产生的超巨气泡曾由银道面吹出。银河里的这个洞，可能是这个星群内几十个大质量恒星释放的能量的排出通道的遗迹。

来自旧物质的灰烬：新星云、新恒星

通过研究太阳系邻近空间内星际介质的位置和运动以及年龄小于 9000 万年的恒星的分布，人们建立了一个关于恒星和星云形成的妙趣横生的模型。在我们的后院，由 OB 星协的化石英仙–金牛星群供给能量的超巨气壳的碎块可能已经形成了一个巨分子云的环，它产生了古德带的恒星。在 5000 万~1 亿年的宇宙大循环中，这些云现在正在猎户座、英仙座和天蝎–人马座里形成新一代的星协。下面，我们将更详细地考察这一图景。

一切都从一个异乎寻常地巨大的分子云开始，它在 5000 万~1 亿年前产出了一个大的 OB 星协，即仙后–金牛星群。也许是由于银河系的某个旋臂经过，从而触发了这个星云及其恒星的产生。在这类区域，更高的压力和星云的加速集中会促进星云和恒星的形成。

在 1000 万~2000 万年内，一群由大质量恒星产生的电离等离子体泡不断膨胀，摧毁了母星云。由于质量最大的恒星爆发，它们的遗迹合并形成一个持续增大的超巨气泡。遍布四周的母星云遗迹和周围低密度的星际气体被清扫进入膨胀着的气壳。在超巨气泡进入银盘之处，它的气壳减速。但是随着它不断膨胀而进入银道面上下的空洞，那里只有较少物质使它减速，于是超巨气泡产生等离子体的涌泉，吹向银河系的两边。天文学家在仙后 - 金牛星群的正上方发现了一个区域，那里几乎没有遮光，这就为观测远距离星系提供了极清晰的视野。这个所谓的巴德洞[12]是仙后–金牛超巨气泡吹开银道面的结果。

在仙后–金牛星群内的恒星形成结束后的大约 3000 万年，最后的超新星爆发了。从此以后，随着超巨气泡越来越深入到星际物质之中，它的膨胀速度减慢。由星系喷泉向银道面上下喷射的等离子体冷却并凝聚成为氢原子云。银盘的引力阻止并拉回某些氢云的运动，它们现在正在向银道面掉落。

大约 2000 万年以前，大质量环被包含几百万太阳质量气体的超巨气泡横扫出银道面。这个环由于自引力而变得不稳定，并开始碎裂成为一个新的分子云环。计算表明，在太阳系邻近空间，第一批自引力超巨环碎块[13]的质量约相当于太阳的 10 万倍，与典型的巨分子云相当。在从银心至太阳的距离上，超巨环的引力不稳定性正在出现，这时被银河喷泉抛向银道面上下方的星云开始往银道面回落。这类回落的残块由于自引力而加强了星云的压缩。由于尘埃颗粒遮蔽了星云内部的星光，分子形成了。

在好几个这类云里，新的恒星形成已经启动，而由此产生的 OB 星协描画了恒星组成的古德带。也许其中几个星群将终于扫掠大质量超巨环，从而又将产生新的星云和未来的 OB 星协。

这样，便存在一个耗时 5000 万～1 亿年的循环，它以分子云和 OB 星协的形成开始，这些云被大质量恒星摧毁，形成超巨气泡和大质量超巨环，而以在环中出现引力不稳定性导致新一代星云的诞生而告终。分子云在摧毁之前，通常只有百分之几的质量转化为恒星。任何一个特定的原子在结合进一颗恒星之前，会在几十亿年的过程中几十次卷入这个循环。如果这个原子进入一颗大质量恒星，它会在 3000 万年里再度回到星际空间，可能转化成重元素。但是或迟或早它将结合进一颗长寿命的小质量恒星，于是从恒星形成的循环里消失了。

如果没有新鲜气体从银河系之外进入，那么星云和恒星形成、恒星死亡和星云重新形成的宇宙大循环将最终把银河系的星际物质消耗殆尽。结果，从今以后的几十亿年里，银河系里的恒星形成将会停止。在遥远的将来，由于质量较大的、蓝色的、明亮的恒星死亡，暗淡的、红色的、长寿命的小质量恒星将主宰暗淡无光的银河系。

第 15 章 | 星系里的恒星形成

当我们用望远镜探索星空，我们似乎总会发现更宏伟、更壮丽、更巨大或更不可思议的天体和现象。恒星的形成正是这样。我们已经发现大多数恒星在聚星系里形成，它们存在于非常稠密但是不受引力束缚而寿命短暂的星团里。这些年轻的星团诞生后不久即分布在银盘里，或为 T 星协，或为 OB 星协。然而，有时恒星形成得相当多，于是恒星系统的自引力能阻止星团的成员四散逃入星场，结果通常成为一个疏散星团。当我们放眼宇宙的深远之处，恒星形成的壮阔场景使我们在银河系里当前所见的恒星形成黯然失色。这类“超星团”的形成会产生球状星团，而且会移植到周围的富星场里去，成为星系内的一个个核心。在这一章里，我们将考察这类在其他星系内恒星形成的极端情况。

天空中的巨型岛屿：星系

2 个世纪以来，天文学家已经知道旋涡星云，它们无序地散布于天空，呈现为光线暗淡而迷蒙的旋涡。然而，20 世纪 20 年代，它们的本质还令人迷惑不解。在 20 世纪初期，科学家们曾经热烈争论对这类天体的解释。今天，我们知道这些天体是*星系*，即由恒星和气体构成的系统，与我们的银河系相似。深空的巡天观测显示可能有约上万亿个星系。宇宙中星系数目之多，可与一个大星系里的恒星数目相匹敌。

星系是由几十亿，甚至几万亿单个恒星构成的。① 它们呈现为各种各样的形状、大小和状态。不过许多星系是旋涡形的，其他一些是圆形的、椭圆形的或不规则形状的。星系主要可以分为两类：还在形成新恒星的星系和已经耗尽形成恒星原材料的星系。

很久以前即已停止恒星形成的星系只包含较老的恒星。它们没有明亮的蓝星、电离星云以及与恒星产生有关的尘埃分子云。与正在形成恒星的星系相比，它们的颜色偏红，形态也比较简单。大多数停止了恒星形成的星系看起来亮度均匀，具有圆形或椭圆形的形状。因此，这类成员称为椭圆星系。

椭圆星系的大小差别很大。有些矮椭圆星系包含着高度分散的、古老的恒星，星数只相当于一个大球状星团。在这些星系里，正是第一代恒星产生后不久，恒星形成就停止了。这些星系的引力场非常微弱，导致由第一批 OB 星协产生的星风、超新星爆发和超巨气泡将星系内的星际气体和尘埃喷射出去，这样它们就丢失了为维持后续的恒星形成所需要的原料。矮椭圆星系虽然暗淡，因而难以发现，但可能是宇宙中最普遍的一类星系。

巨中心主椭圆星系的质量极大。这些星系出现在富星系团的中心，是几十个甚至几百个星系并合的遗存。它们之所以存在，是由于星系吞食。它们的光线主要来自长寿命的小质量恒星，这与别的椭圆星系一样。虽然一些巨椭圆星系的质量相当于银河系的 100 倍，但已不足以保有星际物质，它们的气体和尘埃在与其他星系猛烈的相互作用中丧失殆尽。因此，它们也失去了太多的为维持恒星形成所需的原料。

迄今仍在进行恒星形成的星系是由大质量恒星、星云和 OB 星协的强烈光芒照亮的。它们的尘埃分子云往往能在它们恒星的背景上现出身影（图 15.1）。在自转很慢或没有自转的星系里，星云和恒星形成区的分布杂乱无章。这类星系称为不规则星系。但是，自转能够成为伟大的组织者。在自转的星系里，恒星和星云局限在薄薄的自转盘里，它们的恒星形成区拖曳出优雅的弧形和旋涡，环绕着它们的自转中心。

旋涡星系里的恒星形成

观测表明，我们的银河系是一个旋涡星系。由于太阳系在银盘内的位置的原因，我们不能直接看清旋臂（图 15.2）。但是恒星和气体在天空的分布清楚地显示银河系是高度扁平的系统。在可见光波段，星际尘埃在许多方向阻断了我们的视线。例如，“大断裂”星云从人马座到天鹅座横跨在夏夜银河上，位于距离太阳 1000 光年处，它们阻断了我们观察银河系更远区域的视线（图 1.1）。然而，沿着其他一些视线，我们可以看得更远。仔细地测量恒星形成区和分子云的距离，可以发现它们大多数的分布局限在旋臂之内。银河系的旋臂十分明显地伸向银河系的外部，其中所谓的英仙旋臂能延伸几万光年。

射电天文学革新了我们对银河系形状和结构的了解。射电波不受星际尘埃

↗ 图 15.1 侧向的星系 NGC4565，显示突出的尘埃带，悦目地环绕着（J.-C. Cuillandre，CFHT）

的阻拦，能够用于追踪原子氢和一氧化碳等各种分子的分布和视向速度。通过对银河系的自转建立模型，我们能够为一个假想的河外观测者构筑我们星系的大致外形[②]。

在光学波段、红外波段和射电波段的研究已经探明我们的银河系的直径约为 10 万光年。它的扁平的盘以每秒约 220 千米的速度环绕中心旋转，中心与我们相距 3 万光年，位于人马座的方向。与太阳系行星的轨道速度随与太阳的

↘ 图 15.2 2 微米全天巡天（2MASS）所拍摄的，我们从银河系内部所见到的银河系（NASA/IPAC/Caltech）

距离增加而递减不同，恒星和气体的轨道速度从离中心几百光年起直到银河系的最外边缘几乎保持不变。可是，天文学家在银河系里发现的恒星和气体并不足以产生在银河系外缘测量到的巨大的轨道速度。银河系的这一特征，为证实存在称为暗物质③的意外的神秘物质提供了一个间接证据。

银心周围直径1万光年的最内部区域（参看下一节）包含一群聚集成扁长形的年老恒星，很像一个小的椭圆星系。这就是所谓的银河核球。虽然银河系内部几千光年的区域包含高度集中的分子云和恒星形成区，而且到处都有年轻恒星，但是，核球本身的气体比较稀缺，而且主要包含年老的小质量恒星。

核球被银盘和银晕包围着。银河系的大部分星际介质和大多数年轻恒星集中在扁平的盘里。一个由原子氢和分子云组成的大环占据着离银心10000 ~ 25000光年之间的区域。这个分子环包含着几十亿个太阳质量的气体。相反，银心则包含着约1亿个太阳质量的星际介质。太阳正好位于分子环的外面。在太阳轨道之外，气体和恒星的面密度下降。

在银河系的外缘、太阳轨道之外，几条长长的旋臂赫然环绕着银心。这些旋臂之间的空间是分子云和恒星形成的空白点。然而，在太阳轨道以内旋涡图像不太明显。无论如何，天文学家认为他们能够在我们和银心之间鉴别3~4条旋臂。但是，与在银河系外缘不同，在太阳轨道以内，分子云既分布于设想的旋臂上，又占据着旋臂之间的区域。

在OB星协内明亮的年轻恒星的照耀下，在与它们关联的电离星云和它们赖以形成的尘埃分子云的映衬下，旋涡星系里旋转着的旋涡图像清晰可见。所以说，正是恒星形成才使得旋臂如此清晰（图15.3）。为什么恒星形成会绘制出这些优美的图像？人们提出了3种不同的理论，每一种可以应用于不同的情况。

首先，壮观的旋涡图像既能因内部原因产生（在恒星“棒”产生），也能因外部原因（由于其他星系经过而被激发）产生。犹如汤匙在咖啡杯里使奶油形成旋涡形一般，银河系中心呈长条形分布的年老恒星的旋转会产生旋涡图像。称为棒旋星系的次系里的旋涡图像，可能正是由于这个过程而导致旋涡存在。另一方面，其他星系从近旁经过引起的潮汐，会使得恒星和气体一时聚集在一起。由于这些集中之处受较差自转的剪切，它们就可能形成旋臂。由此产生的旋涡图像常常完整地包围着星系，景象十分壮观。

其次，由于物质局部集中产生的引力，在某些条件下，在一个旋转的盘内会产生自支撑的旋涡图像。这种物质集中产生的引力将导致所有物质——恒星

↗ 图 15.3 我们附近的仙女星系，由 GALEX 紫外卫星所拍摄。年轻的大质量恒星以强烈的紫外光主导着这幅图像（NASA/GALEX）

和气体——向它移行。这样，质量的集中就形成了波。就像海洋中的波或河流中的波溢过河床里的斜坡，恒星和气体注入密度增大的区域，更增强了波的密度和引力场，它们随后又离开。这种自扩散的波能以多种途径缠绕星系。以前来到的物质逗留一段时间，随后离开，这样就产生引力势阱，随后又拖曳物质过来。这种自支撑的波称为"旋涡密度波"。通过集中星际气体，它们局部地增加了巨分子云形成的可能性，而这类云形成的地方，恒星会不可避免地产生。

其三，前几章里讨论的自扩散的恒星形成，即使没有引力提供的放大作用，也能自然地产生旋涡图像。星系盘并不同于一块转动的板子如刚体般自转。位于与星系中心距离不同处的天体，在环绕星系旋转时会彼此滑动。由此看来，星系盘里恒星和星云的行为有些类似于太阳系里的行星。位于离中心较近的天体以较短的时间环绕中心一周，而较远的则费时较长。这种较差自转对于超巨气泡和它们的超巨气壳会产生重要的后果：它们因剪切而拉长。请设想我们从星系盘的上方往下看着一个膨胀着的超巨气壳。起初，这个气壳的边缘可以看做几乎是圆的。但是随着它的年龄增长和膨胀减速，星系剪切将使它接近星系中心的部分超前，而使它偏外边的部分延迟。向下看着星系盘，增大着的超巨气壳成为扁长的椭圆。从它们之中新形成的星云被拉成长长的纤维状或弧形，顺着星系自转的方向延伸。虽然由此产生的图像不可能形成长长的旋臂缠绕整个星系，但是它们终究产生了清晰的旋涡图形。

有巨大旋臂的星系称为宏象旋涡星系。它们往往拥有伴星系，后者会从外部触发旋臂的形成。其他壮观的旋涡有长条状的核球，它们显然从内部触发了旋臂的形成。如果它们的质量足够大，大规模的旋臂能够是自支撑的。它们会继续以旋涡密度波的形式环绕星系传播。最后，在剪切星系里自扩散的恒星形成和超巨气泡的演化，会产生许多短小的旋臂断块——一种称为絮状旋涡的构形（图 15.4）。以上 3 种机制能在一定范围内作用于一个星系。例如，旋涡密度波能在旋臂内增强由超巨气泡诱发的星云形成，但在旋臂间区域内减弱这一过程（图 15.5）。

以上 3 种理论中的哪一个更能说明太阳附近新近恒星形成的历史呢？虽然银河系缺少具有充分质量的伴星系以激发宏象旋涡，但是它确实具有一条小棒，即在其分子环内边界之内的恒星呈雪茄状的分布。这条棒会激发旋涡“密度波”，它在银心附近和银河系的外缘是极显著的。确实，分子环的内边缘包含一个结构，称为“3 千秒差距臂”，它在几乎半途上环绕在银河系的内部。沿着指向银心的视线，3 千秒差距臂正以每秒约 60 千米的速度接近我们。看来当中央的棒环绕银心旋转时，正在迫使恒星的气体来回“晃动”。恒星棒不仅会在分子环里激发旋涡波，而且它也是在环内的星际介质里制造油炸饼圈状的巨大缝隙的原因。

正如在第 14 章所讨论的，有证据表明我们近旁当今的年轻恒星星协及其母星云是由古老的超巨气壳的碎块在引力作用下形成的，而超巨气壳则由早已死亡的 OB 星协提供能量。可能这个早已死亡的 OB 星协是因为一个古老的星云在银河系的主要旋臂在 6000 万~1 亿年前最后一次经过它时激发它而产生。从此以后，第 14 章所讨论的恒星形成的扩散就在一直进行，然而，有一些证据显

↗ 图 15.4 邻近小星系 M33 几乎正面可见，显示有明显的旋臂（T.A.Rector，NOAN/AURA/NSF）。

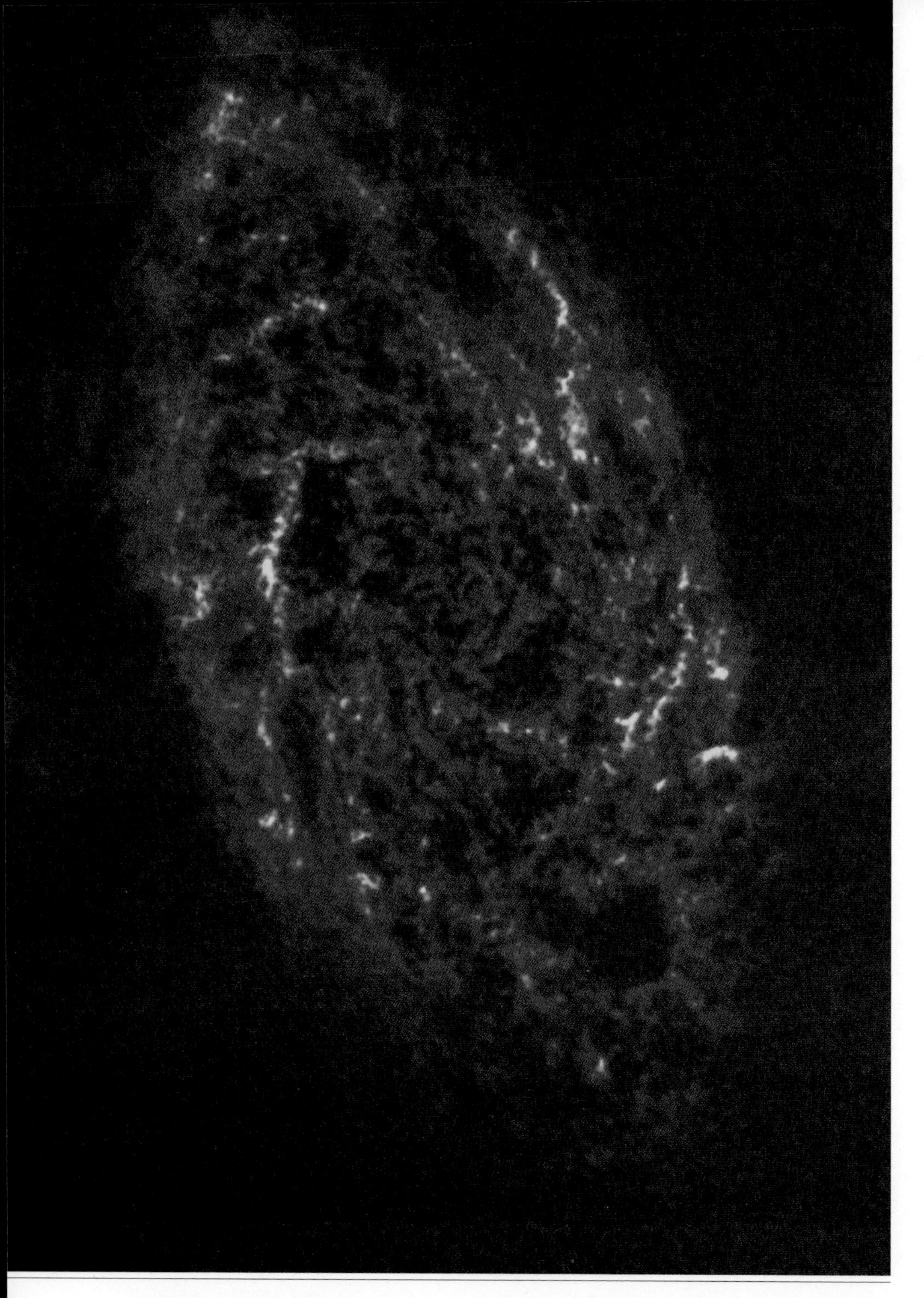

↗ 图 15.5　M33 的射电图，展示了巨大的中性氢云所在位置。在这些气体里已形成了大量超巨气泡（NRAO/AUI/NSF）

示这个过程正在减缓。太阳附近、当前正在形成的星协与存在于主要旋臂内的星协相比，显得比较小而且年轻星也比较少。也有可能由于本地的星际介质和太阳系移行进入了旋臂间区域，新分子云形成的效率随之下降。因此，星系内巨大的旋涡图像能够调节与超巨气泡和超巨气壳相关的恒星和星云形成的循环。

银河系中心

银心区域被大质量的分子云遮蔽着，使得它在光学波段不可见。我们所了解的关于银心的一切都要归功于红外观测、射电观测和 X 射线观测（图 15.6）。

在离银心 1500 ~ 10000 光年的范围内有一个星际气体分布的炸面饼圈形的缝隙。有几种机制会对形成这个缝隙起作用。核球里古老的低质量恒星死亡时形成的行星状星云散发的气体将与银盘里绕行的气体相互作用。但是核球里的恒星大体上循偏心率很大的轨道环绕银心运行，而银盘里的气体则按近圆轨道运行。因此，与由核球恒星排放的气体的相互作用会掣减原本在这一区域里气体的角动量，迫使它们旋动着进入银心。此外，正如前面所讨论的，核球扁长的形状（棒状）会迫使气体内的径向运动。与其他星云的碰撞也能消除轨道运动的能量。观测显示，在星际介质的炸面饼圈形缝隙的内侧银河系中央的 1500 光年内，包含银河系里最集中的分子云。也许位于离银心 1500 ~ 10000 光年范围之内的气体在这里终止。有几个银河中央的星云正在进行银河系里最强烈的恒星形成活动。

称为人马座 B1 和人马座 B2 的恒星形成复合体中的每一个，都使猎户大质量恒星形成区相形见绌。它们的母分子云包含的物质超过百万太阳的质量，这些银河中央恒星形成区的光度超过猎户座的 100 倍。在这些形成区的每一个中，正在进行的过程会产生包含数百颗大质量恒星的稠密星团。相反，猎户星云如今只包含几个 OB 恒星。

与此类似但稍为古老的恒星形成活动猛烈爆发的终极产品，在银河系的内部区域星罗棋布。大质量恒星的富星团充斥于天空的这一区域。许多靠近银心的大质量恒星迅速地演进到恒星演化的超巨星阶段，并正向终将爆发的超新星进发。然而，这些星团被星际尘埃厚实的帷幕遮掩，甚至使得最明亮的恒星在可见光波段也不能看见。在 20 世纪 60 ~ 70 年代红外望远镜和红外探测器问世之前，我们对于在银河系中心这个令人神往的丰富的恒星形成区确实一无所知。

↗ 图 15.6　银河系中心的特写镜头，由 2 微米全天巡天观测在近红外波段拍摄。巨大的气体和尘埃云遮蔽着中心区域的活动（NASA/IPAC/Caltech）

银河系中心的分子云与太阳系邻近空间的分子云十分不同。银河系中心的云比我们附近的云在密度上要高一个量级，湍动更加剧烈。这也许并不令人惊奇。它们的位置接近于银河系中心，意味着它们为了能够因引力而结成一团从而在绕中心较差自转的强烈剪切下不致粉碎，它们一定是更稠密的。更稠密、自引力作用下的星云可能是更湍动的。此外，这些星云比太阳附近的星云更热。高密度、高温和大湍流运动意味着恒星形成一旦出现，将在银河系中央的环境中大规模展开。

银河系最中央的几光年内包含着银河系内最非同寻常的大质量恒星群。这里，在 1 立方光年的空间内容纳了几十万颗老年小质量恒星。太阳附近类似的体积内平均包含不足 1 颗恒星。在这些老年恒星的中间，正在银河系的核心，几十颗特殊的大质量超巨星形成了一个稠密的星团。然而，这些天体的形成仍然是个谜。一个由引力束缚的星云为了能在银心的潮汐作用下保存下来，必须比猎户恒星形成区的核心稠密百万倍。一种可能性是这些大质量恒星确实在约 1000 万年前在一个稠密的星团内于离银心几百光年处形成了。整个星团可能由于“动力学摩擦”被拖向中心，这个过程我们将在本章稍后讨论。但是为了能起作用，这个过程必须十分有效。

另一方面，也有人认为大质量的银河系中央恒星是由于恒星相撞后并合而形成的。然而，与形成稠密星团不同（稠密星团由于盘或壳层的作用容易导致并合），这些恒星没有耗散性介质包围。这样，正常恒星之间碰撞从而导致并合是十分罕见的。另一方面，如果一颗恒星是红巨星或超巨星，并合的可能性则大为增加。这些恒星具有大为扩展的大气，它有助于拉住并吞食伴星或者偶然路过的恒星。吸收另一颗恒星带来了新鲜氢的补充，能维持进一步的热核聚变反应，因而在恒星*恢复青春*的过程中，延长了恒星的生命。

最近的观测发现了非常重要的证据，显示银河系中央星团包含一个质量为 260 万个太阳质量的黑洞。黑洞是一种极其致密的天体，甚至光线都不能从它强大的引力下逃逸。但是当物质掉进这样一个天体时，它的一部分静止质量能作为纯粹的能量辐射出去。这样，黑洞甚至能够比维持恒星生命的热核反应更有效地产生能量。潜藏在星系中央的巨型黑洞能够间接地被检测到，它对在其周围环绕的恒星和气体的运动产生作用，使它们在接近它时速度显著增加。在银河系正中心的几颗恒星有很高的轨道速度，表明存在质量的高度集中，而这只能是一个大质量黑洞。人们观测到银河系中心的几颗恒星沿椭圆轨道运动，它们的速度高达每秒 9000 千米！有一颗微弱的称为人马 A* 的射电星被认为与一个黑洞符合。但是，与其他一些星系中心所设想的黑洞不同，银河系中心的黑洞当前十分平静而不活动。

我们还不了解黑洞怎样在银河系中心形成。但是我们确实知道这种黑洞是普遍的。此外，黑洞的质量和能量比驻留于银河系中心的天体都远大得多。有些黑洞的质量超过了 10 亿个太阳质量。当有质量向它们掉落时，可发出相当于上千个星系合在一起的光芒！有些天文学家推测这类魔鬼般的黑洞是狂暴式恒星形成的副产品。

碰撞中的星系：恒星形成的极端情况

与银河系里的恒星相似，星系也有集结成群的倾向，或大或小，受相互的引力束缚在一起（图 15.7）。随便浏览星系像便会看到星系的直径与星系间的距离的比值是比较大的，通常为 1%～10%。比如银河系与最邻近的大星系仙女星系。每个星系的直径约 10 万光年，今天相距约 200 万光年。然而，在一个富星系团里，包含于其中的星系远为密近，星系间的相互作用、碰撞和并合比较普遍。这样，富星系团的环境对于星系内的气体是不稳定的，导致恒星形成的星际介质能通过以下两个过程从星系消失。

首先，星系团常常充满着发射热 X 射线的等离子体，即所谓的星系际介质。当富气体的星系在这样的星系团内穿行时，它们的星际介质会由于受这种热等离子体的猛烈撞击而迅速剥离④。在小的星系群里，星系间相互移动的速度每秒约几百千米。但是在富星系团里，这一速度能达每秒上千千米，甚至更高。星系相对于星系团内稀薄的星系际介质移动的时候，与星际介质之间剧烈的碰撞能够把两者都加热到几百万开的高温。受激波加热的物质从星系里剥落，最终掺和进发射热 X 射线的星系际介质中去。

其次，正在并合中的星系里的星际介质能被高速率的恒星形成所消耗。恒星形成的最极端的例子发生在刚刚完成并合的星系里。星系之间的碰撞是比较普遍的，因为它们之间相距的典型距离只比它们的尺度大 1～2 个量级，特别是在稠密的星系团和星系群里。以往星系接近时的质量外逸、迎头相撞和星系并合所形成的残留物四散杂陈于天空。

当星系相撞时，它们的气体云相互撞得粉碎，但是它们的恒星不致如此，这是因为，除非在极稠密的星团里，恒星之间的距离与它们的大小相比实在太

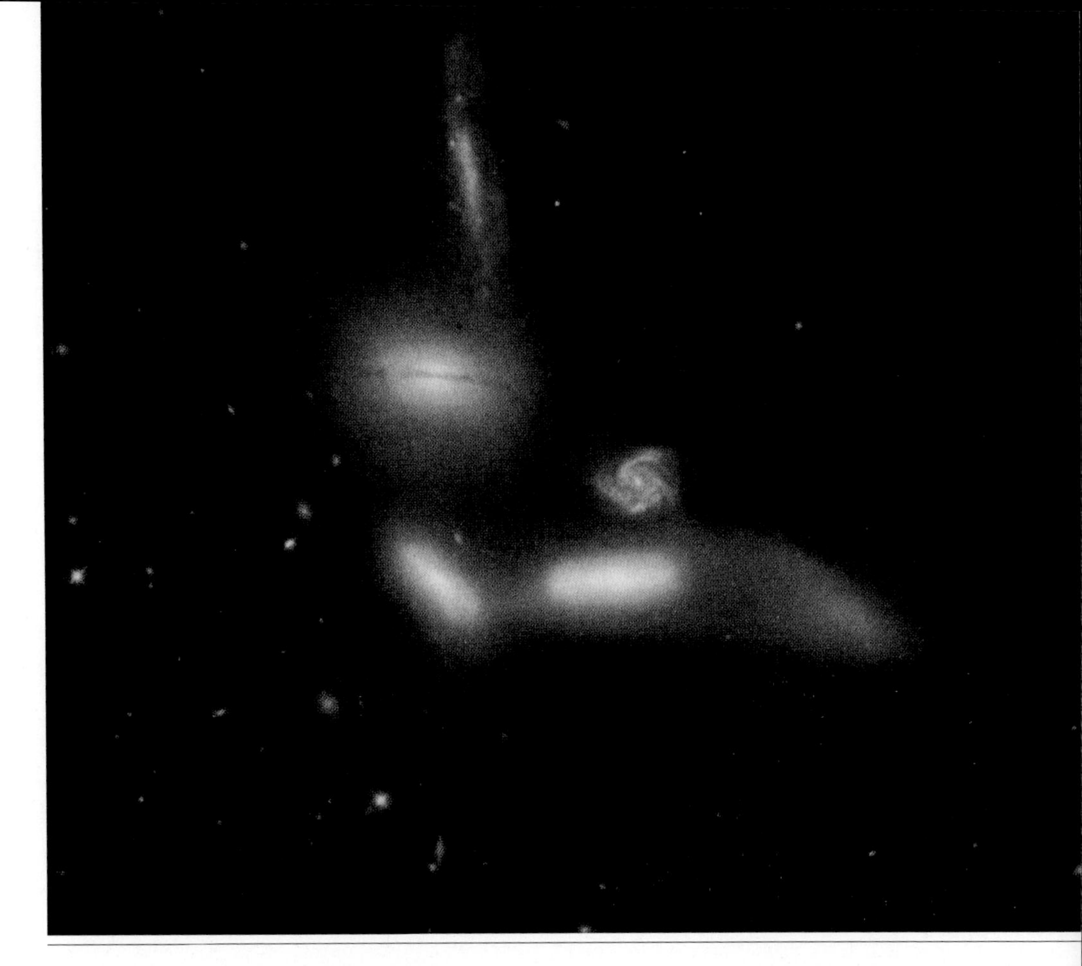

图 15.7　一群称为“塞佛特六重星系”的相互作用星系。其中 5 个星系相互作用和碰撞，小的旋涡星系是背景天体（NASA/STScI）。

大，它们往往彼此悄无声息地迎面而过[⑤]。不过，在一个相互作用的星系对里，恒星会受到两个星系的引力吸引。恒星的轨道会在星系相互经过时受引力的扰动。它们原来环绕自己星系中心的有序轨道变得杂乱，而两个星系逐渐并合成为单一星系（图 15.8 和图 15.9）。新近并合的星系内的恒星在各个方向上云集于正在并合的星系核周围，往往在高度扁长的轨道上运行。由此产生的星系最终集结成椭圆星系。确实，人们认为星系并合是形成巨椭圆星系的重要机制，尤其是在富星系团的中央。

在一次典型的星系并合中，巨分子云最可能与另一个星系里更稀薄的、低密度的但是弥漫的星际介质碰撞。然而，云与云之间的碰撞也是可能的。由于星系的星际介质之间的碰撞以每秒几百千米的速度进行，强烈的激波会冲入星云。当这类激波冲击分子云的时候，介质首先被加热。但是在典型的分子云密

↗ 图 15.8　一个相互作用的星系对 NGC4674，也称为“老鼠”。强大的潮汐力拉出了恒星和气体的长长的尾巴（NASA/STScI/HST）

度下，辐射会有效地带走这些能量的大部分，使得激波过后气体受到高度压缩。

星系碰撞产生了广泛的激波加热和压缩，并导致整个星云即时的通体崩塌。犹如狂烈的大火吞噬森林一般，当引力收缩克服内部压力时，紧接着便在星云内迸发恒星形成的汹涌狂潮。由并合产生的快速激波产生的超高压力，使这类星暴更有利于以很高的效率形成大质量恒星和稠密的星团。

由星系碰撞产生的激波会在整个并合星系内同时促使恒星产生。随着数百

↗ 图 15.9 星系 UGC10214 是一个旋涡星系，因与一个矮星系碰撞而受扰动。由于爆发了强烈的恒星形成，导致在长长的尾巴上出现了蓝星团和 OB 星协（NASA/STScI/HST）

个超新星爆发，会形成极度稠密的超星团。当小的星系并合时，并合产物微弱的引力可能不会阻止由此产生的超巨气泡从剩余的星际气体里吹出并进入周围的星系际介质。但是在具有更强引力的大星系里，星际介质会被限制在内。在星云经历了几代的恒星形成循环（第 14 章）之后，大部分星际介质已消耗殆尽并转化为恒星。正如以下将讨论的，“动力学摩擦”过程会拖曳大星云和星团进入并合产物的中央，这些过程结合起来会在不到 10 亿年之内耗尽并合星系的星际介质。

一旦恒星形成的原料丧失，恒星形成过程便停止了。随着恒星成员的年龄增长，大质量蓝星、电离星云和明亮的 OB 星协变得暗淡。一定时间以后，这类气体已耗尽的旋涡星系或不规则星系变得与大椭圆星系难以区别。这样，旋涡星系或不规则星系往往以分离的形式存在于星系际空间，而最大的椭圆星系则存在于富星系团里——正是在那里，碰撞普遍发生。

我们的银河系在遥远的将来会经受几次并合。前面已经提到，大、小麦哲伦云正在向银河系盘旋着下落。一个巨大的氢气环，在银河系引力作用下从我们的邻近星系撕扯出来，几乎包围着银河系，标志着太、小麦哲伦云的运动轨道正在缩小。这个潮汐引起的气体流可以看做是一个警示，说明在今后 10 亿年内，大、小麦哲伦云将与银河系碰撞而且并合，也许还会触发银河系内的星暴。

再往前去一点，就遇到巨大的旋涡星系仙女星系，这是大星系中我们最近的邻居。仙女星系正以每秒约 200 千米的速度向着银河系冲来。在 30 亿~40 亿年之后，两个星系将相互接近。在太阳开始灭亡前一二十亿年，银河系与仙女星系将在一次无比猛烈的“火车失事”中并合，而这是我们的这个邻近星系从未经历过的。随着银河系和仙女星系里剩余的星际气体在大规模的星暴中消耗殆尽，较年老恒星的轨道将被扰乱，也许会把这两个并合的旋涡星系改变为一个巨椭圆星系。

核心内的星暴：巨型黑洞提供能量

当分子云和大星系团缓慢地通过星际气体的稀薄介质和移动恒星的背景星场时，它们会受到摩擦。这是因为巨分子云或星团的质量会把经过的恒星和气体向自己牵引。当物质流过并受引力吸引，在星云或星团出发的尾随区域内，经过的物质的密度会稍有加强。这种质量集中会产生引力而使运动物体减速。这种力称为*动力学摩擦*，因为它的作用是使任何通过恒星或气体介质的大质量减速。

在几亿年之内，动力学摩擦使得大多数星系并合中的巨分子云终于进入了接近并合后遗存天体核心的轨道。由于动力学摩擦也对大星团和相互作用星系的核起作用，这些天体也将可能最终进入并合后遗存天体的中央。

在星系内积聚的气体和尘埃会形成黑暗的幕障，遮蔽发生在并合核周围的剧烈的激波和相互作用。这样，这类并合星系的中心往往在可见光波段是不可见的。由于许多并合天体内的星际介质被拖曳进入并合星系的核心，在集结的气体内就形成了超巨分子云。终于，在并合后遗存天体的核心内启动了大质量恒星的形成。核心内的恒星形成区产生恒星的速率能比整个银河系快数十倍，使银河系中心明亮的恒星形成复合体以及大、小麦哲伦云和 M33 的恒星形成区，甚至并合星系极外缘能发生星暴的球状星团都相形见绌。

在星系的旋转核心区域，强烈的剪切甚至往往会在几千万年至几亿年内摧毁最紧密地束缚的星团。这样，星系外缘的星暴会在事后留下受束缚的恒星系统，然而接近核心的星暴则不致如此。核心内星团的消散造就了星系核球的形成。

北斗星里的名为 M81、M82 和 NGC3077 的明亮的三重星系显示许多密近相互作用的特征（图 15.10）。M82 星系位于离我们约 1000 万光年处，1 亿年以来在它的核心内发生了星暴。M81、M82 和 NGC3077 这 3 个星系的接近相撞，导致几十亿个太阳质量的星际气体向 M82 转移（图 15.11）。迄今为止，

↘ 图 15.10　旋涡星系 M81 与星暴星系 M82 相邻，后者几乎侧向对着我们（NOAO/NSF）

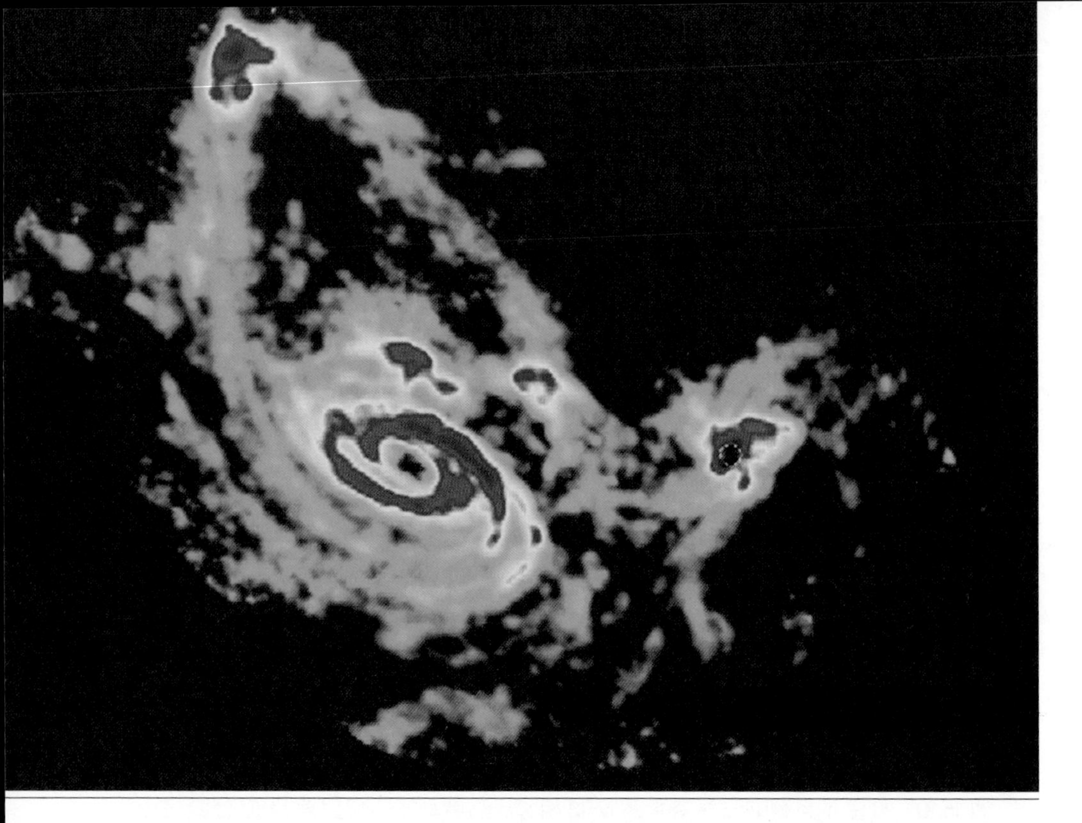

↗ 图 15.11　图 15.10 中所见的 M81 星系 M82 星系正与另一星系 NGC3077 接近并可能最终碰撞。相互作用已经从最大的星系 M81 剥离出原子氢，抛入 M82，触发了核心的星暴。这张射电图像展示了来自中性氢云的 21 厘米辐射（NRAO/NSF）

这个三重星系避免了并合，但恰恰是不同于密近相互作用的长程引力作用对这个三重星系具有深刻的影响。潮汐力激发了 M81 的宏象旋涡图像，并产生了星系际原子氢的潮汐桥，从 M81 的外缘延伸到 M82 而且包围了 NGC3077。相互作用甚至会从 M81 的外缘抛射几个恒星形成复合体。这些区域看来正在演化成为一些微型矮星系，它们的产生是相互作用的直接结果。但是相互作用的最壮观的结果是 M82 核心内的星暴。

在最近的 1 亿年之内，下落的气体在 M82 星系核的周围形成了一巨分子云的环。在这个星系内部 1000 光年的区域内，形成了几十个明亮的巨星团。很可惜，从我们的方向看去，M82 是侧向的，而且尘埃遮挡了这个星系的中心区域。这样，我们只能在透过星际尘埃幕障的红外波段、射电波段和硬 X 射线波段研究这个星暴。这些观测表明，这里的超新星正以 10 倍于银河系内的速率爆发。几千个新近的超新星遗迹已经并合进一个巨大的超巨气泡，它正在抽送着受激波加热的恒星喷射物并在 M82 平面上、下部的远方扫除了星际气体。这个发自核心的超级风暴的踪迹，已经扩展到了 M82 中央平面的 3 万光年之外。

在几亿年的进程里，核心里猛烈的恒星形成将消耗掉大部分可用的星际气体。几千颗大质量恒星的联合作用及其辐射、星风和超新星爆发将把剩余的气体从星系内排入强烈的星系飓风中，从星暴区域吹出。

大自然在到处重复着自己。星系盘和发自核心的超级风暴显示为盘外流或偶极外向流，类似于在年轻恒星周围所见的形态。但是核心星暴驱动的外流已非恒星光年规模的外流，它扩展到星系际空间达几万光年。在大质量恒星的核内炼出了重元素，这是在宇宙内大范围地撒布重元素的一种机制。

核心内的星暴会在几亿年里产生几亿颗年轻恒星。如果把已拉入的、从由于动力学摩擦而解体的星团里释放的年老恒星也包括在内，那么星系核心区域的密度能达到每立方光年内几十万颗恒星。在长寿命的小质量恒星陪伴下，几千颗大质量恒星诞生，它们的生命虽短却很辉煌。它们的超新星爆发会留下特别致密的中子星和恒星级的黑洞。这样，核心内的星团传承了从红矮星至质量为几十个太阳质量的黑洞这一系列的天体。

由于核心内的星团及其中的恒星、黑洞和特别稠密的超巨星云相互作用，动力学摩擦促使这个系统的密度不断增大。在超巨星的胀大的壳层的帮助下，耗散性的星周盘和壳层与特别稠密的星云、年轻恒星、年老恒星、白矮星、中子星甚至黑洞空前稠密地集结在一起，不可避免地以极大的规模并合。最后的结果可能是形成一个特大质量黑洞。在核心星暴这类最猛烈的恒星形成与星系中心的巨型黑洞的形成之间，可能有着紧密的联系。在 M106 星系[⑥]中，人们找到了特大质量黑洞的一极佳例子。

物质向这类魔鬼般的黑洞掉落，会给宇宙中最明亮的能源类星体提供能量。与恒星依赖由氢燃烧为氦的热核反应不同，类星体通过消耗掉落进它的物质获得能量。从获取能源的角度而言，由黑洞把质量转化为纯粹的能量，远比由一种元素转化为另一种元素的方式来获得能量更为有效。当物质掉进星系中心的一个超巨型黑洞，它的光芒能盖过上千个星系。由于类星体的光芒极大，它们就成了宇宙中能被看到的最遥远的天体（除了宇宙背景辐射）。有一些极其遥远的类星体的光线是在宇宙只有当前年龄的 10% 时发射的，它们的性质让我们得以窥探宇宙年轻时所处的条件环境。

河外喷流：类似于原恒星喷流吗

我们确实还没有了解类星体形成的所有可能途径，或者说还不了解在星系中心发生的各种明显不同的过程。但是有一个普遍的图像是显然的。当旋转的物质加速进入中心天体时，会形成一个吸积盘。旋转的盘和它们的中心天体给偶极喷流和外流提供能量，速度相当于从喷射物原点的引力逃逸速度。如果吸积盘的中心天体是一个原恒星，喷流的速度达每秒几百千米；如果中心天体是行星状星云里正在形成的白矮星，喷流的速度达每秒几百至几千千米；如果中心天体是中子星，外流的速度将超过一半光速；如果中心天体是黑洞，喷流的运动十分接近光速。当外流与它们周围的物质作用时，它们减速并扫出稠密的气壳。这样，我们便有了偶极分子外流、行星状星云里的偶极风、偶极核心飓风和来自星系核内的黑洞的相对论性喷流。在所有类型的外流里，它们的形成都是热运动、辐射压和磁场结合的结果。

在某些方面，类星体、射电星系、“塞佛特”星系和其他类型的活动星系核[⑦]看来明显地类似于年轻恒星及其吸积盘和喷流。虽然在规模、速度和能量上差异很大，但是它们的性质有许多相似之处。由星系供能的喷流往往显示多个弓形激波和结点（图 15.12）。我们用不同的方法观测它们，均发现它们的结构表面上类似于由年轻恒星产生的喷流。由活动星系核产生的强大喷流显示某些类型的弯曲和扭动，恰如源自年轻恒星的外流。这两类外流的源都有盘环绕着。在这两类天体里，一个观测者所看见的过程，既取决于盘的性质，也取决于盘对于我们的朝向是否有利。例如，一个侧向所见的盘，无论在年轻恒星还是活动星系核，都会隐匿中心源；另一方面，若盘是正面朝向，中心天体往往十分明亮，以致使其外流产生的光黯然失色。归根结底，这两类天体都是由引力提供能量。年轻恒星和活动星系核通过获取由掉落到中央天体上的物质所释放的能量而提供自身的动力。

与星系的规模相仿的盘和喷流广阔无比，有些达到几百万光年的尺度。以人类的寿命尺度不可能观测它们的全部演化过程，不过，吸积中的年轻恒星能在几小时、几天或几年之内改变。这样，年轻恒星提供了一个容易观测的环境，我们能从中获得关于星系中心包藏的规模远为宏大的系统的信息。

↗ 图 15.12 从巨椭圆星系 M87 中心发出巨大喷流，它可能由于潜藏在 M87 中心的巨型黑洞吸积物质而形成的（NASA/STScI/HST）

第 16 章 | 第一代恒星和星系

我们仰望星空，望得越远，就在往越久远的过去追溯。最遥远的星系和类星体早在太阳和太阳系形成之前就已发光。这些光芒发射之际，宇宙的年龄只有几亿年，它们经历了宇宙年龄的几乎 90% 才到达我们这里。

宇宙微波背景

1965 年，射电天文学家检测到更古老的光线，它反映了宇宙的历史：宇宙微波背景（第 1 章）。这个辐射有 3 个令人瞩目的特点：首先，它从各个方向到来；其次，它的均匀性约为十万分之一；最后，微波背景能用绝对零度之上 2.7°、物理学家所称的“黑体谱”[①]完美地描述。

宇宙微波背景是由温度约 3000 开的等离子体发射的，当时宇宙的年龄不足 30 万年，它们弥漫于宇宙之中。辐射是以黑体谱发射的，其峰值在约 1 微米的波长上。然而，宇宙膨胀使得波长伸长（红移）了 1000 倍。今天宇宙背景在近 1 毫米的波长上可见。

就像太阳的表面一样，从大爆炸以来出现的等离子体是炽热和不透明的。背景辐射形成了一道明亮的屏障，它阻挡了我们的观测，使我们不能去探测更遥远的太空或是更古老的年代[②]。这样，宇宙微波背景就是一块横挡在可观测宇宙万事万物之前的幕布。它的性质是远在行星、恒星和星系存在之前宇宙物质状态的一幅快照。

随着宇宙膨胀和冷却，电子开始与原子核复合形成氢原子和氦原子。由于这种气体是透明的，这种复合把原来不透明等离子体阻挡的辐射充分释放出来。结果，黑体辐射开始了它射向我们的 137 亿年的旅程。

宇宙微波背景的亮度没有大的变化，表明在复合和解耦时期的物质密度几乎是均匀的。显然，早期等离子体时期受阻的辐射所作用的压力[③]阻止了引力产生显著的凝聚。

第一代星云

第一代恒星和星系是怎样从大爆炸以来出现的均匀和平滑地分布的物质中起源的呢？当我们深入细致地探究，会发现宇宙微波背景的些微瑕疵。原初的氢等离子体或氦等离子体在某些地方稍显稠密，而在另一些地方则略微稀薄。这些密度的涨落在暗物质集中的周围形成。

没有暗物质，星系和恒星殊难从宇宙中存在的这些数量的普通物质里形成。从在复合之前极端均匀的气体分布中形成自引力的结构，要求暗物质额外的引力吸引。计算机模型显示，远在复合之前很久，暗物质就开始形成质量类似于矮星系的自引力团块。只要宇宙等离子保持着电离，辐射压就会阻止普通物质掉落到这些坑穴中去。然而，一旦等离子体复合，导致气体失去其支撑，气体就掉落到暗物质的集中处去了（图 16.1）。在几亿年里，稠密的气体云聚集并收缩形成第一代恒星。

为了能在自身引力的影响下收缩，星云表面的逃逸速度必须超过粒子的运动速度。在现今分子云的 10 开温度和平均密度下（第 3 章），包含略小于 1 个太阳质量物质的区域，其质量已足以克服内部运动。相反，几乎由纯净的氢和氦组成的原始星云的温度达几千开。能够收缩的最小的星云也要求有约 100 万个太阳质量（约为球状星团的质量和现代巨分子云的质量）。

星云的持续收缩要求把由引力释放的能量辐射出去。收缩提升了原子和分子碰撞的能量。在现代星云里，一氧化碳这类分子以毫米和亚毫米波长的谱线辐射能量。它们对于收缩中的星云起着制冷剂的作用。此外，与尘埃颗粒的碰撞导致产生远红外连续辐射。在原始星云里，这些过程没有一种起作用——没有分子和尘埃颗粒发射远红外辐射和亚毫米辐射。因此，在复合时代后的第一代星云一定保持着极度炽热和完全透明。

在今天的星云里，分子氢是在颗粒表面有效地产生的。但是在缺乏尘埃的情况下，分子氢只能通过原子间低效率的反应才会形成。原始星云的模型显示其中的分子氢的丰度远低于 1%。因此，原始星云主要保留着原子氢，只具有痕量的分子氢。

温度 10 000 开以下的原子碰撞甚至不能激发原子氢或原子氦的最低能级。因此，分子氢是唯一可用的星云冷却剂。分子氢有各种近红外波长和中红外波

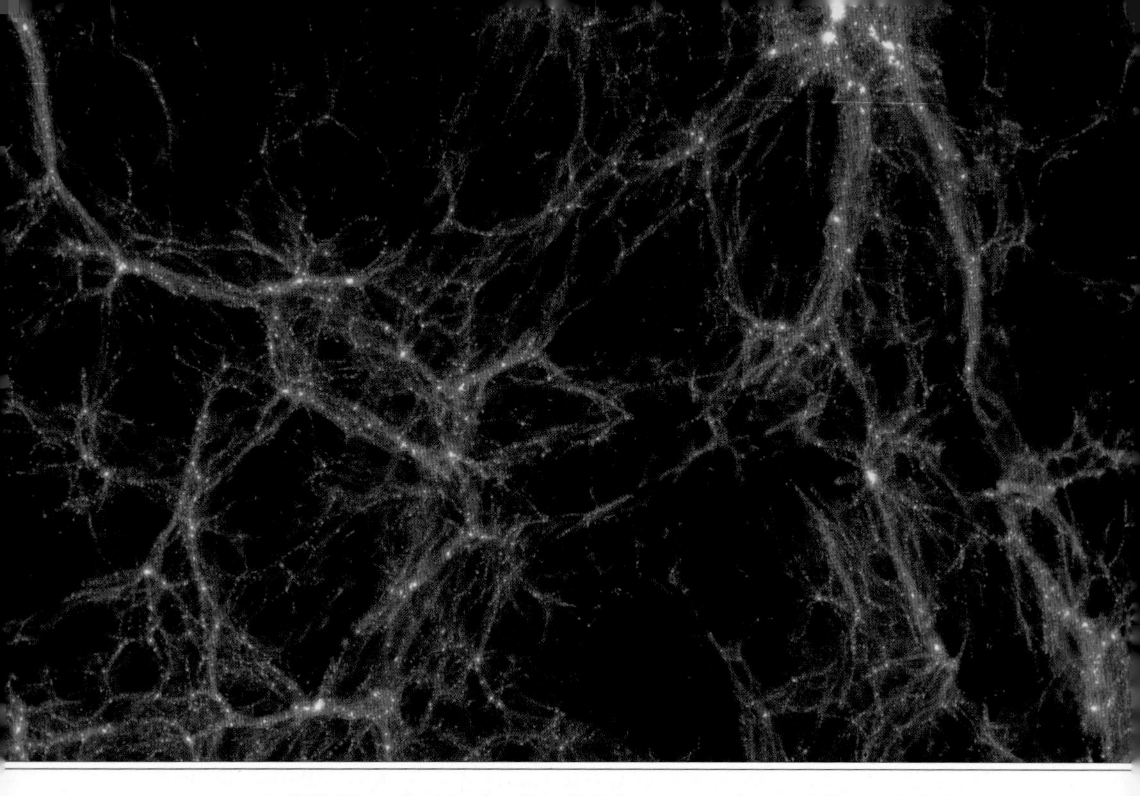

↗ 图 16.1　数值模拟展示的暗物质纤维状的分布。星系将终于在暗物质结构复杂的网络里形成。图中所展示的区域宽度达 10 亿光年（Ben Moore）

长的跃迁，在现代冷得多的有恒星形成的星云里，它们只是在来自年轻恒星的外流里才受到激发（第 6 章）。这些相同的谱线辐射着由热原始星云的引力收缩所释放的能量。

复合之后，在早期宇宙里没有光源。因此，这个时期被称为宇宙的“黑暗时期”。随着第一代形成恒星的星云的演化，它们微弱的分子氢辐射为照耀宇宙提供了第一缕星光。

第一代恒星

这些半透明的、温热的、由原子组成的星云产生了何种类型的恒星呢？由我们对当前恒星形成的了解出发去推断，天文学家认为第一代恒星全都是大质量的。对于“无金属”的星云的计算机模拟表明碎裂很难发生，所以星云不会分裂为许多小的核心。随着在巨星云最稠密的部分第一颗恒星形成，它使其周围电离并阻止了附近其他恒星的产生，这样就为自己保持了周围气体的存量。因此，这些第一代恒星积累了几十至几百倍太阳质量的物质。

原始星云缺少磁场。这样，任何原始的盘是透明、炽热和非磁化的；由磁力消除角动量的过程不能像在现代的盘里那样开展。因此，第一代恒星会高速自转。在没有尘埃的情况下，盘不能形成星子或行星，因为缺乏形成行星系的原料。

当前的原恒星在亚毫米波段产生第一批辐射。在几十万年的进程中，它们的光谱逐渐从亚毫米波段向光谱的可见光部分转移。但是对于第一代恒星来说，并非如此。它们纯粹由氢和氦组成，从一开始就发射可见光和近红外辐射，从而开始自己的生涯。

当下落气体的积聚提升了内部的压力和温度时，原始星云在收缩中加热。由于分子氢离解，冷却剂完全丧失，这就使温度攀升，直到氢原子通过碰撞再度电离。自由电子又一次发光。当第一代恒星约在大爆炸后 4 亿年出现时，宇宙背景辐射以中红外光浸润宇宙。由大质量原恒星的等离子体产生的红色、近红外光芒紧随着由星云收缩产生的分子氢的微弱辉光而照耀。

电离的氢等离子体或氦等离子体的球层对于它们自己的辐射是不透明的，它们的表面呈现原子向离子的跃迁。因此，等离子体里的自由电子能够辐射到太空。随着这些第一代原恒星增大，它们发光的面积也增大，因而它们变得更加明亮。虽然在它们诞生时大体上类似于红巨星，但是它们迅速地演化为明亮、蓝色和十分炽热的恒星。

随着原恒星发光，它的核心收缩，密度、压力和温度不断增高，直至氢的热核聚变反应终于启动并取代了引力收缩（引力收缩是恒星能量的初始来源）而成为恒星能量的新来源。

当前的大质量恒星把氢燃烧为氦是通过所谓的碳-氮-氧循环。但是在早期宇宙里没有碳，所以将进行以中子为基础的其他反应。然而，这条通往氦的道路要求更大的中心压力和更高的温度以维持大质量恒星的巨大光度。结果，第一代大质量恒星在其表面产生了大量电离紫外光，远多于质量大致相当的现代恒星，甚至质量只有几个太阳质量的恒星也能被认为是 O 型或 B 型恒星。由于紫外辐射如此大量地产生，原始恒星半透明的周围环境重新电离。在我们今天所见的最遥远的星系形成之际，宇宙中的大部分气体被第二次再度加热和电离（第一次是它们从炽热大爆炸中出现的时候）。星系之间稀薄和透明的介质直到今天还保持着电离。

由于第一代恒星是大质量的，它们也是短寿命的。它们在核心合成第一批重元素，然后向爆发性的死亡演化。由于这些恒星不包含金属（重于氦的元素），星风或者很微弱，或者根本没有[4]。这样，当它们爆发的时候，它们的质量比现代大质量恒星爆发时的质量要大。

第一代星云是特大质量的，而且不像今天的星云那样容易碎裂。因此，第一代恒星不是在十分稠密的星团里形成，而是可能诞生在比较稀疏的星团和星协里，它们集中的硬紫外辐射场把在下落壳层内的巨大空穴电离。几百颗超新星标志着这些恒星的死亡。

热核反应的产物被抛射并与周围气体混合。元素富集的超巨气泡膨胀，并与冲向局部引力势阱的下落的氢相撞。在某些地方，气泡壁破裂爆向更稀薄的星系际空间，而在另一些地方，激波压缩下落的气体并诱发第二代恒星形成。这些星云含有由第一代恒星产生的稍微丰富的重元素，导致更有效地冷却、碎裂，具有能产生小质量恒星的质量更小的星云核。随着重元素的丰度缓慢增加，形成中的恒星的典型质量逐渐减小。

起初，年轻宇宙完全是由星际气体和星系际气体构成的，它们是产生恒星的原料。那时比以往任何时候有更多的氢和氦可用于恒星形成。第一代恒星的形成一定是几乎同时在许多地方启动的。这些区域可能类似于我们今天在天空所见的富含气体的矮不规则星系。但是有一个重要的区别：这些早期的矮星系主要含有热气体，它们只能产生大质量恒星。

由于我们尚未检测到由第一代恒星产生的星光，我们还不完全了解宇宙中恒星形成的历史。宇宙微波背景的观测和对星系演化的研究表明，最初的第一代恒星形成不会迟于大爆炸之后 4 亿年。然而，在宇宙中密度较低的部分，恒星形成还要晚得多才会启动，可能还要再过几十亿年。天文学家认为最原始的（无“金属”的）恒星形成发生在宇宙当前年龄的前 10%～20%。远距离星系和银河系内年老恒星的化石记录显示，宇宙内恒星形成的平均速率在大爆炸之后的 30～80 亿年达到峰值，远在太阳系形成之前。当 45 亿年前太阳形成之际，银河系的大部分星际介质已经转化为恒星。从那时以后，随着各个星系都把它们越来越多的剩余星际物质转化为低质量、长寿命恒星，宇宙内恒星形成的平均速率已经下降。

星系的形成和演化

第一代大质量（或特大质量）恒星的星团爆发所产生的重元素污染它们的正在增大的超巨气泡。碳、硅和铁等元素开始形成尘埃颗粒和简单的分子。这样，原始的大质量恒星为分子云的集结成形创造了条件，它们含有尘埃而不透明，类似于今天的分子云。随着第一批小星系集合起来，它们的分子云很快就能形成有利于恒星形成的条件，这种条件比我们今天所知的有利得多。

我们的目光越向太空深入，就在时间上追溯得越远，我们看到的星系和恒星正在以越来越快的速度退行。第一代恒星被认为在极久远之前形成，以致宇宙膨胀把它的光线从紫外波段、可见光波段移入红外波段。我们必须到太空的最远端去探索近红外波段，以窥探第一缕星光。美国宇航局的 6 米*詹姆斯 · 韦伯空间望远镜*正是设计用来探测这第一缕光线。

当刚刚合成的元素凝聚进入正在死亡的大质量恒星喷射物内的尘埃颗粒中时，原始气体中便含有了尘埃，并开始把光线变成远红外波段和毫米波段的较长波长的辐射。为了检测第一批尘埃云再度发出的辐射，我们必须探测波谱的射电波段。天文学家还在升级甚大阵并关注着巨型空基亚毫米波望远镜，以便探测这种再度产生的辐射。

在宇宙演化的前几十亿年里，物质密度要高得多，正在形成中的星系之间的距离也要小得多。相邻区域之间的相互作用非常普遍。第一代星系经受了并合，这导致由暗物质、恒星和气体组成的更大系统的形成。

我们认为这些第一代星系一定类似于今天的矮不规则星系，它们的质量与银河系之类的星系相比较小。在矮星系里，恒星和气体云只受到微弱的引力束缚。当大质量恒星星团形成并死亡时，由此产生的超新星爆发和超巨气泡能够将大部分剩余的星际气体完全冲到星系之外，导致恒星形成终止。这类星系中留存着较少的恒星，它们全是在第一波恒星形成时产生的。

质量足够大的星系保持住了它们的星际物质，随后第一批超巨气泡膨胀引发了一波接一波的恒星形成。由于星云受到重元素的污染，分子和尘埃形成，气体能够更有效地冷却。收缩中的星云会碎裂成体积和质量更小的团块，它们将形成质量较小的恒星。这些恒星还只含有很低量的比氦更重的元素。天文学家在银晕中发现了几颗小质量恒星，它们含有的金属低于太阳含量的万分之一。这些贫金属的晕星可能是星系形成时代以来最古老的孑遗。

随着积聚在暗物质的晕里的氢越来越多，而且金属含量越来越高，恒星形成演进到当前的状态。长寿命、小质量的恒星的成员在小原星系的中心发展并壮大起来。这些星系与它们的兄弟在一系列碰撞中剧烈地相互作用，这使得它们的年轻的恒星成员结合起来。气体因这类碰撞而被压缩，激发了在它们的星际介质里的星暴。

就像行星从原行星里长大一样，矮星系被并入到更大的星系里。这些早期的并合可能制造了一些椭球形的核球，它们将成为今天旋涡星系的支柱（参看第 15 章）。几百个矮星系最终将并入现代的大星系中。随着大部分无金属的原始气体骤雨般落入并合星系，大角动量的气体形成了旋转的盘，并终于演化成银河系和仙女星系之类的旋涡星系。

深空图像显示，在有高红移的遥远宇宙中，大部分是有大量恒星形成活动的不规则矮星系，有一些类似于银河系的盘状星系，椭圆星系比较少。在早期宇宙中相互作用和并合远比今天普遍，这些过程在星系的早期形成中起着基本的作用，而且激发了猛烈的恒星形成。

通过观测类星体和与星系核活动有关的现象（第 15 章），人们发现许多星系在大爆炸之后几十亿年之内在它们的中心形成了特大质量黑洞。最遥远的类星体早在太阳形成之前几十亿年曾经喷涌出巨量的辐射和强烈的喷流。此外，在较早时期许多星系里重元素的丰度已可能与太阳相当，或许还会超过太阳。重元素的快速增长表明在某些大星系里恒星形成一定是很猛烈的，以比今天银河系里快数个量级的速率消耗着气体。当我们回顾古老的类星体时，可以看到它们的光谱饰缀着大质量恒星里热核聚变反应产物的光谱。

在宇宙密度最高的部分，并合和星系吞噬消耗着大部分富含气体的不规则矮星系和旋涡星系，把它们转化为巨椭圆星系。引力保证了大星系团在某些地方聚集形成。相互作用的星际介质和并合星系里的星际介质被逐入星系际空洞，并被星系碰撞、核心飓风和活动星系核加热到 X 射线的温度。今天，这类大星系团正是 X 射线辐射的高产源，它们曾经大规模地孕育恒星。它们的大部分正常物质或者已闭锁在长寿命的小质量恒星里，或者作为稀薄的 X 射线等离子体而弥漫在星系团内的星系际介质中。

经过亿万年的沧桑岁月，大部分从大爆炸和再次电离时代留存下来的氢和氦已经掉落进入星系，成为恒星形成的原料。在椭圆星系里，由于星际气体已被恒星形成的过程消耗殆尽或被排除出外，恒星形成业已停止。在其他星系里，巨大的星暴产生活动星系核，就这样使气体的补给枯竭。在另外一些星系里，例如银河系，今天恒星形成还在继续着，因为它们不是在富星系团里形成的，因此保留着足够多的星际气体以孕育新恒星。

在所有这些不同的环境里，我们从太阳邻近空间所熟悉的恒星形成的循环过程从金属丰度达到足够高的值时就开始了：从分子云到恒星诞生、恒星死亡和爆发，超巨气泡膨胀，扫除巨大的气壳和凝聚并入新的星云。随着每次循环，一部分剩余的星际物质从太空中被消除，它们进入长寿命小质量恒星，后者能有效地把它们保存几十亿年。在剩余的星际气体里，由短寿命大质量恒星炼成的元素变得越来越丰富。

第 17 章 | 天体生物学、生命起源和 SETI 计划

天体生物学和生命起源

地球上的生命是唯一的呢，还是宇宙中普遍存在生命？这个问题长期以来让科学家、哲学家和广大公众深感兴趣。

恒星形成是从大爆炸以来到我们所熟悉的生命出现之间物质在宇宙中演化的关键一步。没有轻元素氢和氦在大质量恒星的核心里通过热核反应燃烧成“金属”，构成行星的各种真正的成分将不存在。生命的成分（碳、氮、氧和用于构成生命基础的有机分子的其他元素）是在恒星的中心炼成的，并通过星风和爆发再循环，进入孕育了太阳和太阳系的星际介质。我们其实是恒星的尘埃。此外，长寿命的小质量恒星和往往环绕它们运行的岩态行星，提供了稳定的和支持生命的环境。在这一环境中，生命的化学演化过程启动并足以进化出复杂的生命形式，以至于产生智能。恒星形成为人类出现起了关键的作用。

看来有机化学（碳的化学）必然导致高度复杂性。从孕育恒星和行星系的星际分子云的成分看来，这是显然的。远超过一半以上的已知星际分子，包括最复杂的分子种类，是有机的。对流星的研究显示星子曾经充满复杂的有机分子，因此原始地球承袭了丰富的化学成分。虽然参与地球形成的大部分复杂的分子在后来的大撞击时期很可能被摧毁，但是随后彗星和有机物的其他载体几乎肯定会在原始地球的表面释放大量生命的组分。

虽然人们对于地球早期历史中这个“哈得斯”（希腊神话中主宰阴间的冥王——译注）的时期知之甚少，但是最早的岩石记录显示在大撞击结束后不久原始生命就发展起来了。地球化石记录表明大约 40 亿年前原始生命已经存在了，这是在太阳诞生以后约 5 亿年之内。生物学家、地质学家、古生物学家和天文学家正协同工作，共同致力于一门新学科“天体生物学”的研究，它的目

标是弄清生命在地球上的起源。

从 20 世纪 70 年代开始，科学家一直在探索太阳系其他天体上的生命。在 20 世纪 90 年代中期之前，这一探索完全集中于火星，它是离太阳第四位的行星，与太阳系的其他行星相比与地球最为相似。有地质证据表明火星曾经具有浓密的大气和温暖的气候。在它当前荒漠的表面上，水道纵横，它们可能是由几十亿年前泛滥的河水造成的。即使在今天火星的两极上，仍有冰雪层覆盖着。然而，1976 年在火星上着陆的 2 艘海盗号宇宙飞船并未发现生命活动的迹象。

大流星对火星的撞击偶尔会从火星表面撞出一些碎块。若撞击力很大，碎块会被抛入太空。这些抛出物的一小部分可能进入地球大气，成为陨星。这些极为稀罕的火星表面的样本能用特殊的方法鉴别出来，因为陨星所裹携的气体中含有氩的同位素。1984 年在南极洲阿伦山地区发现的陨星就是来自火星。通过显微镜检验，发现它包含的结构与地球上由微生物产生的古老化石惊人地相似。这一发现具有巨大意义，导致美国宇航局设想一系列探测火星的计划，其最高目标可能是带回火星表面的最新样本，它们不会受流星撞击的猛烈作用，也不会在太空的长途旅行或在地球上长时间暴露受到污染而引起改变。幸运的话，这类新的火星样本可能解决原始生命在这个红色行星上是否曾经存在的问题。

天体生物学的基本前提是必须存在生命必需的液态水。一颗行星为拥有液态水，必须在稳定的近圆形轨道上运行，与其母恒星处于“适当的”距离上。它的表面必须有相当大的一部分的温度在水的冰点以上。对于类太阳恒星，要求轨道半径不能与地球的相差过大。虽然地球的化石记录表明最多只花 5 亿年生命就已出现，但是随后却需要 35 亿年的进化才出现高等动物和植物，把地球的面貌和大气改造成今天我们熟悉的状态。我们所熟悉的生命看起来局限于类地球的岩态行星上，它在半径为 1 天文单位的轨道上环绕光谱为 G 型、类似太阳的长寿命小质量恒星。质量翻倍大的恒星寿命不够长，不足以支持 30 ~ 50 亿年时间尺度上的生物演化。质量小于一半太阳质量的恒星比太阳暗淡得多。为了让行星有足够高的温度以让水保持液态，要求它的轨道十分接近恒星，这样由于潮汐效应，它的自转就会锁定在年长上。这就可能导致它的大部分表面水在行星永久背向恒星的那一面上冻结。然而，这幅景象却与我们所知的宇宙中存在生命的地方 —— 地球大相径庭。

近来对木星的探测提醒天体生物学家应将注意力转向就太阳系生命来说比火星更为奇特的栖息地：木星的第二个卫星 —— 木卫二。虽然木卫二有一层厚厚的冰幔覆盖，它的表面的陨击坑却很少，不像月球之类的其他太阳系小天体的古老表面斑斑驳驳。显然，木卫二的表面是比较年轻的。伽利略号宇宙飞船发回的照片显示木卫二的表面冰上布满成千上万条纵横交叉的裂缝。行星科学家推断木卫二全球冰盖只有几千米至几十千米厚，可能漂浮在液态水的海洋上面。是什么使木卫二的海洋保持液态呢？木卫二与木星和其他木卫的引力相互作用产生潮汐形变，这为木卫二带来了持续的热源。在地球上也曾发现了某些远离阳光照射的生命形态，它们存活于很深的海底火山口热水喷发的化学物质上。这给人以启示：原始生命可能存在于受木星强大潮汐力加热的木卫二的海洋里。

在已经发现的许多其他恒星周围的类木星热行星之上，是否可能存在生命呢？有些气态巨行星环绕它们的母恒星运行，距离大约 1 天文单位，正好在可居住带上。然而，我们知道气态巨行星在其浓密的大气层下并不具有固态表面。因此，就我们目前关于生命所需条件的认识而言，气态巨行星不像是生命栖息地。然而，气态巨行星会有卫星环绕——它们可能更适合于生命。这类卫星可能会有地球般大小，也可能拥有大气和海洋。这些卫星会为生命提供可能的栖息地。

地球生命是以碳为基础的。会有别的类型吗？科幻作家曾经猜测以硅为基础的生命，在某些条件下，这种元素也能展开复杂的化学过程。然而，现在的看法认为以硅为基础的生命是不可能的。观测显示，在星际分子云里，含碳根的有机化合物比以其他元素为基础的化合物远为普遍。因此，行星系会承袭碳根有机化合物的高丰度。在相同的温度下，碳支撑着大量高度复杂的化学过程，这时水是液态的而且是理想的溶剂。此外，碳的普通氧化物和氢化物（二氧化碳和甲烷）在常温和常压下是气态的。反之，硅的氧化物是固态的，而且在约 1000 开之下仍保持固态。以碳为基础的生命依靠呼吸含碳气体以获得碳这一基本元素。在原始行星大气里，碳呈几种气体形态，都是现成可用的。设想以硅为基础的生命形态：为了获得生活资料，它不得不呼吸（或消耗）像岩石或沙砾这类固态物质！但是，也许我们的想法是狭隘的。我们正在生产用以硅为基础的微电子器件组装的复杂计算机。我们的计算机技术会不会终于演进到能自我复制的人工生命和人工智能形式，即有资格称为真正的以硅为基础的生命？

生命之光

在具有游离氧和液态水的行星上，就可能有生命。

在所有已知具有大气的卫星和行星上，只有地球富含液态地表水和大量游离氧。游离氧的化学活性极高，以至于在各种“氧化反应”中能很快消耗殆尽。存在于行星表面的大多数普通元素，例如硅、铝、碳、镁或铁会很快与氧反应，形成石英、氧化铝、氧化铁（铁锈）等普通矿物或二氧化碳和水等普通物质。如果没有一种有效的过程把禁锢于矿物内的氧释放出来，行星大气中的氧将很快无影无踪。植物的呼吸看来是向地球大气释放游离氧的极其有效的机制。除了呼吸作用，没有一种已知的自然过程能在现在的地球大气内保持大量氧气。因此，游离氧可能是生命的强力示踪者。

遥远行星上存在的活跃的生命过程，原则上可以从它们的光谱鉴别出来。水的存在是潜在的生命栖息地的标志。如果在行星的光线里找到氧分子（O_2）或臭氧（O_3）的光谱带，就找到了生物活动的间接证据。这种检验方式如果应用到太阳系天体上，我们会发现只有地球上才可能有生命。

为了对太阳系外行星应用这种“氧元素检验”，我们必须建立一种能够把遥远行星系的光线与它们母行星的光线分离开来的望远镜，这样我们才能通过拍摄行星光谱来应用这种生命检验方法。幸好，游离氧的两种普遍的分子形式，即氧分子和臭氧，都在光谱的可见光波段和红外波段有明显的特征。未来能够探测远距行星的大型空间望远镜也能探测“生命之光”。

是来自深空的信使吗

宇宙中在别处也有智能生命形式吗？如果有，是不是有什么方法能检测到“他们”，甚至能幸运地与他们交换信息或访问他们？事实上，我们即使与最近的恒星也相隔遥远距离，加上光速有限，这就严重地限制了我们探索和“联络”地外生命的尝试。

尽管这样，1960 年，弗兰克 · 德雷克（Frank Drake）建议搜索由地外文明产生的射电信号。从此以后，世界上许多射电望远镜都不时地搜寻奇异信号。人们预期这些信号将与射电天文学家研究的自然产生的信号极不相同。奇异信号可能类似人类应用的无线电技术产生的无线电辐射的改型，这是一种窄波段的雷达传输，是无线电能在短时间内的爆发和各种电视或无线电广播的载波。搜索这种信号称为*地外文明搜索*，简称 SETI[①]。

原则上，我们将要搜寻三类信号：第一是星际通讯，第二是为引起其他文明注意而有意发射的灯塔光芒，第三是无线电在一般应用中无意“泄漏”的信号。前两种可能性意味着文明远比我们先进。不过在第三种情况，我们能够搜寻到发展程度与我们相当的文明。

以我们的通讯产业为例，显然要监听奇异信号是很困难的。这个产业已经认识到全方位发射波束信号是很昂贵的。为了保证信号传输的效率，要求应用高方向性的信号，甚至“防泄漏”的介质，例如光纤。此外，为了实施点对点的通讯，无线电工程师应用尽可能高的频率，即尽可能短的波长通过介质传输，以实现高效率。很有可能其他文明将强有力的可见光波段激光信号用于通讯或灯塔信号。因此，有些 SETI 的热衷者已经开始搜索波段狭窄的光学信号或脉冲信号。把这个原则推广到 SETI，意味着相距遥远的文明可能应用高能 γ 射线与它的前哨基地或飞船通讯。虽然这种设想试图猜测更先进的文明可能怎么做，因此很不可靠，不过这也说明射电搜索看来不可能检测到先进文明之间的信号交换。

那么发现地外文明设置的灯塔是否有可能呢？看来是不可能的。如果灯塔设计成能被我们这种类型的文明探测到，那么它所发射的能量，比我们无意间辐射到太空的能量强多个量级。我们的几千个无线电台、雷达信号和其他广播“泄漏”几亿瓦能量到太空。为了发射的信号更强，要求惊人的能量储备和能源投资。因此，如果在某处真有外星人不知道我们存在的话，我们也不会建造这种灯塔发送信号给外星人。那么，我们又怎么能指望别的文明这么做呢？

由此看来，我们最有希望搜寻到的信号类型是外星文明造成的无意泄漏——他们刚刚能够应用无线电技术，但还没有防泄漏的通讯技术。因此，看来他们的发展程度类似于我们。我们能对这类文明最可能的距离做一粗略的估计，从而估计为检测其“泄漏”的信号我们所需建造的射电望远镜的大小。为了做这些估计，我们必须推测这类文明的存在、银河系内可能存在生命的行星的数目和这类行星上的发明发展到能应用无线电技术的概率。

人类文明应用无线电技术仅仅约 1 世纪。请把这与地球近 50 亿年的年龄比较一下。让我们对地外文明应用无线电技术的持续时间作一保守的假定——是我们的 1 倍（可能大约 2 世纪）。如果地外文明在随机的时间开始应用无线电，那么在同一时间地球文明发展到类似程度的概率是十亿分之四。

让我们假设银河系里所有类太阳恒星的 10% 有适合生命存在的行星环绕。

在银河系里大约有 100 亿颗类太阳恒星，根据上面的假设，可能有 10 亿颗适合生命存在的恒星。如果真是这样，我们向夜空的任何方向望去，就会看到生命可能的栖息地（图 17.1），甚至可以假设它们都在它们历史的某个时代产生文明。

根据以上假设，与我们类似的地外文明个数的上限为任何两个文明同时出现的概率乘以可能存在生命的行星的数目。按照这样的推理，我们发现任何时候，在银河系里与地球文明发展程度类似的地外文明可能不足 40 个，这类文明会在广播中无意间泄漏无线电信号。

假定这些地外文明随机地散布在直径 10 万光年的银盘里。那么两个文明之间的平均距离是 1.5 万光年！如果以光速传播，一个信息来回将花费 3 万年——地球上最后一个冰川时期到现在的时间的 3 倍！因此在这样两个文明之间的双向通讯看来是行不通的。

我们无意间向宇宙发送出 1 亿瓦的功率，我们能估计在 1.5 万光年远处接收这些广播信号所需的射电望远镜的大小。为了检测地外文明的类似信号，望远镜的集光面积必须达到几百平方千米，其造价将与我们在 13 章末尾讨论的太阳系外行星成像器的价格不相上下。SETI 搜索计划所用的望远镜的大小要求提高几个量级才能增加成功的希望。

只有当其他文明希望我们和其他年轻的文明能够发现它们，而建造了功率强大的灯塔，那么当前 SETI 所做的努力看来才会有所回报。但是，正如我们已经看到的，望远镜技术的改进将能让我们在下一个 10 年或 20 年里检测到类地行星。我们也有希望在未来的几十年里建造更大的望远镜。也许在今后的某个 10 年里，我们能造出相当大的仪器，足以检测遥远行星上初级文明泄漏的微弱信号。

结束语

最近几十年来，对于恒星和行星的诞生以及导致生命起源的条件，我们已经了解了许多。

我们的宇宙起源于约 140 亿年前的一次热大爆炸。当宇宙的年龄为 30 万年时，已出现的炽热的氢等离子体和氦等离子体复合，它们作为宇宙微波背景我们还能看到。随后，是漫长的“黑暗时代”。大约 5 亿年之后，第一代恒星的诞生标志着“黑暗时代”的终结。第一代星系的碰撞和并合以及大爆炸留存的气体掉落其中，导致我们今天在天空所见的大星系和星系团的出现。

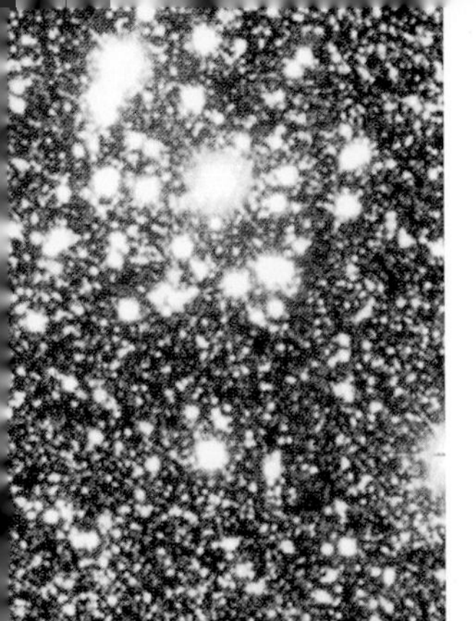

最初的恒星是大质量的。它们的核通过氢和氦的热核聚变反应锻造化学元素。一代又一代的这类大质量恒星终于成为超新星爆发，把重元素抛射到星际空间。重元素增多后的巨分子云的核冷却并碎裂，成为长寿命的小质量恒星。

太阳系的年龄约 45 亿年。新近的证据表明我们的家园是与几千颗兄弟恒星一起在一个 OB 星协里形成的。这种环境可能激发固体颗粒的长大，并向正在形成中的行星系注入短寿命的放射性元素。在旋转的星周盘里，难熔元素的沉积形成岩态和冰态的星子。短寿命放射性元素的放射性使这些星子分化，并铸成了一些原始陨星的化学成分。通过更加猛烈的碰撞，这些小行星质量的天体结合成为岩态行星和气态巨行星的核，它们环绕母恒星运行。

原始地球受留存星子残块的连续撞击，因此约在 5 亿年内生命不可能出现。但是，随着轰击程度在约 38 亿年前减弱，地球从其原行星盘里留存的冰态彗星物质积聚了保护性的大气和水的海洋。

来自之前多代大质量恒星中心的“金属”参与生命体的化学过程，终于生命体进化成充满好奇心的人类。人类想要理解自己的起源，所以宇宙成为可知的了。也许在其他地方，在无数恒星之间，也有别的“人类”正分享着这种可知性。

图 17.1 在无数恒星和行星系统之中，我们能在哪里发现几个当前也有智能生命的呢？（J.C.Cuillandre/CFHT）

注 释

第1章

① 分光术

分光镜（又称频谱仪）分解光线，并按照光线所包含的波长（颜色）加以分类。有两种普遍采用的仪器能达到这一目的：棱镜和衍射光栅。

棱镜折射（即弯曲）光线，折射角与光线的入射角和物质的折射率有关。就大多数物质而言，折射率（由真空中的光速与介质中的光速之比给定）随波长而变。

衍射光栅包括镜面（反射光栅）和透明材料（透射光栅）两种，每种都有大量平行的刻线。经光栅反射或透射的光线相对于正常的反射（或透射）光折弯，折弯角是比值 λ/D 的函数，其中 λ 是光线的波长，D 是刻线的间距。

② 特大质量恒星

已知的最大质量恒星的质量约为太阳质量的 100 倍。有些天文学家认为一定存在质量还要大得多的恒星。假设中的质量大于太阳质量 100 倍的恒星称为特大质量恒星。

③ 普通物质

由原子构成的普通物质看来只占宇宙质量的约 4%。已经有观测证据表明宇宙的大部分是由"暗物质"组成的，它既不吸收又不发射任何波长的光线。然而，暗物质会产生并接受引力作用。确实，引力提供了无可辩驳的证据，表明宇宙中约 30% 的质量由暗物质组成。

新近又冒出证据，显示宇宙中大约 70% 的质量是一种更加奇特的实体，它称为"暗能量"。证实这一点的事实表现为宇宙在最近 50~100 亿年里的膨胀有明显的加速。远距离的 Ia 型超新星能起"标准烛光"的作用，对它们的观测揭示了这一证据。更详细的讨论请参阅第 15 章的注释③。

④ 天文单位

1 天文单位（AU）是地球与太阳之间的平均距离 $1\,AU=1.5\times10^{13}$ 厘米。天文学家还应用另外几个长度的标准单位。1 光年（ly）定义为光在 1 年中传播的距离。光速 $c=2.998\times10^{10}$ 厘米 / 秒，1 年约 3.16×10^{7} 秒。那么 1 光年是这两个数的乘积，即 1 光年 $\approx9\times10^{10}$ 厘米。秒差距（pc）定义为对于日地距离（1 天文单位）的张角为 1 角秒处的距离。1 度包含 3600 角秒，2π 弧度的圆周有 360°，那么 1 弧度包含 206265 角秒。由此可得 1 秒差距 $=206265\times1.5\times10^{13}$ 厘米 $\approx3.086\times10^{18}$ 厘米。

⑤ 原子核

原子核由荷正电的质子与电中性的中子构成。正如正文所述，中子和质子局限在一个极细微的核内，原子就是由它们和环绕荷正电的核的电子云组成的。在电中性的原子内，电子数等于质子数。原子典型的大小约 10^{-8} 厘米，核的大小在 $10^{-13}\sim10^{-12}$ 厘米的范围内。

⑥ 原子的大小

原子的典型大小约 10^{-8} 厘米。物理学家定义了一个单位，称为埃斯特隆（amgstrom），它的长度为 10^{-8} 厘米（当前在物理学界和天文学界普遍采用国际单位制，埃斯特隆已废置不用，代之以纳米，

1 纳米 =10^{-9} 米 =10 埃斯特隆 —— 译注）。在相当小的尺度内，电子（事实上还有其他粒子）的行为既像粒子又像波动。电子的波动性表现在原子的稳定性里。结果，电子并不像行星环绕太阳那样环绕原子核旋转。相反，电子形成云状包围着核。在这团云里，它不能被精确定位。

下面对普通物质的结构作附加说明。电子看来是不可再分的，然而，中子和质子各包含 3 个夸克。这些夸克有两种类型，称为“上夸克”和“下夸克”，所带电荷分别为 +2/3 和 –1/3。上夸克的质量比下夸克的略小。中子包含 1 个上夸克和 2 个下夸克，它的电荷是 2/3–1/3–1/3=0，所以它是电中性的。质子包含 2 个上夸克和 1 个下夸克，所以它的电荷是 2/3+2/3–1/3=1。夸克之间通过称为“胶子”的粒子的交换产生强核作用力。弱核作用力能把上夸克转化为下夸克。这样，一个从核内排出的裸中子将发生衰变，其中的 1 个下夸克转化为 1 个上夸克，半衰期为 12 分钟。这一过程产生一个电子，它带走 1 份（负）电荷，这正是新的上夸克与旧的下夸克之间的电荷差，还有几乎没有质量的粒子“中微子”。于是自由中子的衰变能总结为下列公式：$n => p + e^{-} + \nu$，其中符号分别代表中子、质子、电子和中微子。

⑦ **自然界的基本力和物质的性质**

自然界有 4 种基本力，它们是物质和能量所有性质的原因。这些力，按强度增加的次序是：引力、弱核作用力、电磁作用力和强核作用力。引力和电磁作用力都有无限大的作用距离，在大范围内每种力的强度分别与质量之间和电荷之间的距离平方成反比。相反，弱核作用力和强核作用力是“短程力”，这就是说，在粒子间的距离分别超过 10^{-15} 厘米和 10^{-13} 厘米，它们就不起任何作用。它们只是在粒子之间的距离短于这些尺度时才能起作用。因此，这些力的性质如同粘胶或胶带，只有当粒子彼此密切接触时它们才会产生强大的影响。

人们认为这些力是由各种基本粒子携带（或中介）的，例如无质量的光子（光线，它是电磁作用力的载体）、无质量的“引力子”（引力量子，即引力的载体）、弱核作用力的大质量载体（所谓的“Z 中介矢量玻色子和 W 中介矢量玻色子”）以及强核作用力的无质量载体（所谓的“胶子”）。

在更深入的层次上，有一种日益得到认同的观点认为所谓的基本粒子并不是点状的物体，如物质的“原子”理论所要求的那样。人们认为物质的所有元粒子和与它们相关的携带力的粒子的结构具有令人难以置信的小尺度，其量级为 10^{-33} 厘米（“普朗克长度”）。

普朗克长度定义为在这一尺度的条件下，即使真空（空间内一无所有）也能坍缩形成一个黑洞！

黑洞是质量或能量的一种构形，它极其致密，以致逃逸速度就是光速（请参看第 2 章注释⑧）。因此，即使光线也不能从黑洞逃逸。这就是这类天体之所以是“黑的”的原因。按照爱因斯坦对于引力的描述，引力场使时空“扭曲”；在黑洞处，这种时空弯曲成为极端。如果一个质量为 M 的的黑洞其半径小于 $R=2GM/c^2$，那么它的逃逸速度等于光速，其中 c 为光速，$G=6.67 \times 10^{-8}$，是牛顿引力常数，其单位为厘米–克–秒制（c.g.s）中的单位。

“一无所有”怎么形成一个黑洞呢？考虑制作一个微小且不可穿透的盒子，它能收缩到任意小。量子力学中的海森堡测不准原理意味着即使一个空盒子由于其体积有限也将包含一些能量。盒子越小，“真空能”越大，其等价质量亦然。如果你把盒子做得足够小，它的“真空能”和质量将变得极其大，以至于能坍缩形成一个微型黑洞。

斯蒂芬 · 霍金（Stephen Hawking）是 20 世纪最杰出的物理学家之一，已经证明微型黑洞会在亚原子粒子的簇射中蒸发。这一结果意味着达到普朗克长度的任何尝试，其结果是形成一个微型黑洞，随之立即产生一阵元粒子的簇射，使得测量这一尺度的尝试劳而无功。

但是，在发展着的元粒子图像里，粒子本身是由环或“弦”构成的，它们束缚于在普朗克长度的层次上展开的时空曲率中的所谓的“拓扑缺陷”内。这些“缺陷”是什么呢？咖啡杯的把手可以作为一个浅显的例子。假设你在做这只咖啡杯和把手时，在把手里穿进一只结婚戒指。在咖啡杯固化以后，就无法把戒指拿出来，除非折断戒指或咖啡杯的把手。这样，某个微型黑洞就能是稳定的。这种黑洞可能实际上就代表自然界的元粒子。

在 20 世纪 80 年代中期流行起来的关于物质和能量的所谓“超弦”或“M 理论”里，在普朗克的尺度上，所有物质和能量都由时空的微小弦状环或膜组成，类似于套在咖啡杯把手上的结婚戒指。这些微小实体的振荡模式决定了粒子的物理性质，诸如质量、电荷、粒子类型和它们响应或携带的力。粒子间的相互作用和粒子的嬗变包括这些环和膜的振荡状态的改变。元粒子的创生或湮灭包括拓扑缺陷的形成和它们的毁灭，就像用一块热玻璃制作一只咖啡杯的把手或熔化咖啡杯返回到一片玻璃。

关于这一主题有一本优秀的普及读物，就是布莱恩·格林（Brian Green）的《宇宙的琴弦》（湖南科学技术出版社，2000）。

⑧　**聚变**

由氢转化为氦的热核聚变（这正是使大多数恒星发光的过程）的关键性步骤包括中子衰变过程的逆过程，而且只有当氢等离子体充分炽热从而碰撞能够克服“能量壁垒”时才能发生。电子和质子之间充分强烈的碰撞能产生中子和反中微子。碰撞确实会把质子的上夸克转化为中子的下夸克。如果密度足够高，中子在衰变前将与质子碰撞，并由于强核作用力而束缚于其中。由于受到强烈束缚的中子并不衰变，由此产生的粒子，即受束缚的质子－中子对称为“氘”（或重氢），它是稳定且长寿命的。氘对之间的碰撞导致形成 ^{3}He——包含 2 个质子和 1 个中子的氦核。2 个 ^{3}He 核的碰撞导致直接形成包含 2 个质子和 2 个中子的 ^{4}He 核。这一反应链要求约 10^7 开的温度，这时开始过程的第一步——氘的形成。在第 4 章已经提到，氘可以在 10^6 开的温度下“燃烧”成为 ^{4}He。在质量比太阳略大的恒星里，较高的核心温度能导致包括碳－12（^{12}C）在内的“催化”过程，把 H 转化为 ^{4}He。在这个所谓的“CNO”过程（按参加反应的元素碳、氮、氧命名）里，中子衰变后与质子碰撞产生 ^{4}He。^{12}C+H → ^{13}N → ^{13}C；^{13}C+H → ^{14}N；^{14}N+H → ^{15}O → ^{15}N；^{15}N+H → ^{12}C → $^{+}$He。也请参看 14 章注释①。

⑨　**温标**

物理学家用摄氏温标测量温度（即 Centigrade——简写为 C），在这种温标下，水在 0℃结冰，在 100℃沸腾。绝对温度零度相应于－273℃，在这一温度下原子的随机运动停止。开尔文温标（简写为 K）定义－273℃等于 0 开。在开尔文温标下，水在＋273 开结冰，在＋373 开沸腾。

⑩　**宇宙膨胀**

宇宙膨胀发生于三维空间，而气球有两维的表面。因此，这种类比只是在气球有三维表面时才讲得通，对于一系列套在一起的同心气球情况相同。设想一系列套在一起的气球，每一个都吹胀，每个气球的半径之比保持常数。星系“画”在这些套在一起的气球的表面，如果每个气球的半径增大率不随时间而变，那么画在气球表面的星系的运动看上去就与宇宙中的星系的实际运动非常相似。

⑪　**电离**

对于一给定元素，当其电子数不等于质子数时，就称为离子。

从一个电中性的原子消除电子，就产生荷正电的离子。辐射和强烈碰撞都能从原子和离子中剥离电子。给一个电中性的原子增加电子就产生荷负电的离子。在大多数天文环境中，原子或者是电中性的，或者失去一个或多个电子。电荷为正的离子在星云里普遍观测到，对它们的研究为天文学家判断物理条件提供了强有力的手段。

原子的电中性状态是以罗马数 I 标志的。这样中性氢和碳标注为 HI 和 CI。每当有一个电子脱离，罗马数就增加 1。这样当氢或碳失去 1 个电子时，就相应地标注为 HII 和 CII。氢只能失去 1 个电子，但是碳能失去高达 6 个电子。失去 3 个电子的碳称为 CIV。完全电离的碳核失去了 6 个电子，以 CVII 表示。由离子和电子混合物组成的气体称为等离子体。虽然组成等离子体的粒子并非电中性，但是大部分等离子体是电中性的。

第2章

① 光波

电磁波有这种性质，即在真空中频率与波长的乘积等于光速。波谱可见光部分的范围从 0.4 ~ 1 微米（4000~10000 埃）。从 912 埃（能使氢电离的最长波长）~ 4000 埃的波段是软紫外（即近紫外）波段；从 1 ~ 2.4 微米的波段是近红外波段。从 2.4 ~ 20 微米，来自大气和望远镜的热辐射十分明亮，因此这一波段被称为热红外波段。在 20 ~ 300 微米的远红外波段，大气几乎是完全不透明的，观测必须到飞机、气球上或在太空进行。亚毫米波段占据 300 微米~ 1 毫米的范围，能在干燥的高山上开展这一波段的观测。更长的波段范围是射电波段，又能按照所应用的波长细分为毫米波、厘米波和米波。电离层对于长于 10 米的波长不透明。低于 1000 埃的波段又分为极紫外（远紫外）波段、软 X 射线波段、硬 X 射线波段和 γ 射线波段。

② 望远镜的分辨率

一架望远镜的角分辨率由波长除以直径的比值决定。更确切地说，对于一架直径为 D 的圆孔径望远镜，角分辨率以弧度表示由下式给定：$\theta=1.22\lambda/D$，其中 λ 是入射辐射的波长。每一弧度相当于 206265 角秒，所以分辨率以角秒表示由下式给定：$\theta=2.51\times10^5\lambda/D$。这样，在可见光波段上，例如 $\lambda=0.5$ 微米 $=5\times10^{-5}$ 厘米，一架直径 $D=100$ 厘米的望远镜，其理论上的角分辨率以角秒表示为 $\theta=0.13$ 角秒。2.4 米直径的哈勃空间望远镜在这一波长上的分辨率约 0.052 角秒。这一分辨率能在空间实现，但是在地面上，大气的湍流将限制其分辨率，对于任何口径大于 20 厘米的望远镜，其值约为 1 角秒。

③ 角度计量

度最普遍地用于测量一个角。一个圆周有 360 度。弧度是另一个常用的单位，它的定义是圆弧的弧长等于半径所对的角度。一个圆周有 2π 弧度，这样 1 弧度近似等于 57.3 度。度能进一步细分为 60 角分，1 角分又能细分为 60 角秒。因此，1 度等于 3600 角秒，1 弧度等于 206265 角秒。

④ 大型 CCD 照相机

2004 年早期，最大的 CCD（电荷耦合器件）照相机是加拿大 - 法国 - 夏威夷望远镜（CFHT）的主焦成像器上所用的 Mega Cam。这个仪器使用单片包含 2048 × 4612 像素的 CCD 片，作紧密拼接，整体达到 340 兆像素。这个照相机的视场为 1°（约 2 倍于满月的直径）。

⑤ 人眼的波长范围

人眼在白天对约 4000 埃（0.4 微米）~ 7000 埃（0.7 微米）的波段敏感。然而，在较暗的情况下，人眼对红光的响应局限在 6500 埃左右。

⑥ **人眼和射电望远镜的分辨率**

一架射电望远镜的角分辨率以弧度表示也由下式给定：$\theta=1.22\lambda/D$，其中 λ 是波长，D 是碟形天线的直径。典型的射电望远镜在 1 厘米的波长上运作，口径可达 25 米，衍射极限意味着其角分辨率约 1.6 角分。而视力最好的人眼拥有接近 1 角分的角分辨率，即约 60 角秒。

⑦ **干涉仪的分辨率**

就一台干涉仪而言，分辨率也由第 2 章注释②的公式给定，只是式中的 D 要代以 B，这是从观测源方向看到的干涉仪组元之间的距离的投影极大值。干涉仪望远镜之间的物理距离称为基线（baseline），符号 B 即来源于此。

⑧ **黑洞**

黑洞是极其致密的天体，其表面的逃逸速度是光速。黑洞的半径由下式给定（以厘米表示）：$r=2GM/c^2$，其中 $G=6.67\times10^{-8}$，是牛顿引力常数，取厘米－克－秒制（c.g.s.）单位，M 是质量，以克为单位，$c=2.998\times10^{10}$ 厘米 / 秒，是真空中的光速。如果太阳压缩到半径约 3000 米，从它表面的逃逸速度等于光速，于是没有东西，甚至光线，能摆脱它巨大引力场的魔爪。黑洞的半径正比于其质量。因此，正如我们将在下文所见，当大质量恒星的核坍缩时，它形成的黑洞的质量约为太阳质量的 10 倍。这样一个天体的半径只有约 30 千米。人们认为有些星系的核心包含特大质量黑洞，其质量达 10 亿个太阳质量量级。

⑨ **干涉仪**

射电天文学家于 20 世纪 40 年代晚期开始建造干涉仪，通过把彼此分离的单台射电望远镜产生的信号连接起来而成。位于新墨西哥州索科罗附近的甚大阵射电望远镜是世界上主要的射电干涉仪之一。入射至每一台望远镜内的辐射转换成电信号，经放大后传输至某一地方，在那里结合形成电干涉图形。然后用计算机分析这一图形，重建射电源的图像。

⑩ **望远镜的装置**

为了能够观测天空的任何部分，望远镜的装置要求有两个相互垂直的运动轴。在赤道式装置里，一条轴称为极轴，指向天极。一只简单的转仪钟与极轴匹配，能用于补偿地球绕其轴的自转造成的影响。

在所谓的高度 - 方位装置，即水平式装置中，一条轴径直指向天顶，能使望远镜在观测方位上进行调整，而与之垂直的轴则能使望远镜在观测高度上进行调整。在地球上除在两极以外的任何地方，跟踪天体要求两条轴一起调整。此外，旋转速率作为时间和天体在天空位置的函数而变化。这样，在天文学上应用水平式装置要求应用计算机跟踪。

⑪ **阿雷西博天线**

坐落于波多黎各岛上的 300 米（1000 英尺）直径的射电望远镜是世界上最大的连续孔径射电望远镜。虽然它的碟形天线不能移动，但是在焦点上的器件能够移动，可跟踪天体约 1 小时。最大的全动射电望远镜的直径约 100 米（300 英尺），而且都用地平式装置。

⑫ **自适应光学**

大气湍流使空气折射率产生随机涨落，扰动望远镜产生的像。在大多数天文台的所在处，这一过程限制了最清晰的像的角分辨率，大约达到 1 角秒。自适应光学（AO）是用于补偿因大气湍流引起的波阵面误差的技术。因大气湍流引起的扰动能用视场里的亮参考星或者用一颗人工星测量，人工星是用高功率激光束在上层大气里产生的明亮光点。

望远镜里有一个可适镜面，用以产生对于入射光线的一种扭曲，而它与大气所产生的光线扭曲正相反。大气湍流产生的扭曲在万分之一秒的时间尺度内变化。因此必须测量扭曲场，并在这一时间尺度上对可适镜面加以修正。典型的自适应光学系统应用 10 ~ 1000 个单一触动器以补偿像的湍动。自适应光学十分适合近红外的长波段，由此产生的像能达到（8 ~ 10 米口径）大望远镜在 2 微米左右波长上衍射极限的性能。地基自适应光学所产生的像已达到了超过 0.1 角秒的分辨率。

⑬　测绘宇宙

斯隆数字巡天计划（SDSS）是用 2.5 米望远镜以前所未有的深度对北天进行尽可能的巡天观测。这一计划的光谱观测已经发现了一些遥远的类星体和星系，它们的光线发自宇宙年龄只是当前年龄的 10% 之时。斯隆数学巡天计划在迄今为止能称为宇宙测绘的巡天计划中，是雄心勃勃的。

第3章

①　一氧化碳

一氧化碳（CO）是分子云里冷气体的最佳示踪剂。一氧化碳的自旋产生一系列毫米和亚毫米波段的明亮的光谱线。一氧化碳发生的最低能级跃迁的最普遍形式是 2.6 毫米波长（相应的频率约 115 吉赫）。另一些跃迁发生于 1.3 毫米（230 吉赫）和 0.87 毫米（245 吉赫）。在温热和稠密的分子云核里，有一系列以 115 吉赫的规则间距相隔的谱线，直到几太赫（10^{12} 赫）的频率。

一氧化碳有几种同分异构物，因为碳和氧都有几种稳定的同位素。碳有 2 种稳定的同位素 ^{12}C 和 ^{13}C，其中前者比后者丰富 60 ~ 90 倍，氧有 3 种稳定的同位素：^{16}O，^{18}O，^{17}O，它们的丰度依次下降。一氧化碳的最普遍的形式是 $^{12}C^{16}O$，在典型的分子云里它的丰度是氢的约 10^{-4} 倍。来自 $^{12}C^{16}O$ 的发射只能在分子云的表层探测到，因为分子云对于这类最低能级的发射线是不透明的。

其次普遍的形式是 ^{13}CO。^{13}C 的大质量（它有一个额外的中子）导致谱线有 5% 的频率漂移。^{13}CO 的最低的跃迁发生在约 110 吉赫（随后两个更高的跃迁在 220 吉赫和 330 吉赫）。大多数分子云对于 ^{13}CO 的谱线是透明的。因此，这一同分异构物很适合研究分子云的内部深处。

虽然分子氢（H_2）是分子云里最丰富的成分，但是很难观测。它的最低能量的跃迁发生在热红外的 28 微米波长上。此外，这一状态的碰撞激发只发生在温度高于 100 开的气体中。

相对于背景恒星和星系的吸收线，在来自空间的紫外波段能观测到分子氢。然而这一方法只能用于在半透明云里显示分子氢的踪迹，因为在大多数分子云里的尘埃在 UV 波段太不透明了。因此，一氧化碳是分子云里分子氢分布的最佳示踪剂。

②　多普勒效应

谱线的频率 f（或波长 λ）的漂移量正比于速度。漂移由下式给出：$\Delta f/f=\Delta\lambda/\lambda=V/c$，其中 V 是光源与观测者之间的相对速度，c 是光速。如果光源与观测者相互接近，漂移趋向短波（蓝色），即高频方向，这称为“蓝移”。如果光源与观测者相互远离，漂移趋向长波（红色），即低频方向，这称为“红移”。

③　源自红巨星的质量损失

大多数恒星吹出星风。太阳每年损失约 2×10^{-14} 太阳质量（约 4×10^{19} 克），速度约 500 千米 / 秒。靠近太阳表面的磁活动和湍流把等离子体加热到几百万开，太阳风受等离子体的热膨胀加速。

红巨星以低速（10 ~ 100 千米 / 秒）星风的形式，每年损失大于 10^{-5} 太阳质量，这一星风是由作用在聚集于红巨星大气里的尘埃颗粒上的光压驱动的。

明亮的蓝超巨星也驱动强烈的星风，具有大的质量损失率和高的速度（≈ 10^3 千米 / 秒）。紫外光推动了在紫外波段具有强吸收线的各种普通原子和离子，从而使星风加速。

④　**黑体辐射的谱峰**

恒星发出的辐射大体上类似于通过炽热物体上的小孔发出的“空穴”辐射——以普朗克函数描述的所谓的“黑体”辐射，或称“热”辐射。黑体辐射的峰值按下列公式随温度升高移向短波端，λ peak（cm）$\approx 0.28/T$（开）。这样，1 开物体频谱的峰值波长约为 0.28 厘米（2.8 毫米），100 开物体频谱的峰值波长约为 0.028 厘米（28 微米），10000 开物体频谱的峰值波长约为 0.000 28 毫米（0.28 微米，即 2800 埃）。在谱峰的低频（长波）端，谱线强度正比于频率的平方。在谱峰的高频（短波）端，谱线强度随频率递增呈指数下降。

速度接近光速的快速电子在磁场里作螺线运动。它们产生类型截然不同的辐射。在较低的频率上其强度增加，这种趋势与黑体辐射在低频时的性状相反。因此，这类辐射称为“非热”辐射。由于这类辐射能在称为“同步加速”的粒子加速器里产生，因此也称为“同步加速辐射”。

⑤　**压力**

热是原子和分子随机运动的结果。温度越高，运动越剧烈。粒子的随机运动导致碰撞，从而转移动量。这样，气体在其四周就有压力作用。如果没有内部的力限制气体，它将膨胀以响应内部压力。压力正比于气体粒子的体积密度 n 和温度 T，由下式给定：$P=nkT=\rho V_s^2$，其中 ρ 是质量密度，以克每立方厘米为单位。这一压力正比于组分粒子的平均速度的平方和声速的平方（参看下一条注释）。

⑥　**气体中的声速和质点运动**

气体粒子的平均速度 V 与温度和组分（原子或分子）的质量 m 有关，其关系为 $V^2=3kT/m$，其中 $k=1.38\times10^{-16}$（厘米 – 克 – 秒单位），称为波尔兹曼常数。这一平均速度正比于气体的“声速”，即声波传播的速度。“绝热”声速由下式给定：$V_s^2=kT/m$。

对于纯粹的氢原子，$m_H=1.67\times10^{-24}$ 克。因此在 $T=10$ 开时，粒子的平均速度是 $V\approx500$ 米 / 秒（≈0.5 千米 / 秒）。在 $T=10000$ 开，$V\approx16$ 千米 / 秒。然而，按宇宙中氢和氦的丰度计算，粒子的平均质量是 m_H 的 1.4 倍，所以在典型的星际气体里，粒子的平均速度要低 20%。

在光致电离的 HII 区（星云）里，温度 $T=10000$ 开，几乎一半粒子是自由电子。因此，平均分子量约 0.7（应用计及宇宙氦丰度的中性气体的平均分子量 1.4），于是声速约为 11 千米 / 秒。

⑦　**激波**

当气流以高于声速的速度碰撞时，便会形成激波。当气流进入激波时，在一个称为激波阵面的明锐的间断面处，压力和密度陡增。当气体进入这个阵面时，其组分粒子的有序运动由于与前面粒子的碰撞而变得杂乱无章。因此，气体的温度也突然增加。温度的增加正比于气体进入激波时速度的平方。

星际气体以每秒几百千米的典型速度进入激波，温度能达到几十万开至 100 万开以上，炽热得足以完全摧毁所有分子，使氢完全电离，而且提高大多数元素的电离度。随后产生的电子与离子的复合，产生了丰富的发射线并导致等离子体冷却。

较低的速度产生较小的压力和较低的激波后温度。如果存在磁场，它们能缓冲气体并限制激波后的加热和压缩。因此，磁化激波可能使激波后的区域冷却。一些分子甚至能在速度小于 30 千米 / 秒的激波中保存下来。

随着冷却，激波后的气体密度增加，保持压力大致不变。对于一种星际的元素混合气体，若激波速度为 300 ~ 500 千米 / 秒，激波后气体的温度能达到约 100 万开，同时将产生一些 X 射线和大量紫外辐射，它们使气体迅速冷却到 10000 开以下。激波中充分电离的部分发射诸如 Hα 之类的氢的亮线和来自诸如 CIV、OIII 和 SIII 等高度电离元素的谱线。大部分激波有主要由中性氢组成的比较扩展的尾部，其中 SII 和 OII 等低电离的元素能产生明亮的辐射。

⑧ **宇宙线**

磁化激波、太阳耀斑、中子星和黑洞周围的吸积盘所产生的高能粒子，即宇宙线。宇宙线由电子、质子、一些中子和重元素核组成。宇宙线的能量通常以称为电子伏的能量单位描述，简记为 eV（1 电子伏 $=1.6\times10^{-12}$ 尔格）。可见光波段光子的能量约 2 电子伏。把氢原子从基态电离，要求光子的能量至少为 13.6 电子伏，即波长小于 912 埃。大部分宇宙线，特别是轻电子，运动速度十分接近于光速。

“低能”宇宙线的能量在百万电子伏量级（兆电子伏，简记为 MeV）。但是宇宙线的能谱至少扩展到 10^{21} 电子伏。由于大部分宇宙线是荷电的（也就是说，它们是裸电子、质子和完全电离的原子核），它们在磁场里旋动。由于这种旋动，它们以低频射电波辐射能量。银河系、超新星遗迹、脉冲星和（由黑洞吸积盘供能的）喷流产生明亮的非热射电辐射，也是因为宇宙射线中的电子的缘故。

宇宙射线与星际介质里的气体和尘埃碰撞导致能量转移，从而加热气体。宇宙射线的碰撞是没有 UV 辐射的分子云内部加热的主要机制。这些碰撞也是在分子云内部深处存在少量离子和电子的原因（那里电子的相对丰度约 10^{-7} ~ 10^{-8}）。这一残余电离使宇宙磁场与星际气体紧密耦合。

第4章

① **非偶极弥散**

荷电粒子与磁场强烈地耦合。它们通过电磁力被磁场所吸引，犹如地球通过引力被太阳所吸引。正如地球环绕太阳旋转，荷电粒子也环绕磁场旋转。但是中性粒子不会受到磁场的影响。

在微弱电离的气体里，中性粒子会和与磁场耦合的荷电粒子“相滑而过”。这种相滑称为“非偶极弥散”。中性粒子与荷电粒子也会偶尔相撞，造成摩擦。电荷越多和（或）密度越高意味着摩擦更大，从而在荷电粒子与中性粒子之间有更强的耦合。

② **角动量**

角动量是自转运动或轨道运动的度量。角动量 L 是质量 m、距离 R 与速度 V_r 的乘积，其中 R 是物体与角动量据以计算的点之间的距离，V_r 是垂直于距离 r 的速度分量。这样，环绕上述一点的角动量由下式给定：$L = mV_rR$。

③ **角动量守恒**

在没有外力矩或外力的情况下，物体的角动量保持恒定。这样如果一个诸如地球之类的自转物体不遭受摩擦，也没有任何外力作用使其自转减缓，那么它将永远自转下去。如果一个孤立物体在其自身的引力作用下收缩，它的自转速率将增加，以保持乘积 RV_{spin} 为常量。

④ 流体静力平衡核

当一个星云核收缩时，物质在中心积聚。随着处于形成中的核内的压力（密度与温度的乘积）增加，向内的收缩运动停止，核进入准静力平衡状态，这时内部压力与向内的引力平衡。更确切地说，压力随与星云中心距离的增大而减小的速率与给定点内部质量的引力平衡。在这种状态下，核称为处于“流体静力平衡”。由于核表面的辐射，内部向着越来越稠密的状态演化。这种缓慢的收缩只有当热核反应启动后才会停止。

⑤ 赫－罗图

恒星光度（通常取在垂直轴上向上递增）对恒星表面温度（通常取在水平轴上向左递增）的关系图；见附图 1。天空中约有 90% 的已知恒星落在赫－罗图中一条称为“主序”的近似对角线上。主序星的一端是小质量的 M 型“红矮星”，温度低于 3000 开，光度低于太阳光度的 10^{-3} 倍（1 太阳光度相当于太阳发射光能的功率，约 4×10^{33} 尔格 / 秒），另一端是大质量的蓝色 O 型星，温度高于 40000 开，光度约为太阳的 10^{6} 倍。

在质量最大的 O 型星（约 100 个太阳质量）与质量最小的 M 型矮星（0.08 个太阳质量）之间，有一个单调渐进的恒星序列，其光度和温度逐渐下降。这个恒星的正常类型的序列用字母 O、B、A、F、G、K 和 M 表示。

约有 10% 已知的正常恒星位于主序之外，这将在以后讨论。聚集于赫－罗图中低光度区的恒星远多于高光度区。因此，很可能还有许多有待发现的低光度天体，包括白矮星、红矮星和褐矮星。

⑥ 产生线

原恒星作为极低温、低光度的天体位于赫－罗图的右下方。当冷分子气体对其本身的辐射而言不透明时，它们形成了第一个流体静力平衡核，这时核开始加热。随着核的加热和压缩，核使其所包含的全部分子都离解。离解之后发生核快速收缩的第二阶段。当氢完全电离之后，收缩减慢，进入第二个流体静力平衡核的阶段。缓慢的收缩继续进行，直到中心温度达到几百万开，这时稀有气体氘（包含 1 个中子和 1 个质子的重氢—— 它的丰度约正常氢的 10 ~ 5 倍）开始聚变成为氦。

在大部分原恒星的氘消耗完之前的约 105 年的时间尺度内，氘的聚变延缓了核进一步收缩。在这一阶段小质量原恒星比主序上相同质量的恒星有更高的光度和较低的温度。处于这一阶段的恒星位于赫－罗图的右上方，接近于红巨星支。这些点的轨迹称为产生线，因为在赫－罗图的这一部分的恒星在可见光波段和近红外波段首次成为可见的。产生线也称为“氘主序”。

⑦ 林忠四郎迹程

年轻恒星从产生线演化到主序；它们在赫－罗图上沿着称为林忠四郎迹程和亨耶迹程的路线移动。

当恒星核内的氘由于热核聚变变为氦而耗尽，核便收缩。恒星的外层通过近似恒温的收缩作出响应。这样，恒星的光度下降，而恒星在赫－罗图上几乎垂直地向下移行。在这一阶段，核内产生的大部分能量通过气体对流输送到恒星表面。因此，这称为林忠四郎迹程的“对流”部分。

当恒星的核加热到超过 10^{7} 开时，所有的组分完全电离，而且比位于恒星外层温度较低、部分电离的气体更加透明。能量能够通过辐射流向外边。因而核内的对流停止，而轻元素氢的热核聚变开始。随着辐射中的核的大小增长，较冷又较不透明的恒星外层持续通过对流从辐射核的外缘向恒星表面输送能量，而恒星表面以几乎恒定的光度增温。因此，恒星沿赫－罗图的水平方向演化，直至到

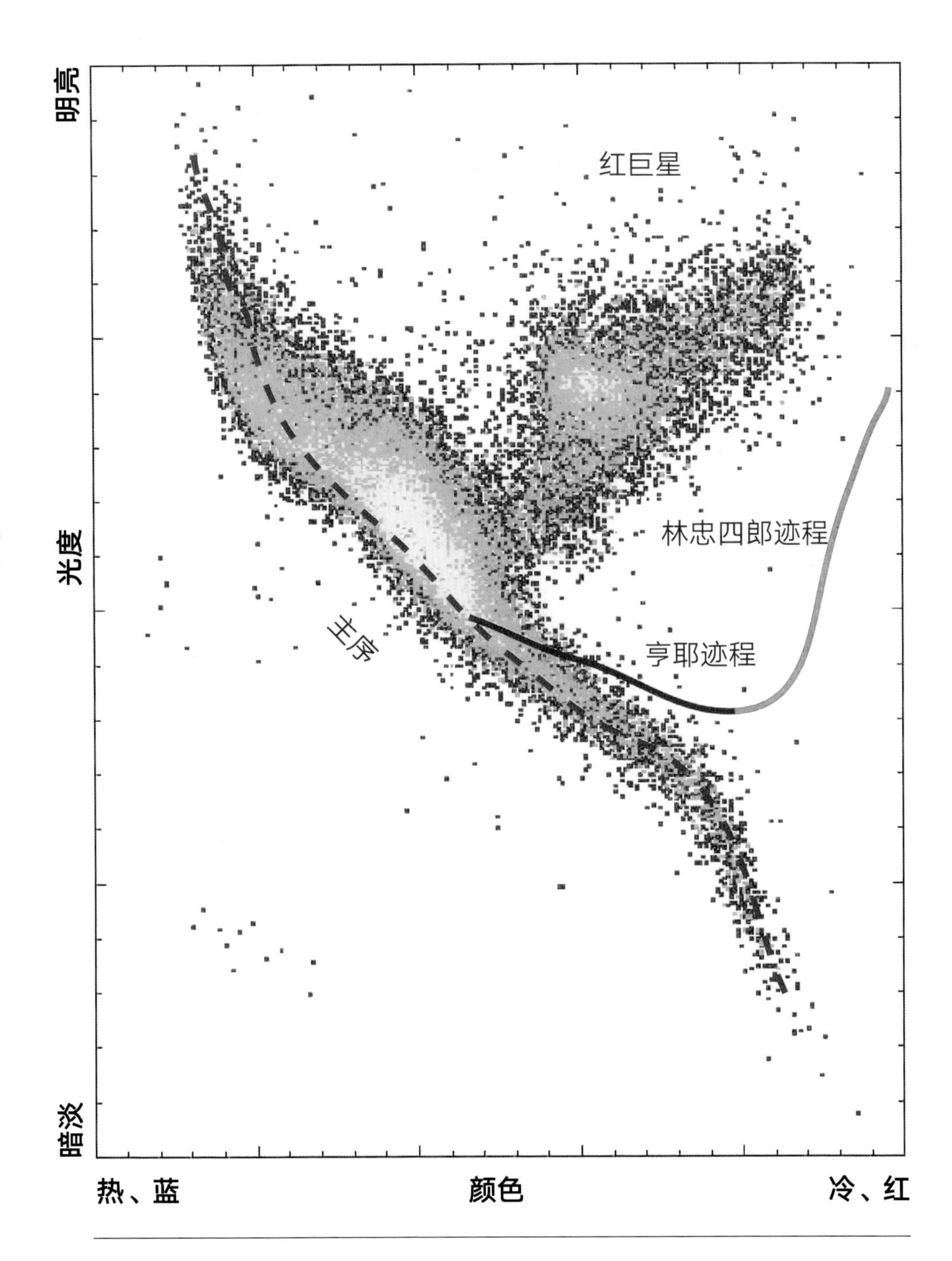

附图1　表示恒星的温度（水平轴）与它们的光度（垂直轴）关系的赫-罗图。温度向左递增，光度向上递增

达主序。这称为“辐射”部分，或称亨耶迹程。

1个太阳质量的恒星要花费1500万~2000万年从产生线演化到主序。质量较低的恒星需时更长。0.1个太阳质量的恒星需要几亿年去完成这一转移，而5个太阳质量的恒星则不足100万年即可完成。

第5章

① 红巨星

位于赫-罗图右上方（与主序星相比更冷但光度更大）的恒星称为红巨星。随着核内的氢因聚变为氦而消耗，核收缩，而恒星表面膨胀，恒星在赫-罗图上沿水平方向向表面温度较低的方向演化。这种“主后序”恒星会再次成为完全对流的并在几乎恒温下增加光度。演化中的小质量恒星在赫-罗图上的径迹，大致上重蹈形成中恒星遵循的林忠四郎迹程.

② 恒星的终极状态

小质量恒星离开主序向赫-罗图的右上方演化，成为大而明亮但是很冷的“红巨星”。当恒星的核形成“白矮星”而恒星的外层作为行星状星云抛射出去时，红巨星阶段遂告终止。

质量在 5~20 个太阳质量的恒星，通过在大致恒定（但稍有增加）的光度上冷却，离开主序成为“红超巨星”。初始质量超过 8 个太阳质量的恒星的核最终坍缩，形成快速自转的中子星。引力势能的突然释放导致恒星外层爆发，成为富氢的“II 型”超新星。

初始质量大于约 40 个太阳质量的恒星永远不会经历“红超巨星”阶段，它们本身的光压将吹走它们的外层。它们将演化成为短寿命而极稀有的“蓝超巨星”“亮蓝变星”和特殊的“沃尔夫-拉叶星”。在这些质量很大的恒星的大质量核坍缩成为黑洞之前，它们可能失去大部分外层和质量。能量的释放给缺氢的“Ib 型”超新星爆发提供能量。因此，质量最大的恒星产生黑洞遗迹。

③ 质量转移和恒星光变

当许多密近双星离开主序演化进入红巨星支时，恒星会膨胀，而且会在某些条件下转移其一些质量至伴星。质量也能以星风的形式转移给伴星。质量转移是许多类型的恒星光变的原因。

在某些双星系统里，伴星是诸如白矮星、中子星或黑洞之类的致密天体（这就是说，这颗伴星原先是双星系里质量更大的恒星，因为它一定演化得更快）。来自于膨胀红巨星的物质将散落到在伴星周围形成的吸积盘上。氢在白矮星上的积聚会导致光输出的不规则变化（灾变变星），在恒星表面当氢聚变成氦时偶尔也会发生热核爆炸（新星爆发）。

人们认为向中子星的质量转移可以解释 X 射线双星和 X 射线脉冲星。向黑洞的吸积产生“微类星体”。向坍缩天体的吸积可能与高速偶极喷流的喷发有关。

向白矮星伴星的连续不断的吸积会促使它的质量超过 1.4 个太阳质量的稳定性极限。只要刚刚超过 1.4 个太阳质量，“简并”电子不再能支持星体。它将坍缩、加热，终于触发热核爆炸，使天体在“Ia”型超新星爆发中粉身碎骨。向中子星的持续不断的吸积也会促使它们超过约 5 个太阳质量的质量极值，导致黑洞的形成。

④ 三方交会

两颗恒星沿双曲线相互接近，若不耗散若干动能就不能形成一个受束缚的双星。要求存在第三个天体来移走轨道能量。第三个天体会带走引力束缚能，它一定会在三体交会中释放出来以形成双星。通常两个质量最大的恒星形成双星，而质量最小的恒星受到加速，并在相互作用中被抛出。

第6章

① 吸收线

位于恒星*光球层*（恒星的大部分光线从这一层射向太空）紧上方的气体产生恒星光谱中特定波长上的暗吸收线，每种原子在这些谱线上会发生跃迁、吸收或散射光线。于是谱线的图形能用于推导产生谱线区域的化学成分、电离状态、温度、运动状态和许多其他物理性质。在较冷或较暗背景上见到的气体通过产生一系列明亮的发射线辐射它们的大部分能量。

② 偶极外流

当一个天体发射一对集中于两个相反方向而不是均匀地向各种方向的气流，这个气流称为偶极的。如果一颗恒星发出的光线在赤道方向受阻，但是能沿两极射出并照亮一个星云，其结果将是偶极星云。

③ 星云的毁灭

当一个星团在密度较高、质量较大的星云核里形成时，较大部分可用的质量会转化成恒星。气体会较紧密地束缚在这一区域里，而外流则较难突破并冲散剩余的气体。因此，形成星团的星云是较难摧毁的。在星团里形成的恒星的最后（全部）质量除以星云的初始质量称为恒星形成效率。恒星形成区里的恒星形成效率会受到外流、紫外辐射、星风和超新星等联合冲击的影响。

④ 相干辐射

一些过程（碰撞、强红外辐射）会激发原子或分子处于跃迁的高能态，比在低能态更多，造成称为粒子数反转的特殊条件。粒子数反转导致遍及气体的辐射强度的放大。辐射激发所有在高能态的原子立即衰变，产生极其明亮的辐射。这是激光（受激辐射放大器的简称）和脉泽（受激辐射微波放大器的简称）运行的原理。

诸如 OH、H_2O 和 SiO 之类的普通星际分子在炽热、高密度的环境里受大量红外光照射时会发生反转。这些分子在射电波段产生很明亮的发射线（18 厘米对于 OH，1.3 厘米对于 H_2O，3.5 毫米和 7 毫米对于 SiO）。这些天然产生的高强度的脉泽能用甚长基线干涉仪测量，以约 0.0001 角秒的分辨率测定气体中的辐射元素的结构、位置和速度。

⑤ 磁场与气体的耦合

处于原子态的星际介质中的电子（和离子）的份额为 $10^{-4}\sim10^{-6}$。钠、钾和碳等低电离势的元素很容易在受到软紫外辐射时失去电子。但是，紫外辐射不能穿透尘埃云的内部。在分子云的内部深处，高能宇宙线产生量级为 $10^{-7}\sim10^{-8}$ 的电子份额（n_e/n_{H}），足以使磁场与气体产生强耦合。只有在诸如最稠密的星云核或星周盘的中央面之类的很不透明的区域，电离部分才会跌落到磁场与气体的解耦点之下。

⑥ 偶极场

原恒星有很强的磁场。这些磁场起初是原恒星处于收缩阶段时拖曳进去的。吸积盘的较差自转（接近于开普勒运动）会放大磁场，直至磁场对气体作用的压力与热压力相当。正在形成的原恒星是完全对流的。由于它们的大部分物质通过吸积盘盘旋着掉落，它们的自转也越来越快。人们认为快速的自转与对流相结合，导致恒星里的磁场通过发电机作用而进一步放大。

人们认为磁场的主要成分是偶极的，其构形与花托相似。恒星磁层的外部穿过星周盘。由偶极磁场作用的压力会把吸积盘内缘 0.01～0.1 天文单位的部分摧毁。在最简单的模型中，磁场强度随恒星自转加速而增加。因此，磁场越强，它在盘内向外伸展得越远。

⑦ **磁层吸积和星盘风**

星周盘内边缘的气体与恒星磁层的外边缘通过磁力线连通到高纬度处，人们认为形成了巨形的桥横跨在星体上。磁化的恒星只能通过这些隧道流吸积。

磁场会与恒星一起如刚体般旋转。因此，与恒星的距离越远，磁力线的旋转速度越大。如果磁场自转快于吸积盘已毁损的区域，速度的差异会使恒星自转速度减缓。恒星自转变慢导致磁场减弱。磁层会收缩，盘的内边缘会盘旋着接近于恒星。

另一方面，如果磁场运动比相互作用区域的开普勒速度更慢，盘的自转会使恒星自转速率加快，导致磁场增强，从而驱动盘的内边缘远离恒星。这样，电动机作用和恒星磁场与盘的相互作用可以调节形成中的恒星的自转。

这些磁场也被认为抛射喷流和星风，从而驱动了赫比格-阿罗天体。比局部轨道速度旋转更快的磁力线簇会扫过并加速物质。于是气体试图脱离恒星到更大的半径上绕行；它又能随身拖曳着磁场。如果气体压力和惯性超过磁场压力，相互作用能把气体加速到逃逸速度，并产生开放的磁力线。气体能连续不断地被这些开放的磁力线加速，进入偶极流的方向相反、顺着恒星的自转轴延伸的两个瓣内。

第7章

① **Hα 线**

当氢内的电子从氢的第三激发态（能级 n=3）跃迁到第二能级（n=2）时，它发射波长为 6563 埃的光线。原子氢的这一跃迁称为 Hα 线。

② **开普勒旋转**

一个质点在质量为 M 的恒星引力场内作半径为 R 的稳定的圆轨道运动，运动速度为 $V=(GM/R)^{1/2}$，其中 $G = 6.67\times10^{-8}$（厘米-克-秒单位）。于是，轨道速度与恒星距离的平方根成反比。

③ **盘内的角动量转移**

盘内的角动量守恒意味着当物质盘旋着落向中央恒星时，它的角动量一定会减小。（开普勒速度随平方根的减小增大，而角动量守恒意味着速度应随距离的减小而线性地增大。）磁场会从内盘提取角动量，并把它或转移到外盘，或转移给星风。湍流、旋涡波、稠密的团块、原恒星或伴星也都会提取角动量并导致吸积发生。

④ **恒星的光谱型**

恒星光谱的标志从热的 O 型排序到冷的 M 型。按温度下降的顺序，光谱序列包含 O、B、A、F、G、K 和 M 各型。更冷的褐矮星以 L 和 T 表示。

⑤ **对流核和辐射的包层**

M 型矮星是完全对流的。质量较大的主序星有辐射的核和对流的包层。随着恒星质量增大，辐射核的相对大小增大而对流壳层的厚度减小。中等质量恒星（2～6 个太阳质量）的对流壳层很薄。在大质量恒星里，表面对流全都消失。然而，O 型星和 B 型星在它们的核里有对流带展开。

第8章

① 恒星的随机运动

恒星的随机运动可能类似于从母星云里的逃逸速度。在小质量的星云核里，典型的随机运动速度约 1~2 千米 / 秒，类似于源自冷星云核的分子发射线的多普勒致宽。

② 恒星形成效率

恒星形成效率的定义是所形成恒星的全部质量除以形成恒星的星云的全部初始质量的比值。根据所谓的位力定律，为了形成受引力束缚的星团，恒星形成效率必须至少达到 30%。按照位力定律，一群相互以引力束缚在一起的天体的动能，当系统处于平衡时，将等于它们的引力势能的一半。考虑分子云里的一群星云核，其中一些将形成恒星。按照位力定律，每个核（或由其生成的年轻恒星）在整个星云的引力势阱里运动时，它的典型的随机速度将是对于星云的引力逃逸速度的 $(1/2)^{1/2}$ 倍。

一旦恒星形成结束，如果许多质量（或大部分质量）不是进入所有年轻恒星，而是遽然消除，恒星的平均速度将等于（或大于）对于星团的互引力的逃逸速度，因而大多数恒星将散逸。这能从引力逃逸速度公式里看到。一个试验质点（恒星）在质量为 M 的星团的引力场里运动，这里设想理想的情况：一个质点位于与恒星的距离 d 处，逃逸速度由下式给定：$v_{escape}=(2GM/d)^{1/2}$，其中 G 是牛顿引力常数。恒星环绕星团的轨道速度平均而言是逃逸速度的 $(1/2)^{1/2}$，由于一半（或更多）的星团质量已突然消除，对于星团的逃逸速度将减小到原来的 $(1/2)^{1/2}$，而试验质点原来的速度现在正好等于（或大于）新的逃逸速度。

如果气体消失的时间远远超过一颗典型恒星穿越星团的时间，星团能够作为疏散星团而保持束缚状态，即使对于很低的恒星形成效率亦然。

然而，对于许多形成中的星团，气体消失的时间比穿越星团的时间短。（电离气体能以约 10 千米 / 秒的速度膨胀，这是在 HII 区内的声速。但对于类猎户星团，典型的逃逸速度只有每秒几千米）。

随着母星云的消散，所有星团膨胀。如果新恒星的全部质量小于在恒星形成末期消除的气体的全部质量，那么大多数恒星将形成一个膨胀的星协。另一方面，如果新恒星的全部质量大于被消除的气体质量，大多数恒星将形成一个受束缚的星团。消散气体的质量除以恒星的总质量的比值越小，星团所经受的膨胀就越低。

③ 超新星

超新星是恒星以 10^{51} 尔格的能量爆发的死亡。它们能分为两大类：I 型和 II 型。在 □ 的谱线里缺少氢，而在 II 里则有。Ib 型超新星和 II 型超新星由引力势能的释放提供能量；Ia 型超新星的爆发是白矮星的热核反应引爆的。

初始质量大于约 8 个太阳质量但小于约 50 个太阳质量的恒星演化后形成铁核，成为 II 型超新星爆发，在其遗迹中留下中子星。质量更大的恒星往往在爆发前先失去富氢的包层。因此，这些恒星在它们的光谱中缺少氢。这些质量最大的恒星作为所谓的 Ib 型超新星而爆发，在其遗迹中留下黑洞。（亦请参看第 14 章注释⑦。）

④ 晚型旋涡星系和不规则星系

若旋涡星系的核球很小且旋臂不规则，则称为“晚型”旋涡星系。

有些星系是完全无序的，在恒星和气体的分布中没有清晰的旋涡图像。这些天体称为“不规则星系”。参看 15 章里的进一步讨论。

⑤ 矮椭圆星系

仅包含老年恒星，而且它们通常按均匀的球形或椭球形分布的小星系称为“矮椭圆星系”。这些星系有很少的星际气体和尘埃，不至于支持任何可能进行的恒星形成过程。参看第15章里的进一步讨论。

⑥ 银河系的椭球状核球和晕

大多数旋涡星系包含扁平的盘和中央核球。核球和弥漫的晕由老年恒星组成，可能是圆形或椭圆形的。核球常常类似于椭圆星系。参看第15章里的进一步讨论。

⑦ 行星状星云

当红巨星的外层被排斥且从内部通过星核而电离时形成行星状星云，其星核演化成为白矮星。

第9章

① 恒星间的距离

在太阳附近，约每30立方光年内有1颗恒星。但是在猎户星云的猎户四边形星团中心，年轻恒星的密度大于每立方光年3000颗，是太阳附近恒星密度的10万倍，然而，在这一恒星集中处只有约40颗恒星。年轻恒星聚集于猎户星云的核心，极其密集，它们之间的间隔只有地球与太阳之间距离的几千倍。

如果恒星之间的距离只及太阳附近的恒星之间距离的1%，那么在一给定空间体积内的恒星数将增大至*百万*倍！随着星团内恒星之间距离的缩小，发生交会的概率急剧增加。

② 猎户座

猎户座由一个大的长方形上的4颗亮星组成。*猎户腰带*由3颗醒目的亮星组成，它们排成一行，位于长方形的中间。猎户佩剑由南北向呈带状的几颗暗星组成，它们位于猎户腰带下方约5度。

③ 由猎户A星云产生的另一个电离星云

这个电离星云称为NGC1977。另一个电离星云称为M43，正位于猎户星云的正东北方。

④ 由猎户B产生的另一个电离星云

这一天区位于腰带恒星猎户ζ的东边，称为NGC2024。

⑤ 猎户1b子群和猎户1d子群

猎户1c子群包含星团NGC1981，它位于猎户星云以北约1°，还包含猎户ι周围的一些恒星。这些恒星位于猎户星云之前约50～100光年。猎户σ星群也被认为是猎户1c子群的一部分，虽然它略显年轻。猎户星云里的猎户θ和NGC1977潜藏于猎户A星云之内，因而比较年轻。这两个星群被认为是猎户座最年轻的子群1d的一部分。

第10章

① 太阳系形成的早期理论

关于太阳系形成的第一个理论是以牛顿的引力和力学思想为基础，是在200多年前由康德和拉普拉斯提出的。他们设想太阳系从一个作某种自转的原始星云里形成。原始星云收缩，形成了一个盘，行星从这个盘里通过小质点结合成更大的个体而形成。太阳由盘中心的气体形成。这个早期理论显然与现代关于行星系形成的“标准模型”相似。如果康德和拉普拉斯看见由哈勃空间望远镜发回的图像所展示的可见的盘周围许多新近形成的恒星，将会惊叹不已。

② 原木星的大气俘获星子

气态巨原行星是巨大的。由于引力不稳定性的作用，初始凝聚体的直径可达到 1 天文单位。标准的核吸积模型认为富氢的大气只是在大型岩态行星形成后才积聚而成，即使按照这个模型，巨行星的初始直径仍是很大的。规则卫星可以在由星周盘提供原料的环行星盘的所在地形成。另一方面，它们也可以是被气态巨行星周围扩展的早期大气俘获并保持的星子。

第11章

① 球状体

球状体是岩质的小球体，它在零重力的环境中熔融然后固化，而且结合成原始的太阳系天体。它们的大小从直径几百微米到许多毫米不等。关于它们的起源有几种理论，但是究竟哪种理论是正确的还没有取得一致意见。

② 熄灭的放射性

陨星的内含物包含反常的同位素丰度，为关于太阳系形成的环境提供了互相矛盾的证据。有些陨星样品显示母星云和原太阳星云的污染来自红巨星的残块，另一些证据指出是受超新星的污染。一些样品，包括短寿命放射性物质的次级样品，它们的半衰期小于 100 万年。这些母本可能是在大质量恒星的核内合成的，并在超新星爆发中排出，在此之后的几百万年内，它们被包容进陨星内，并在陨星内衰变成次级样品。这类证据表明太阳系可能产生于一个 OB 星协内，与一些大质量恒星十分邻近。这样，形成中的太阳系及其演化中的盘会受此起彼伏的超新星爆发的影响。这一点将在第 12 章进一步讨论。

③ 星子的加热

陨星提供的证据表明大小超过 100 千米的星子受内部放射性衰变的加热。年轻太阳系里早期放射性的强度提供了间接的证据，表明在太阳系形成前几百万年曾经有在大质量恒星里产生的短寿命同位素的入射。

第12章

① 光致电离

紫外光能够从原子里剥离电子，留下荷正电的*离子*。这一过程称为电离。氢是宇宙中最丰富的元素，能被波长小于 912 埃的硬紫外辐射电离。波长更大的光子没有足够大的能量把氢从基态电离。

光子的能量（以尔格为单位）由下式给定：$E=h\nu$，其中 $h=6.626\times10^{-27}$，为普朗克常数，以厘米－克－秒（c.g.s.）单位制计量，ν 是光子频率。光子频率与波长有关，即 $\nu=c/\lambda$，其中 $c=2.998\times10^{10}$ 厘米 / 秒，c 为光速，λ 为光子波长，以厘米为单位。光子能量往往以电子伏（eV）给出，其中 1 电子伏相应于 1.602×10^{-12} 尔格的能量。波长为 912 埃的光子具有 13.6 电子伏的能量。把氢从其基态电离所要求的能量是 13.6 电子伏。因此，能量更大的光子能把氢从基态电离，而能量较小的光子则不能。碳是宇宙中丰度排第四位的元素，能被能量大于 10.2 电子伏的光子电离。因此，软紫外辐射能电离碳。

② **原行星盘**

附图 2 表明形成原行星盘的过程。

③ **黏滞性**

目前对原行星盘里黏滞性的来源尚知之甚少。磁场、旋涡密度波和湍流都具有可能性。

④ **衰变产物**

原始陨星的内含物中往往包含短寿命放射性元素的衰变产物，例如 ^{26}Mg，这是由 ^{26}Al（半衰期约为 100 万年）衰变产生的稳定的同位素。

恒星耀斑里产生的高能光子冲击 ^{26}Mg 之类的稳定的同位素，能产生一些诸如 ^{27}Al 之类的短寿命放射性同位素。然而 ^{60}Fe 等另一些元素只能在超新星的富中子的环境里产生。

因此，在陨星的球状体里检测到 ^{60}Fe 的衰变产物就提供了强有力的证据，表明形成中的太阳系受附近超新星的放射性残块的污染。

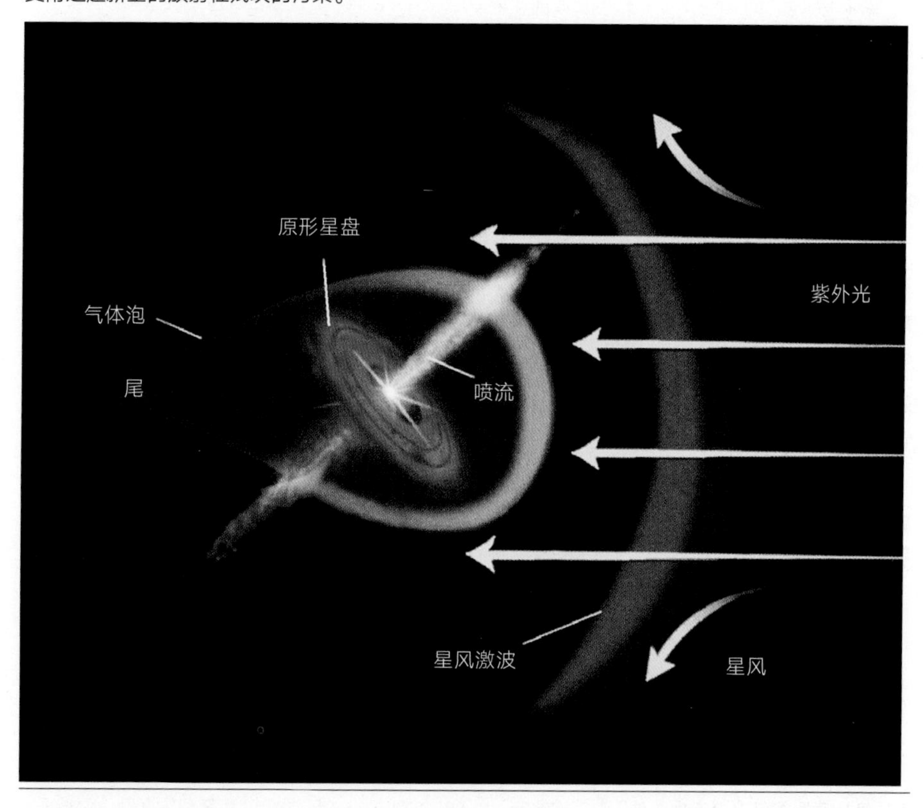

附图 2 原行星盘的形成及其演化的复杂物理过程（J.Bally/STScI）

⑤ **轨道移行**

当大行星从星周盘中形成时，它们沿其轨道半径产生缝隙。因此，它们从与盘的直接接触中孤立出来。然而，行星的引力能够在盘内激发密度波，它们能输送角动量。盘的黏滞性演化将把角动量向外转移，并导致盘向内移行。任何行星及其缝隙也将经历轨道移行。内行星可能丢失角动量，因而被迫向母恒星移动；靠近盘外缘的行星会吸收角动量，因而沿轨道半径移动。在第 13 章所讨论的“热气态巨行星”可能在大的半径处形成，向它们的母恒星移近，然后当盘消失时就留驻在那里。在盘演化早期阶段形成的行星会向母恒星移行得十分接近，以致被吸积。

第13章

① **首批发现的太阳系外行星**

关于探测太阳系外行星的新近的优秀读物，当推由阿兰·博斯（Alan Boss）撰写的《寻找地外行星》（1998，约翰·威利父子出版公司）。另一些关于发现太阳系外行星的原始文献包括梅约（Mayor）和奎洛斯（Queloz）的文章（1995，Nature，378，355），马西（Marcy）和巴特勒（Butler）的文章（1996，ApJ，464，L147），巴特勒（Butler）和马西（Marcy）的文章（1996，ApJ，464，L153）。

② 飞马 51

飞马 51 的视向速度曲线显示其视向速度按正弦曲线变化，变幅约每秒 60 米，轨道周期约 4 天。

③ **行星凌日和卫星凌行星**

从不同位置观测水星凌日和金星凌日能用于时钟同步，若与测量太阳和恒星的升起相结合，能用于测定经度。木星的卫星远为频繁的凌木和被食能用于用这一目的。金星凌日的早期观测的主要应用是通过从不同地点观测凌日行星的视差测定天文单位（日地距离）。

④ HD 209458

热类木行星的凌星，虽然只有 1% 的效应，还是能够通过精密光度测量容易地检测到。空基光度测量能检测到万分之一的光变幅度，在某些特殊条件下能检测到十万分之一的光变幅度。

位于马萨诸塞州坎布里奇的哈佛 - 史密逊天体物理中心的戴维·拉森（David Latham）根据分析视向速度资料推断在 HD 209458 周围有气态巨行星绕行，并催促 STARE 小组检测这颗恒星的凌星。在根据视向速度资料推导出的预期时间，确实准确地检测到了第一批凌星。

⑤ JWST

欲知详情，请参阅 http：//ngst.gsfc.nasa.gov。

⑥ TPF

欲知详情，请参阅 http：//planetquest.jpl.nasa.gov/TPF/tpf_inex.html。

第14章

① **氢的热核燃烧**

氢的聚变要求有 4 个质子，其中 2 个必须转化为质量稍大的中子。^{4}He 的静止质量能比 4 个质子的静止质量能低 0.007%。能量在 H 转化 He 的聚变中释放出来，一部分表现为不可见的中微子，另一部分为阳光。

小质量恒星中，氢聚变为氦主要通过质子 – 质子（P–P）链的过程。质量大于约 2 个太阳质量的恒星则利用催化的碳 – 氮 – 氧（CNO）循环。

在氦聚变中，质子间的强烈碰撞导致逆 β 茁衰变，把 1 个质子转换为 1 个中子。在核子的夸克模型里，1 个质子包含 2 个上夸克和 1 个下夸克，而中子包含 1 个上夸克和 2 个下夸克。因此，由 1 个质子形成 1 个中子包含由 1 个下夸克向 1 个上夸克的转换。在这一过程中，质子的电荷通过发射 1 个正电子（电子的反粒子）而失去，同时产生 1 个称为中微子的相互作用微弱的粒子。

在 P–P 链里，2 个质子（H）碰撞，形成包含 1 个中子和 1 个质子的氘（重氢）核。然后，质子和氘之间的碰撞形成 ^{3}He，它包含 2 个质子和 1 个中子。在 P–P 链里最可能的一支中，2 个 ^{3}He 碰撞形成 ^{4}He，在这个过程里发射出 2 个质子。

在 CNO 循环里，质子与碳、氮和氧发生一系列碰撞，结果形成 ^{4}He 和碳的再循环。第一步，质子和 ^{12}C 碰撞，形成不稳定的 ^{13}N，它通过把 1 个质子转化为 1 个中子衰变形成 ^{13}C。另一个质子碰撞形成 ^{14}N。然后，1 个质子碰撞把 ^{14}N 转换为 ^{15}O，它又衰变为 ^{15}N。最后，^{15}N 与 1 个质子碰撞产生 ^{12}C 和 ^{4}He。净能量的输出与 P–P 链相同。

CNO 循环只能当碳存在时才能开展。在第 16 章，我们讨论了没有碳的结果：宇宙中第一代恒星里发生的情况。也请参看第 1 章注释⑧。

② 3α 过程

物理学家把氦核又称为 α 粒子。（高能量的电子称为 β 粒子，光谱 γ 射线部分的高能量光子称为 γ 粒子。19 世纪末发现了放射性衰变，这些名称要回溯到那时对衰变过程中产生的粒子所作的经验性分类。）这样，在 3α 过程中，3 个氦核（每一个氦核包含 2 个质子和 2 个中子）合在一起相互作用，形成由 6 个质子和 6 个中子组成的 ^{12}C 核。

③ 甚小质量恒星的死亡

虽然质量小于 0.8 太阳质量的孤立恒星在主序上的寿命比当前的宇宙年龄还长，但是有若干机制能过早地缩短它们的寿命。短周期双星系里的小质量恒星，会被其进入红巨星阶段的伴星吞噬。在轨道距离稍大的情况下，来自红巨星的质量转移会使小质量恒星增加相当大的质量，从而缩短小质量恒星的寿命。在星系核里，小质量恒星会被巨大的黑洞撕裂并吞噬。另外还有一些极其罕见的情况会过早地终止小质量恒星在主序上的寿命。

④ 太阳风

太阳的星风，也称为太阳风，以每秒 400 ~ 800 千米的速度吹刮。太阳风的平均质量损失率约为每年 2×10^{-14} 太阳质量。研究其他年轻的类太阳恒星，可见太阳风在过去可能更加强烈。即使如此，在太阳 45 亿年的历史中，它只损失了其产生时质量的微不足道的一部分。人们认为太阳风由炽热日冕的热膨胀提供能量——太阳风称为“热驱动”风。

相反，大质量 O 型星的质量损失率达每年 10^{-8} ~ 10^{-5} 太阳质量，星风速度大于每秒 1000 千米。质量损失率随恒星光度的递增而递增，因而 O 型星的这种猛烈星风会在其生存期内显著地减小大质量恒星的质量。例如，一颗 30 个太阳质量的 O7 型恒星典型的质量损失率是几倍于每年 10^{-7} 太阳质量。在其 1000 万年的寿命中，这样一颗恒星将失去几个太阳质量。质量最大的恒星会在核耗尽氢的时间内丢失其大部分质量，从而演化到脱离主序。

炽热的星风主要由与强紫外吸收线耦合的星光的压力所驱动，因此称为“线驱动”风。在一些非常明亮的大质量恒星中，辐射压直接与电子耦合，产生“连续谱驱动”风。

随着恒星成为巨星和超巨星，它们的质量损失率通常会增加，有时剧增到每年 10^{-5} ~ 10^{-3} 太阳质量，甚至超过每年 10^{-3} 太阳质量。红巨星的大气相当冷，足以使难熔的尘埃颗粒凝聚。它们的星风由作用在尘埃颗粒上的辐射压提供能量。

⑤　**大质量恒星的红超巨星和蓝超巨星阶段**

当大质量恒星把它们核心的 H 完全转化为 He 后就演化到脱离主序，成为红超巨星。然而，初始质量大于 50 个太阳质量的恒星过于明亮，不致于成为红巨星；辐射压连同它们的巨大光度将吹去它们的外层。质量更大的恒星将在其作为超新星爆发之前的最后演化阶段成为蓝超巨星。质量最大的恒星偶尔会遭受大的爆发，这时它们会失去许多太阳质量。这样的质量损失会暴露它们富含氦、碳、氮或氧的核。星核展现出由这些核燃烧产物主导的特殊光谱。

⑥　**核束缚能曲线**

铁是元素周期表里束缚最紧密的元素。有两类反应能提取核能：聚变反应是较轻的元素转化为较重元素直到铁的过程，裂变反应是比铁更重的元素碎裂形成较轻元素的过程。因此铁被认为是核束缚能曲线的最低点。

⑦　**超新星**

超新星有两种类型，分别为 I 型和 II 型，根据其光谱中缺乏或具有氢产生的强吸收线分类。这里所描述的所谓核坍缩 II 型超新星释放约 10^{51} 尔格（10^{44} 焦）的能量。II 型超新星是大质量恒星因其铁核坍缩引起的爆发。质量最大的恒星，其质量超过约 60 个太阳质量，在其主序演化阶段会失去许多质量，相当于这类恒星在作为超新星爆发时所失，它们把氢从它们的外层完全排除殆尽。这类大质量的超新星不包含任何由氢产生的谱线。这样，它们被归类为 Ib 型超新星或 Ic 型超新星（取决于它们光谱里出现的重元素）。

Ia 型超新星在它们的大气里也缺少氢的任何迹象。它们的爆发被认为是白矮星的热核爆炸产生的，这些白矮星从在其近旁绕行的伴星上吸积了足够多的物质，使得自身的质量超过了 1.4 个太阳质量。超过这一质量的白矮星是不稳定的，于是它们由于自身的重量而坍缩。所释放的引力势能驱动氦 - 碳混合物的热核燃烧，而氦和碳正是这类白矮星的主要成分。核的大爆发把坍缩中的白矮星炸得四分五裂。因此，人们可以认为 Ia 型超新星正是超过了 1.4 个太阳质量这一临界质量的氦–碳白矮星的热核爆炸。Ib 型超新星、Ic 型超新星和 II 型超新星是引力炸弹，其中中子星或黑洞的形成释放出引力势能。两种类型的爆发释放出大致等量的能量。然而，最大质量的 Ib 型超新星、Ic 型超新星和 II 型超新星爆发的规模可达到 10^{53} 尔格的能量。

⑧　**超新星激波**

赫比格–阿罗天体往往发射中性氧和一次电离硫等中性和低电离度示踪元素的谱线，而超新星遗迹常常呈现二次电离氧和其他高度电离元素的明亮谱线。被超新星激波激发后的气体能达到几百万开至几亿开的高温，并发射大量 X 射线辐射。

⑨　**最小质量超新星的界限**

8 个太阳质量的恒星相当于光谱型 B3。质量更小的恒星具有 B4 或更晚的光谱型，不具备足够的质量在超新星爆发中结束一生。

⑩　**古德带**

古德带是太阳邻近空间内由蓝色 B 型亮星和 A 型亮星形成的带形分布。这些质量比较大的恒星是短寿命的，年龄小于约 1 亿年。因此，它们能用来作为太阳邻近空间内较新形成的恒星的示踪者。古德带的主要成员是天蝎–半人马星协和猎户星协这类邻近、年轻的 OB 星协，年龄为 1500 万年或更年轻。它也包含一些英仙 α 星团和仙后–金牛星群之类的“化石”OB 星协，它们已失去了比 7 倍或 8 倍太阳质量更大的恒星。

⑪ 21 厘米辐射

20 世纪 40 年代早期，荷兰天文学家央 · 奥尔特（Jan Oort，产生彗星的奥尔特云即以他的名字命名）认识到射电频率的跃迁能用于研究银河系的结构，因为它们不受星际尘埃致暗效应的阻碍。原子氢的 21 厘米波长（1.4 吉赫，即 1.4×10^9 赫）的射电谱线在第二次世界大战后不久即被发现。它成为冷中性原子氢在银河系里分布的主要示踪者。1970 年发现的一氧化碳（CO）的 2.6 毫米（115 吉赫）的谱线，不久就成为银河系里分子气体的最佳示踪者。

⑫ 巴德洞

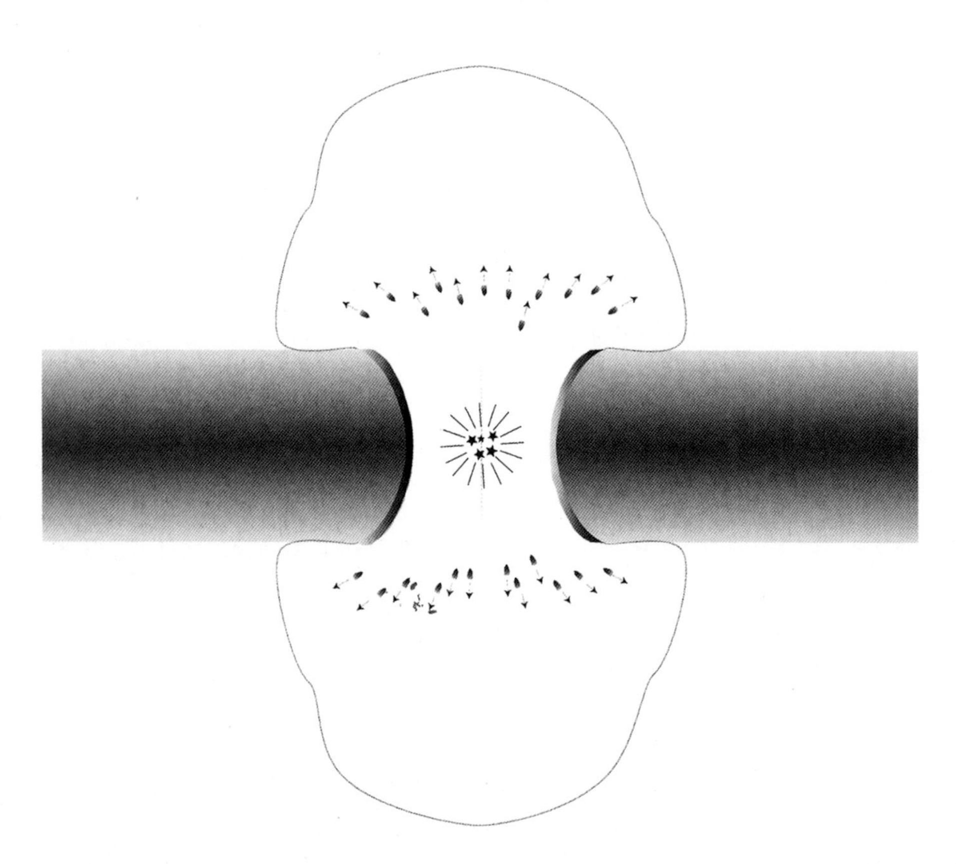

附图 3 大质量恒星星团在银盘面内产生，形成了一个超巨气泡，它从银盘面向外迸发，在银盘面的上下方形成了两个洞（J. Bally）

沃尔特·巴德（Walter Baade）识别出一个天区，其中包含着比任何其他视线方向更少的气体和尘埃。这个“洞”为观测远距离星系提供了特别清晰的视野。巴德洞位于英仙 α 星团和仙后-金牛星群的正上方，它表明古老的超巨气泡从这个天区迸发，并在银盘面上气体和尘埃的分布区域吹出一个大洞（附图 3）。在仙后-金牛星群的正下方有一个不太明显的洞指向南天。然而，太阳的当前位置把我们置于离银河系中央平面约 30 秒差距。这使得北天的洞更加明显。巴德洞也是清楚地确定了原子氢在全天分布的洞；杰·洛克曼（Jay Lockman）率先注意到沿这个方向的视线 HI 的柱密度最低。因此，它又称为“洛克曼洞”。巴德洞不应与巴德窗相混淆，后者是指向银河系核球视线特别清晰的方向。

⑬ **超巨环的碎裂**

由于被超巨气泡扫过的壳层变得质量更大且速度放缓，它们的自引力在它们的自身发展中开始起重要作用。随着它们年龄增大，自引力会把壳层粉碎成受引力束缚的星云。但是在超巨气壳的小尺度和极大尺度上，引力都是稳定的。在小的尺度上，包含的质量不足，其引力不能克服内部运动；在最大的尺度上，环的膨胀通常快于被扫过壳层的引力逃逸速度。然而，在中等尺度上，引力变得很重要。如果一个球包含足够大的质量，相对于球表面的引力逃逸速度大于内部运动速度的平均值，那么在这个球包围的区域内自引力占主导地位。

第15章

① **最大的星系**

像银河系这样的典型星系，直径约 10 万光年，包含约 10^{11} 颗恒星。然而某些矮椭圆星系只有 10^{6} 颗恒星（比一个典型的球状星团多不了多少），大多数矮星系拥有 10^{8} ~ 10^{10} 颗恒星。在富星系团中心的巨椭圆星系，即所谓的 cD（中心主导）椭圆星系，能拥有 10^{13} ~ 10^{15} 颗恒星。

② **从外边看银河系**

我们的银河系是一个 Sb/Sc 旋涡星系，具有一个很小又微弱的棒和一个恒星组成的核球，核球从银河系中心延伸，半径约 3000 秒差距。银河系可能与图 3.2 所示的 M83 星系相像，只是银河系的核球可能更大，而棒更小，还有更突出的分子云环（它在距银心 4000 ~ 5000 秒差距处最集中）。

③ **暗物质和暗能量**

宇宙看来包含约 4% 的普通物质（参看第 1 章的注释）、25% 的暗物质和 70% 的暗能量。暗物质有引力作用，并能通过引力透镜效应测绘。证据来自于星系团里的星系运动和宇宙微波背景的起伏，来自于在宇宙引力影响下大尺度结构的形成率，也来自于星系平坦的自转曲线。

暗物质的性质仍然不明。然而，粒子物理学的最新理论断定存在一整族（与正常物质）起弱相互作用的“超对称”粒子，它们具有许多要求存在暗物质才能说明的性质。我们当前知道的每种粒子（光子、电子、质子等）都有超对称的配对粒子，它们的自旋有半整数的区别。例如自旋为 −1/2 的电子的超对称配对粒子称为“选子”，自旋为 −1 的光子有一个整数自旋的配对粒子，称为“光微子”。

现在之所以假设暗能量，是因为宇宙的膨胀速率有视加速。它对正常物质的作用看来像真空产生的引力的斥力形式。

暗物质和暗能量的性质（和现实性）对现代物理学和天体物理学提出了最大的挑战。

④ 冲击压

当液体或气体以速度 V 运动并通过一个障碍物时，作用在障碍物上的压力由密度 ρ 与速度 V 的平方的乘积给定。以 $P=\rho V^2$ 给定的压力称为“冲击压”。

⑤ **恒星的碰撞**

星系内恒星间的典型间距约 1 光年（1 光年≈ 1018 厘米）。如果你看着一个典型距离上的星系，所投影的恒星的表面密度约每平方光年 100 颗恒星。当两个星系碰撞时，相遇星系内任何两颗恒星相撞的概率约 $1/10^{12}$。所以人们可以预期，在星系并合中至多只有少数几次恒星与恒星间的剧烈相撞。

⑥ M106 里的黑洞

超高分辨率的射电干涉仪的观测揭示，在 M106 星系内存在一个稠密的气体盘环绕其中心旋转，速度达每秒 1000 千米。这种高速度提供了迄今为止的最佳直接证据，证实在银河系之外的其他星系中心存在特大质量黑洞。

⑦ **活动星系核**

巨型黑洞普遍地存在于星系核里。它们有的质量不足 10^6 太阳质量，有的达 10^{10} 太阳质量。中央黑洞的质量看来与核球（星系中与椭圆星系类似的那一部分）的质量成比例。

类星体（类星射电源的简称）被认为是正在从周围吸积物质的位于核心处的黑洞。这类物质可能形成围绕黑洞的厚厚的环面。这类环面的外缘部分的直径从几分之一光年到几百光年，是由冷气体分子组成的。随着向黑洞接近，环面变得更薄、更热和更稠密。它们的内部区域能达到极高的温度，炽热得足以发射 X 射线。随着物质盘旋着通过盘向内掉落，缠绕着的磁场排除着角动量，抛射强烈的喷流，并把电子和其他荷电粒子加速到相对论性能量。这些过程在全波段上产生了强烈的辐射。类星体是宇宙中电磁能的最明亮的源，它产生比较稳定的辐射（γ 射线暴的辐射超过类星体，但只能持续数分钟）。大多数类星体极其遥远，距离地球 10 亿~ 130 亿光年。最明亮的类星体的光度超过太阳光度的 10^{14} 倍。在宇宙早期类星体更加丰富，那时星系发生碰撞、随后馈饲中心黑洞的现象比现在要普遍得多。

黑洞吸积物质形成了几种活动星系核（AGN）。当盘的指向能使我们看到其明亮的内部时，天体就呈现为一个类星体。有些类星体在射电波段明亮，而另一些只显示暗淡的射电辐射。在射电最强的类星体里，辐射是由高度方向性的喷流产生的。这些喷流往往具有接近光速运动的分量。当喷流射束直接瞄准我们时，来自喷流的强度能很大地增强（通过所谓的多普勒推进）。当来自喷流的同步加速辐射超过下面的吸积盘和寄主星系的光线时，它产生的光谱几乎没有特征，这时天体称为蝎虎 BL 天体，这是按最初发现的原型命名的。

在某些活动星系核里，射电喷流吹胀一些射电明亮的等离子体的大茧，它们看来就像星系（通常是椭圆星系）两端的一对射电明亮的区域。当星系核周围的环面遮蔽着黑洞和吸积盘时，只有射电喷流（即双瓣）才是可见的。这类星系称为射电星系。

不如类星体明亮的活动星系核称为塞佛特星系。它们有两种不同类型。I 型塞佛特星系有宽阔的发射线，可能产生于内部吸积盘。II 型塞佛特星系只有狭窄的发射线。人们以为 I 型与 II 型之间的不同是方向效应——I 型塞佛特星系是正面所见，而 II 型塞佛特星系是从边缘所见，因此产生宽发射线的内部吸积盘被遮蔽了。

第16章

① 黑体谱

当辐射场与物质的温度处于热动平衡时产生黑体谱（参看第 3 章注释④）。炽热物体上的一个空洞能很好地实现理想黑体辐射场。一团不透明气体或等离子体能最终达到与其产生的辐射场的平衡。因此，宇宙微波背景能用黑体辐射场很好地描述。

② 宇宙微波背景的不透明性

正如在第 1 章所讨论的，宇宙微波背景（CMB）是当炽热等离子体从大爆炸出现后首次复合形成氢原子时产生的。氢是非常透明的，而复合时期之前的电子和质子的等离子体则不透明。等离子体里的自由电子有效地散射着所有波长的辐射。因此，我们不能用电磁波在任何波长上观察到宇宙微波背景以前的情况。不过，原则上年轻宇宙更早的阶段可以通过更早时代产生的非电磁辐射直接探测。中微子和引力波是这类辐射的两种可能的例子。

③ 光致压力

正如在本书前几章里所讨论的，辐射压限制了最明亮恒星的质量，因为光压从恒星内部出现，把力作用在电子和离子上，它与引力相当。辐射压的任何一点增加将会把恒星的外层推开，因而减小它的质量。在复合之前，宇宙等离子体内的辐射压极大地超过因局部密度起伏产生的引力，因而可能消除任何不均匀性。稠密的团块将会膨胀到周围密度较低的区域。另一方面，暗物质并不与光相互作用，因此在复合之前它能自行形成团块。于是这类团块的引力场能够开始吸引周围的等离子体。但是，直到复合之后，在等离子体内由此造成的密度增强还是只及辐射压的十万分之几。在复合之后，中性氢不再受辐射压影响，而且能缩进由暗物质产生的引力势阱，终于形成第一批恒星和星系。

④ 无金属的星风

能有效地吸收紫外能量的谱线是由金属产生的。这样通过吸收和散射，动量从辐射场转移给气体。在无金属的气体里，没有强吸收线（除了氢内的吸收线）。由此可见“线驱动”风在第一代大质量恒星里并不存在。

第17章

① 探测外星信号

由某些世界性的射电望远镜收集的资料正不断地用于探测潜在的人工信号。这一分析，部分是由 SETI@home 计划中的一个面向公共领域的设施开展的（可进入网站 http：//setiathome.ssl.berkeley.edu/ 以获得详细信息）。这一计划是世界上规模最大的分布计算项目之一。